浙江省普通高校"十三五"新形态教材

机械工程项目综合训练

（附：学生练习册）

主　编　徐振宇

副主编　王核心　傅云峰　宋　荣　卢云峰

中国建材工业出版社

图书在版编目（CIP）数据

机械工程项目综合训练/徐振宇主编. --北京 ：
中国建材工业出版社，2020.6

浙江省普通高校“十三五”新形态教材
ISBN 978-7-5160-2925-1

Ⅰ.①机... Ⅱ.①徐... Ⅲ.①机械工程-高等学校-
习题集 Ⅳ.①TH-44

中国版本图书馆 CIP 数据核字(2020)第 080828 号

内 容 简 介

本书为浙江省普通高校“十三五”首批新形态教材，以典型机械产品为载体，系统性地将产品涉及的设计、制图、公差、材料、软件、加工制作等知识与技能有机融合，形成四个难度递增的项目。

项目一至项目三为普通项目，包含测绘、尺寸公差、形位公差及表面粗糙度定制，选材及表面处理，三维建模及装配，工程图绘制、典型零件价估算的全过程实施。项目四为创新型项目，给定斯特林发动机机构运动简图，完成机械设计及制造、整机装配及调试，并编制工艺卡片。

本书理论知识体系完整，并融合成本控制理念，较好地与企业需求接轨。为了方便读者学习，本书配套视频、图纸等数字资源，以二维码形式嵌入，并配套学生练习册。本书可作为高职高专机械类专业学生的教材和教学参考书，也可作为相关行业企业技术人员的学习用书。

机械工程项目综合训练（附：学生练习册）
Jixie Gongcheng Xiangmu Zonghe XunLian
主　编　徐振宇
副主编　王核心　傅云峰　宋　荣　卢云峰

出版发行：中国建材工业出版社
地　　址：北京市海淀区三里河路1号
邮　　编：100044
经　　销：全国各地新华书店
印　　刷：北京鑫正大印刷有限公司
开　　本：787mm×1092mm　1/16
印　　张：16.75
字　　数：380千字
版　　次：2020年6月第1版
印　　次：2020年6月第1次
定　　价：59.80元（全二册）

本社网址：www. jccbs. com，微信公众号：zgjcgycbs

前　　言

机械工程项目综合训练课程打破了传统的机械平台课程与课程之间的隔阂。高职院校作为生产一线技术人才的培养基地，要求机械制造及自动化专业学生在毕业时，必须具备以下专业能力：

(1) 具备机械零件测绘能力，能够独立完成零件图及装配图草图绘制，确定零件加工方法、精度等级、尺寸公差和形位公差。

(2) 具备常用材料的选材能力，能够查阅有关资料，根据零件用途正确选择材料，熟悉常用型材，了解材料价格，能够正确定制常用材料的热处理和表面处理方式。

(3) 具备标准件的正确选择和常用件的设计能力，能够查阅有关资料正确选择所需标准件和设计常用件。

(4) 熟悉常规制造方法所能达到的精度等级及表面粗糙度，能够根据零件图纸要求选择合适的加工方法进行简单零件的加工。

(5) 具备三维设计软件（Pro/E、UG 等）的熟练应用能力，能够根据草图进行零件三维建模，并进行虚拟三维装配，能够利用工程图模块正确绘制工程图及剖视图。

(6) 具备二维绘图软件（AutoCAD 等）的熟练应用能力，能够按照国家标准正确绘制工程图，标注尺寸公差、形位公差及表面粗糙度，技术要求书写合理规范，掌握装配图明细栏正确标注方法。

(7) 具备初步的成本估算能力，能够根据零配件材料、加工方法、标准件选用、热处理及表面处理要求，初步估算产品价格。

本课程建议按整周分学期安排：项目一为 1 周，建议安排在第二或第三学期；项目二为 1 周，建议安排在第三学期；项目三为 2 周，建议安排在第四学期；项目四设计部分为 1 周，制作部分为 2 周，建议安排在第五学期。测绘用到的便携式桌钳、十字平口钳、WPS 蜗轮蜗杆减速器请事先购买。上课时每组 4 人配备 1 个测绘产品，学生自备笔记本计算机，另按组配备游标卡尺、钢尺、内六角扳手、十字头及一字头螺丝刀等工具。项目一、二、三、四完成后学生须提交零件图及总装图纸，项目四还须按小组提交装配调试完成的斯特林发动机样机 1 台。各校也可根据情况自行选择教学项目内容。

本书的编写得到了兄弟院校和企业同仁的大力支持，其中金华职业技术学院徐振宇副教授负责本书主编工作及单元二项目二、项目三的编写、视频、课件制作，宝鸡职业技术学院的王核心副教授负责单元一、单元二项目一编写与项目四审核，金华职业技术学院傅云峰讲师负责单元二项目四编写，温州职业技术学院宋荣副教授及浙江东立电器有限公司卢云峰高级工程师负责单元二项目一至项目四相关标准、图纸、视频和工艺的审核。鉴于作者水平有限，有疏漏不当之处肯请批评指正。

编　者

2020 年 5 月

目　录

单元一　准备知识及技能……………………………………………………………… 1

准备知识及技能一　零部件测绘………………………………………………………… 1
准备知识及技能二　尺寸公差及形位公差定制………………………………………… 5
准备知识及技能三　材料选择…………………………………………………………… 8
准备知识及技能四　热处理及表面处理………………………………………………… 8
准备知识及技能五　机械设计相关知识（初步）　………………………………… 11
准备知识及技能六　熟悉常用加工方法　…………………………………………… 12
准备知识及技能七　软件应用　……………………………………………………… 14
准备知识及技能八　钳工及普通加工　……………………………………………… 14

单元二　综合项目训练　…………………………………………………………… 15

项目一　便携式桌钳综合项目训练　………………………………………………… 15
项目二　十字平口钳综合项目训练　………………………………………………… 50
项目三　WPS 蜗轮蜗杆减速器综合项目训练………………………………………… 92
项目四　平行双缸斯特林发动机综合创新训练……………………………………… 123

附录　机械设计常用标准及资料………………………………………………… 158

附表 1　热处理方法代号　…………………………………………………………… 158
附表 2　普通（优质）碳素结构钢　………………………………………………… 158
附表 3　灰铸铁　……………………………………………………………………… 159
附表 4　合金结构钢　………………………………………………………………… 160
附表 5　常用不锈钢牌号的主要用途　……………………………………………… 161
附表 6　冷轧钢板和钢带　…………………………………………………………… 162
附表 7　热轧圆钢和方钢　…………………………………………………………… 162
附表 8　铸造铜合金、铸造铝合金　………………………………………………… 163
附表 9　常用铜合金性能及用途　　………………………………………………… 164
附表 10　压铸铝合金特点及应用举例　…………………………………………… 166
附表 11　常用变形铝合金牌号、化学成分、力学性能及用途　………………… 167
附表 12　常用工程塑料名称代号、特性及用途　………………………………… 168
附表 13　常用橡胶种类、性能及用途　…………………………………………… 169

附表 14　角接触球轴承 …… 170
附表 15　深沟球轴承 …… 171
附表 16　直径与螺距、粗牙普通螺纹基本尺寸 …… 174
附表 17　梯形螺纹直径与螺距系列 …… 175
附表 18　紧定螺钉 …… 176
附表 19　开槽盘头及沉头螺钉 …… 177
附表 20　内六角圆柱头螺钉 …… 178
附表 21　十字槽盘头及沉头螺钉 …… 179
附表 22　六角头螺栓（A 和 B 级） …… 180
附表 23　六角头螺栓——全螺纹（A 和 B 级） …… 182
附表 24　六角螺母 …… 183
附表 25　弹簧垫圈 …… 184
附表 26　垫圈 …… 184
附表 27　窄边平垫圈国家标准 …… 185
附表 28　轴用弹性挡圈 A 型 …… 185
附表 29　平键联接的剖面和键槽尺寸 …… 188
附表 30　常用润滑油的主要性质和用途 …… 189
附表 31　常用润滑脂的主要性质和用途 …… 189
附表 32　O 型橡胶密封圈 …… 190
附表 33　O 型密封圈沟槽标准 …… 190
附表 34　耐正负压内包骨架旋转轴 唇形密封圈 …… 192
附表 35　标准公差数值 …… 192
附表 36　公差等级与加工方法的关系 …… 193
附表 37　塑件公差数值表 …… 193
附表 38　一般塑件精度表 …… 194
附表 39　优先配合特性及应用举例 …… 195
附表 40　轴的各种基本偏差的应用 …… 196
附表 41　未注公差尺寸的极限偏差 …… 197
附表 42　表面粗糙度代号及其注法 …… 198
附表 43　不同加工方法对应粗糙度 …… 199
附表 44　形位公差代号 …… 201
附表 45　形状、位置公差带的定义和图例说明 …… 202
附表 46　平行度、垂直度、倾斜度公差 …… 208
附表 47　同轴度、对称度、圆跳动和全跳动 …… 209
附表 48　圆度、圆柱度公差 …… 210
附表 49　直线度、平面度公差 …… 210

附表 50　常用防锈漆及性能 …… 211
附表 51　底漆种类和性能 …… 212
附表 52　其他涂料种类和性能 …… 212
附表 53　常用材料价格 …… 213
附表 54　常用非切削加工价格（外协） …… 214
附表 55　常用切削加工价格（外协/自加工） …… 214
附表 56　常用热处理及表面处理价格（外协） …… 214
附表 57　常用电（吊）镀价格（外协） …… 214
附表 58　WPA/WPS 蜗轮蜗杆减速器外形尺寸 …… 215
附表 59　向心轴承和轴的配合—轴的公差带代号 …… 217
附表 60　向心轴承和外壳孔的配合—孔公差带代号 …… 218
附表 61　普通内、外螺纹的推荐公差带 …… 218
附表 62　冲压件尺寸公差 …… 218
附表 63　梯形螺纹公差带选用 …… 222
附表 64-1　公差等级与表面粗糙度值（用于精密机械） …… 222
附表 64-2　公差等级与表面粗糙度值（用于普通精密机械） …… 222
附表 64-3　差等级与表面粗糙度值（用于通用机械） …… 223
附表 65　镀铬层厚度与使用场合 …… 223

单元一　准备知识及技能

准备知识及技能一　零部件测绘

一、零部件测绘步骤

1. 分析零件：

为了把被测零件准确完整地表达出来，应先对被测零件进行认真分析，了解零件的类型、在机器中的作用、所使用的材料和加工方法。

2. 确定零件在图纸中的视图表达方案，包括主视图及其他视图。

3. 目测徒手画零件草图。

（1）根据零件大小、视图数量、现有图纸大小确定合适的比例。粗略确定各视图所占图纸的面积，在图纸上作出主要视图的作图基准线、中心线。注意留出标注尺寸和画其他补充视图的地方。

（2）详细画出零件内外结构形状，检查加深有关图线。

（3）将应该标注的尺寸、尺寸界线、尺寸线全部画出，然后集中测量，注意写出各个尺寸。尺寸的真实大小只是在画完尺寸线后，再用工具测量，得出数据填到草图上去。注意不要遗漏、重复或注错尺寸。

（4）注写技术要求，确定零件材料及热处理等要求。

（5）检查、修改全图并填写标题栏，完成草图。

4. 绘制零件工作图：

将零件草图整理、修改后画成正式的零件工作图。在画零件工作图时，要对草图进一步检查和校对，对于零件上的标准结构，查表并正确标注出尺寸，用计算机画工作图。画出零件工作图后，整个零件测绘工作就完成了。草绘步骤如图 1-1-1 所示。

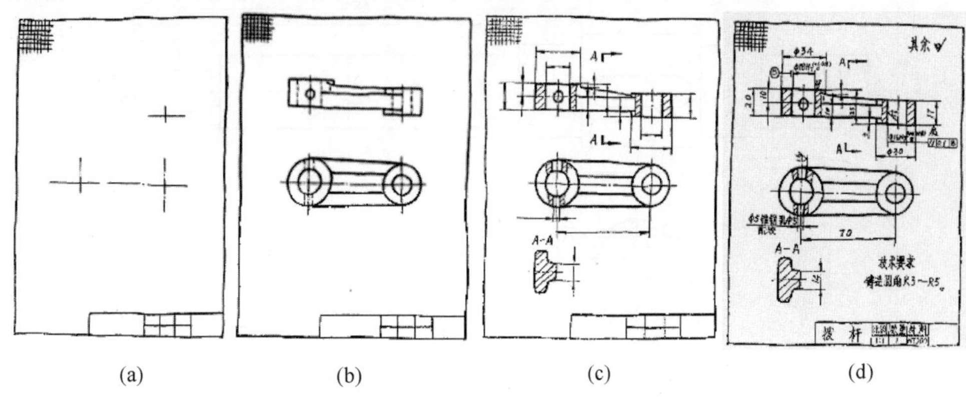

图 1-1-1　草绘步骤

（1）布图（画中心线、对称中心线及主要基准），如图 1-1-1（a）所示。

（2）画各视图主要部分，如图 1-1-1（b）所示。

（3）取剖视，画出全部视图，并画出尺寸界线、尺寸线，如图 1-1-1（c）所示。

（4）用工具测量，标注尺寸和技术要求，填写标题栏并检查校验全图，如图 1-1-1（d）所示。

二、注意事项

1. 制造时产生的误差、缺陷或使用过程中产生的磨损，如对称图形不对称、圆形不圆，以及砂眼、缩孔、裂纹等不应照画。对于零件上的非主要尺寸，应四舍五入圆整为整数，并应选择标准尺寸序列中的数据。

2. 零件上的标准结构要素，如倒角、圆角、退刀槽、键槽、螺纹等尺寸，需要查阅有关标准来确定。

3. 对一些主要尺寸不能单纯靠测量得到，还必须通过设计计算来校验，如一对齿轮啮合的中心距等。

轴零件草图和轴零件工作图如图 1-1-2、图 1-1-3 所示。

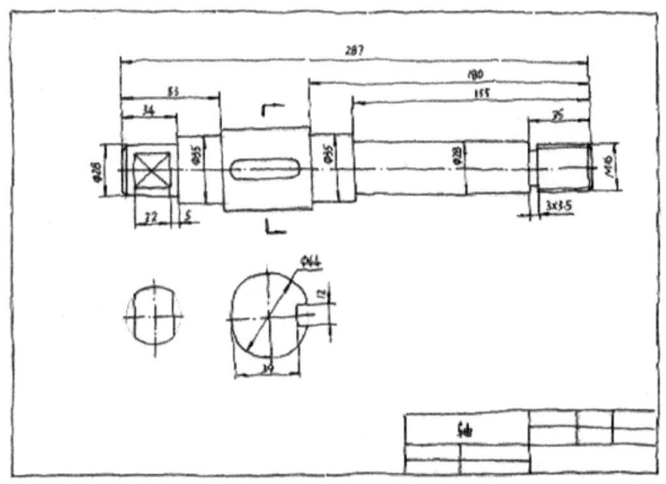

图 1-1-2　轴零件草图

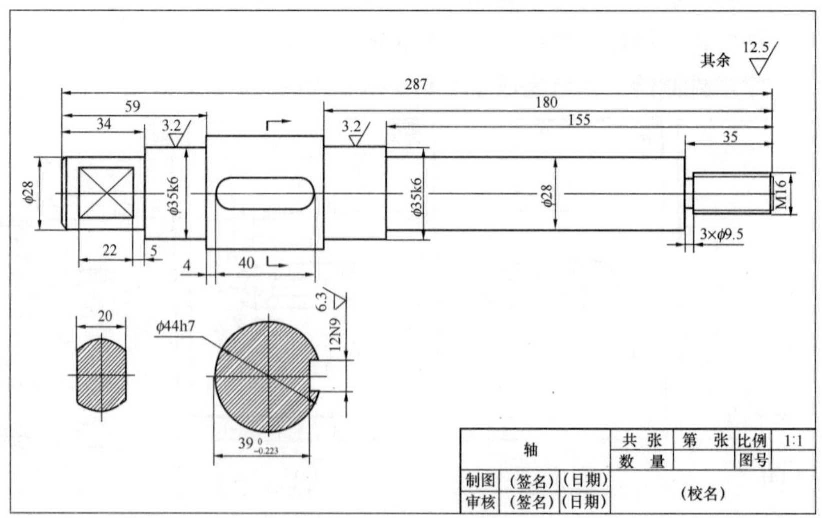

图 1-1-3　轴零件工作图

三、零件尺寸测量方法

1. 常用测量器具如图 1-1-4 所示。

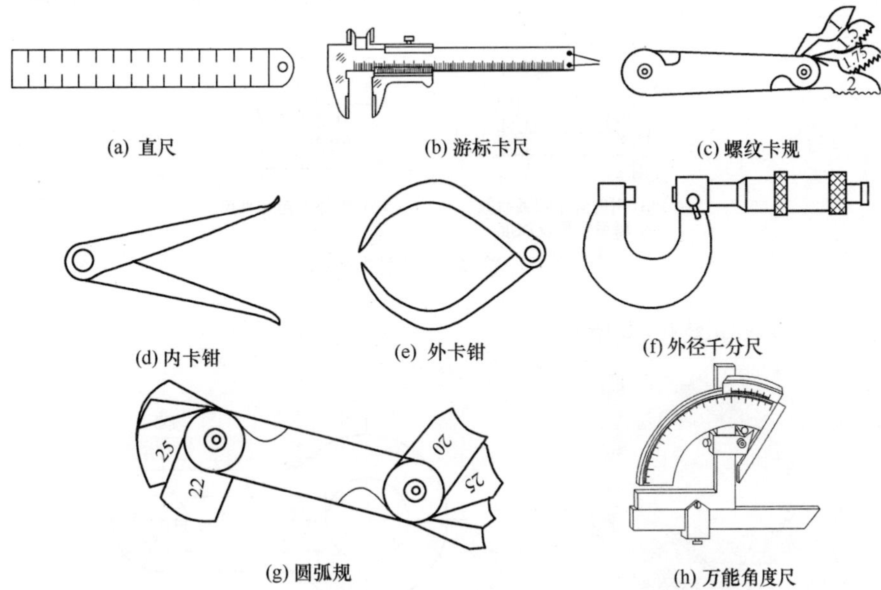

图 1-1-4　常用测量器具

2. 长度测量方法如图 1-1-5 所示。

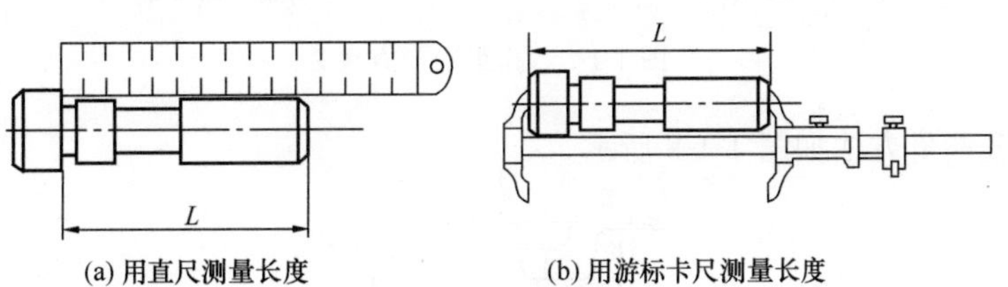

图 1-1-5　长度测量方法

3. 直径测量方法如图 1-1-6 所示。

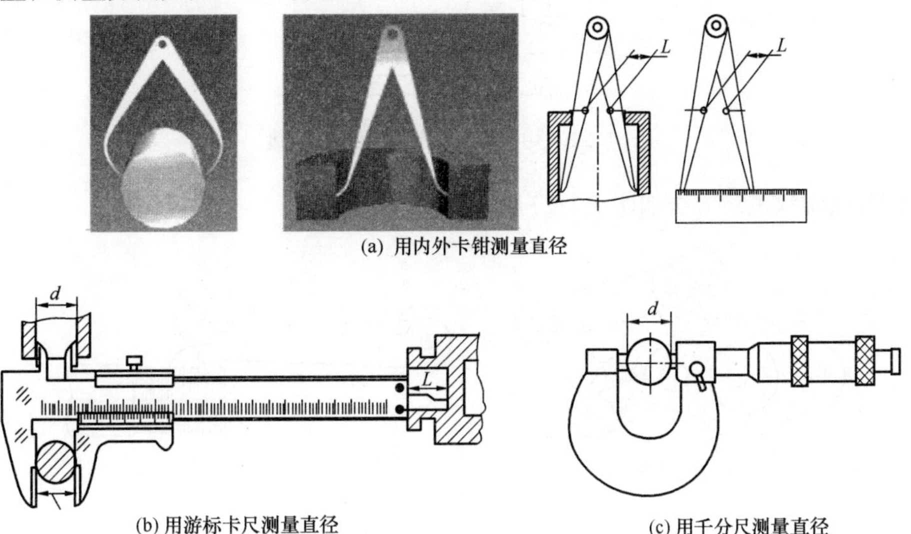

图 1-1-6　直径测量方法

4. 壁厚及深度尺寸测量方法如图 1-1-7 所示。

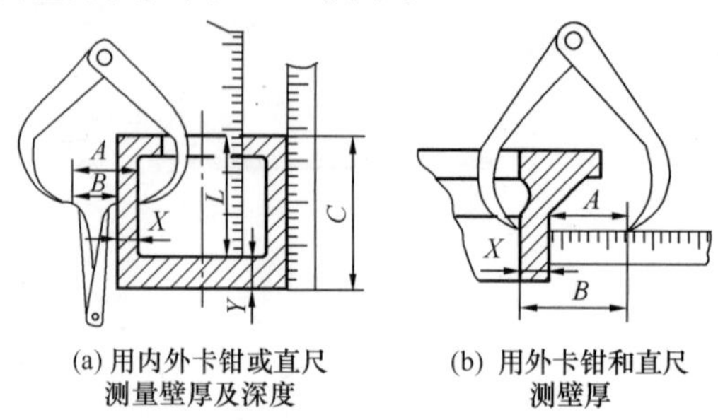

(a) 用内外卡钳或直尺测量壁厚及深度　(b) 用外卡钳和直尺测壁厚

图 1-1-7　壁厚及深度测量方法

5. 孔距测量方法如图 1-1-8 所示。

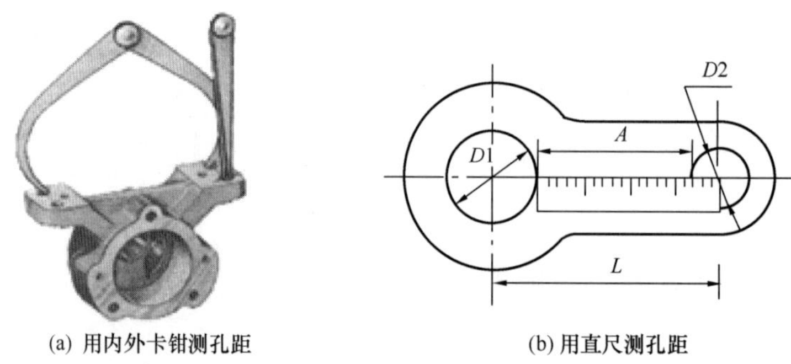

(a) 用内外卡钳测孔距　(b) 用直尺测孔距

图 1-1-8　孔距测量方法

6. 中心高度测量方法如图 1-1-9 所示。

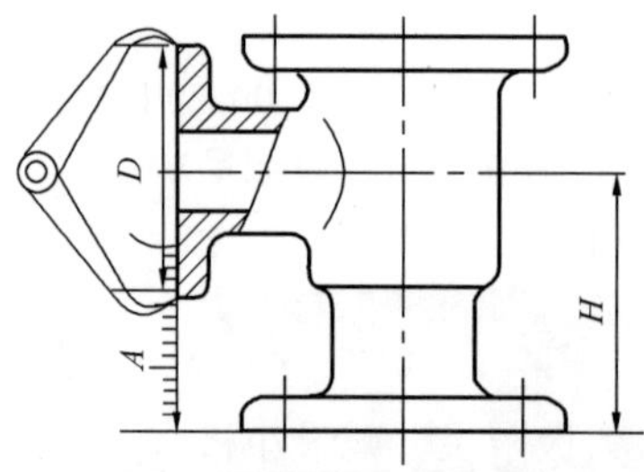

图 1-1-9　用直尺和卡钳测量中心高度

7. 圆弧及螺纹测量方法如图 1-1-10 所示。

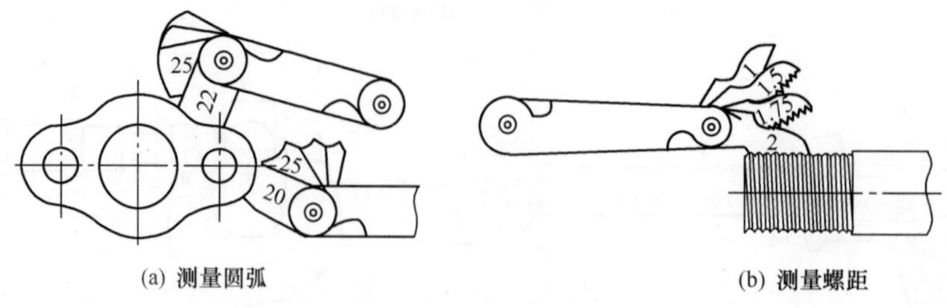

(a) 测量圆弧　(b) 测量螺距

图 1-1-10　圆弧及螺纹测量

8. 角度测量方法如图 1-1-11 所示。

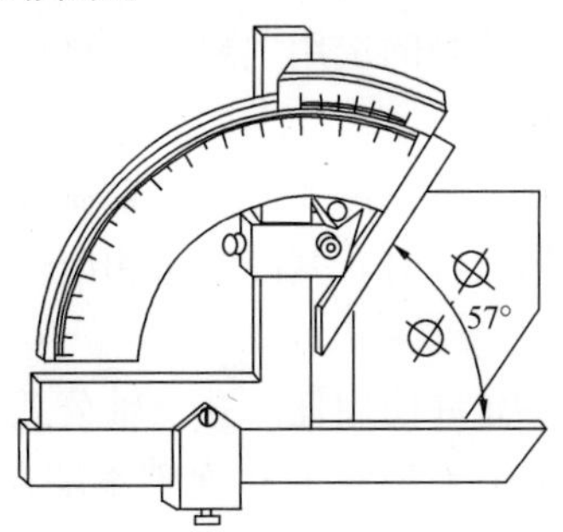

图 1-1-11　万能角度尺测量角度

四、部件测绘的方法和步骤

1. 了解和分析部件结构：测绘部件时，首先要对部件进行研究分析，了解其工作原理、结构特点和装配关系。

2. 画装配示意图：装配示意图用来表示部件中各零件的相互位置和装配关系，是部件拆卸后重新装配和画装配图的依据。

3. 拆卸零件：拆卸时要遵循“恢复原机”的原则。外购部件或不可拆卸部分应尽量不拆。不能采用破坏性拆卸方法。拆卸前要测量一些重要尺寸，如运动部件的极限位置和装配间隙等。

4. 画零件草图：零件草图一般是在测绘现场徒手绘制的，不要求与被测零件间保持严格的比例关系，但应包括零件图所有内容。

5. 画装配图：根据装配示意图和零件草图画装配图。

准备知识及技能二　尺寸公差及形位公差定制

一、尺寸公差定制

尺寸公差简称公差，是指最大极限尺寸减最小极限尺寸之差的绝对值，或上偏差减下偏差之差。它是允许尺寸的变动量。尺寸公差是一个没有符号的绝对值。极限偏差＝极限尺寸－基本尺寸，上偏差＝最大极限尺寸－基本尺寸，下偏差＝最小极限尺寸－基本尺寸。尺寸公差是指在切削加工中零件尺寸允许的变动量。在基本尺寸相同的情况下，尺寸公差越小，则尺寸精度越高。

尺寸公差的定制可以按照以下步骤。

1. 在满足使用要求的前提下选择合适的加工方法与制造精度（公差等级）：

公差配合定制的目的就是要满足零件装配后的使用要求，在满足使用要求的前提下，零件的加工一般选择既高效又经济的方法，通过查《公差等级与加工方法关系》（摘自百度文库），确定所选加工方法的精度等级（公差等级）范围，再结合使用情况最终确定精度等级（公差等级）。一般而言，IT0～IT1 用于量块的尺寸公差、IT1～IT7 用于量规的尺寸公差、IT5～IT12 用于常用配合、IT12～IT18 用于非配合尺寸。

2. 确定基准制：

基准制有基孔制和基轴制。基准制的选用主要从结构、工艺以及经济方面来考虑。

(1) 一般情况下优先选用基孔制。

(2) 由于受结构和原材料限制，有时需要使用基轴制。

(3) 当设计的零件与标准件相配合时，基准制选用应依标准件而定。如轴承外圈与安装孔的配合应选用基轴制。

(4) 为满足配合的特殊要求，允许使用任一孔、轴公差带组成的配合。例如轴承盖与基座孔的配合必须选用基轴制，孔的公差带为 J7；而轴承端盖与基座孔的配合要用间隙配合，这样便于拆装。若轴承盖与基座孔的配合选用基轴制，则形成过渡配合，与要求不符，因此选用 ϕ32J7/f9 的配合，这是由任一孔、轴的公差带组成的非基准制配合。

3. 配合的确定：

机械产品设计时，选用哪类配合主要取决于使用要求。各种机械产品对于配合的使用要求归纳起来不外乎三个方面：一是靠配合维持孔、轴之间的相对运动；二是靠配合确定孔件与轴件的相对位置；三是通过配合而传递扭矩或其他载荷。

4. 尺寸公差的确定：

由于尺寸公差本身查询过程比较烦琐，一般采用专业软件查询，使用软件确定尺寸公差，如图 1-2-1 所示。公差定制时，选择基孔制或基轴制配合，输入基本尺寸，选择对应的配合方式，即可得到公差数值，公差数值一般保留小数点后面两位数，四舍五入。

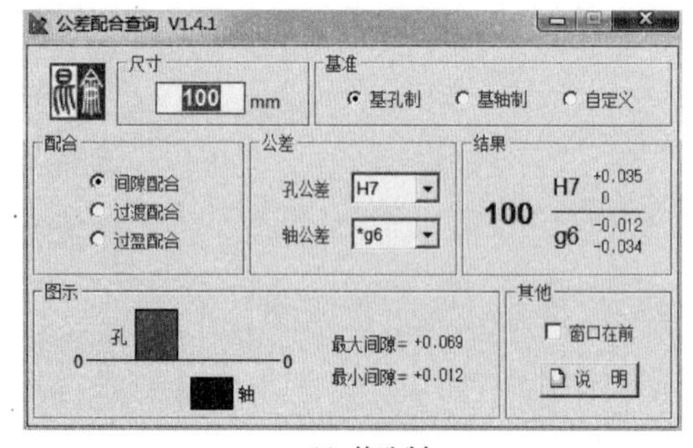

(a) 基孔制

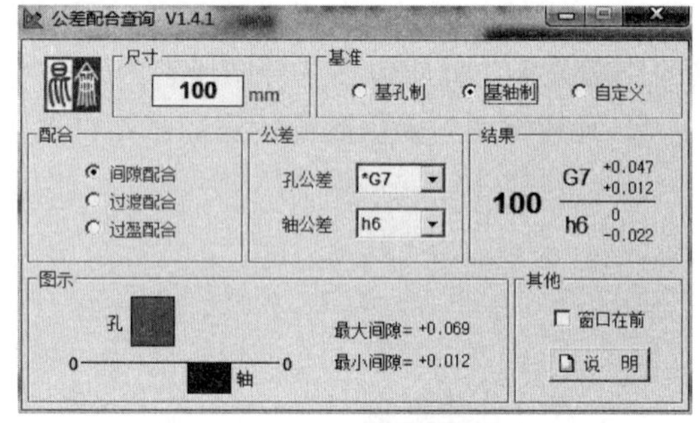

(b) 基轴制

图 1-2-1 使用软件确定尺寸公差

二、形位公差定制

加工后的零件不仅有尺寸误差，构成零件几何特征的点、线、面的实际形状或相互位置与理想几何体规定的形状和相互位置还不可避免地存在差异，这种形状上的差异就是形状误差，而相互位置的差异就是位置误差，统称为形位误差。

形位公差的标注按照以下步骤：

(1) 确定零件使用要求、加工制造方法与制造精度（公差等级）。

(2) 根据对应的公差等级，查对应形位公差表确定形位公差。

形位公差见表 1-2-1。

表 1-2-1　形位公差

形位公差各项目的符号						其他有关符号		
分类	项目	符号	分类	项目		符号	符号	意义
形状公差	直线度	—	位置公差	定位	平行度	//	Ⓜ	最大实体状态
					垂直度	⊥		
	平面度	▱			倾斜度	∠	Ⓟ	延伸公差带
	圆度	○		定位	同轴度	○	Ⓔ	包容原则（单一要素）
	圆柱度	⌭			对称度	⌯	50（方框）	理论正确尺寸
					位置度	⌖		
	线轮廓度	⌒		跳动	圆跳动	↗	φ20/A1	基准目标
	面轮廓度	⌓			全跳动	⌰		

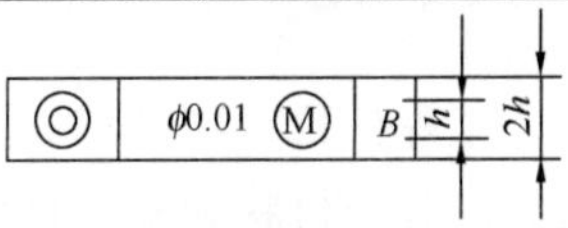

形位公差框格

◎	φ0.01 Ⓜ	B

（框格高 2h，字高 h）

公差框格应水平或垂直绘制，其线型为细实线。公差框格分为两格或多格，框格内从左到右填写的内容：

第一格为形位公差符号；第二格为形位公差值和有关符号；第三格及以后为基准代号字母和有关符号。（h 为图样中采用字体的高度）

基准代号

（方框内字母 A，方框边长 H，字高 h）

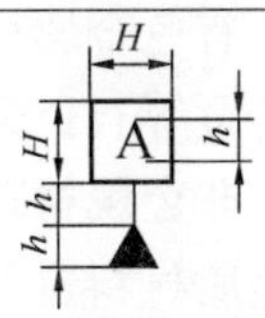

其中字高为 h，$H=2h$

形位公差标注如图 1-2-2 所示。

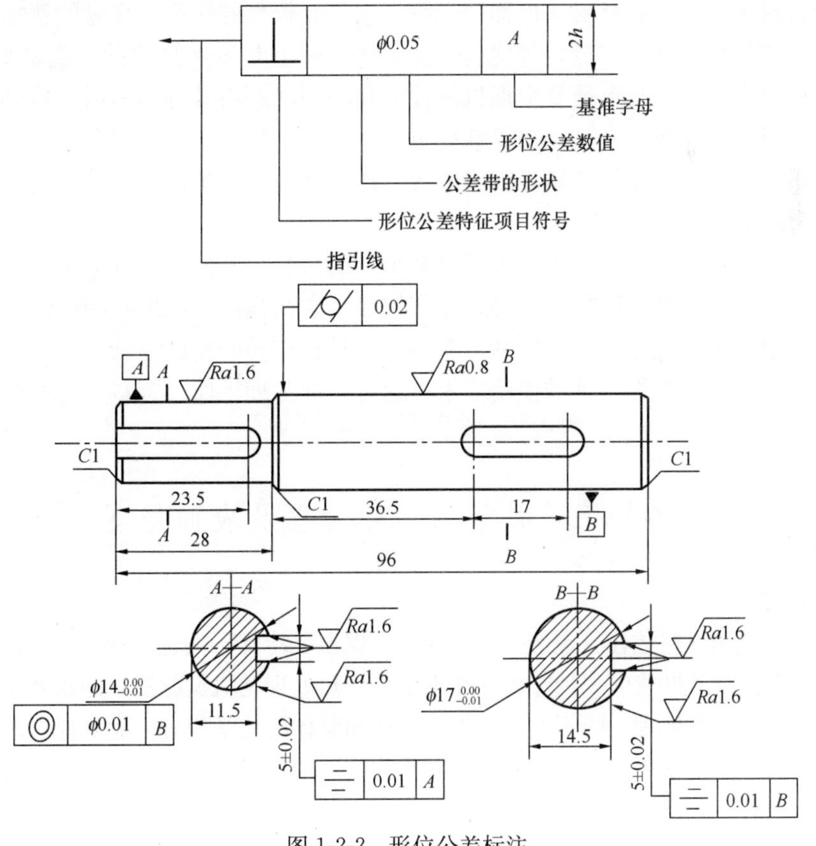

图 1-2-2　形位公差标注

准备知识及技能三　材料选择

工程材料有各种不同的分类方法。一般将工程材料按化学成分分为金属材料、非金属材料、高分子材料和复合材料四大类。作为机械工程技术人员，需要较为系统地掌握材料选用的知识。

一、金属材料

金属材料是最重要的工程材料，包括金属和以金属为基的合金。工业上把金属和其合金分为黑色金属材料和有色金属材料两大部分。

（1）黑色金属材料是指铁和以铁为基的合金（钢、铸铁和铁合金）。主要掌握碳素结构钢、碳素工具钢、特种钢材及铸钢、铸铁等常见钢材在不同场合的应用知识；同时还要熟悉如矩管、角钢、工字钢、槽钢等各种常用型材的选择与应用场合。

（2）有色金属材料是指黑色金属以外的所有金属及其合金。主要掌握常用铜合金、铝合金、锌合金等有色金属在不同场合的应用知识。

二、非金属材料

非金属材料也是重要的工程材料。它包括耐火材料、耐火隔热材料、耐蚀（酸）非金属材料和陶瓷材料等。

三、高分子材料

高分子材料为有机合成材料，也称聚合物。它具有较高的强度、良好的塑性、较强的耐腐蚀性能、很好的绝缘性和质量轻等优良性能，在工程上是发展最快的一类新型结构材料。高分子材料种类很多，工程上通常根据机械性能和使用状态将其分为塑料、橡胶、合成纤维三大类。作为机械工程技术人员，需要掌握 PP、ABS、PC、PE、PMMA、PA 等常规塑料的性能及应用；同时还要了解常用橡胶、硅胶、碳纤维等材料类的性能及应用。

四、复合材料

复合材料就是用两种或两种以上不同材料组合的材料，其性能是其他单质材料所不具备的。复合材料可以由各种不同种类的材料复合组成。它在强度、刚度和耐蚀性方面比单纯的金属、陶瓷和聚合物都优越，是特殊的工程材料，具有广阔的发展前景。

机械工程技术人员根据零件的使用要求，通过查询各种手册、资料，选取合适的材料。

准备知识及技能四　热处理及表面处理

一、热处理

热处理是将金属材料放在一定的介质内加热、保温、冷却，通过改变材料表面或内部的金相组织结构，来控制其性能的一种金属热加工工艺。热处理是机械制造中的重要工艺之一，与其他加工工艺相比，热处理一般不改变工件的形状和整体的化学成分，而是通过改变工件内部的显微组织，或改变工件表面的化学成分，赋予或改善工件使用性能。其特点是改善工件的内在质量，而这一般不是肉眼所能看到的。作为工程技术人员，一般要了解正火、退火、淬火、回火、调质处理、渗碳处理、渗氮处理、碳氮共渗、时效处理、固溶处理等热处理工艺。

（1）正火。正火是将钢材或钢件加热到临界点 AC3 或 ACM 以上的适当温度并保持一定时间后在空气中冷却，得到珠光体类组织的热处理工艺。目的：①降低硬度，提高塑性，改善切削加工与压力加工性能；②细化晶粒，改善力学性能，为下一步工序做准备；③消除冷、热加工所产生的内应力。应用要点：正火通常作为锻件、焊接件以及渗碳零件的预先热处理工序。对于性能要求不高的低碳和中碳的碳素结构钢及低合金钢件，也可作为最后热处理。对于一般中、高合金钢，空冷可导致完全或局部淬火，因此不能作为最后热处理工序。

（2）退火。退火是将亚共析钢工件加热至 AC3 以上 20～40℃，保温一段时间后，随炉缓慢冷却（或埋在砂中或石灰中冷却）至 500℃以下在空气中冷却的热处理工艺。目的：①降低硬度，改善切削加工性；②消除残余应力，稳定尺寸，减少变形与裂纹倾向；③细化晶粒，调整组织，消除组织缺陷；④均匀材料组织和成分，改善材料性能或为以后热处理做组织准备。应用要点：生产中不同的钢材、铸铁所应用的退火工艺均不相同，主要有完全退火、不完全退火、等温式退火、均匀化退火、球化退火、去应力退火。

（3）淬火。淬火是将钢奥氏体化后以适当的冷却速度冷却，使工件在横截面内全部或一定的范围内发生马氏体等不稳定组织结构转变的热处理工艺。目的：淬火一般是为了得到高硬度的马氏体组织，有时对某些高合金钢（如不锈钢、耐磨钢）淬火时，则是为了得到单一均匀的奥氏体组织，以提高耐磨性和耐蚀性。应用要点：①一般用于含碳量大于 0.3％的碳钢和合金钢；②淬火能充分发挥钢的强度和耐磨性潜力，但同时会造成很大的内应力，降低钢的塑性和冲击韧度，故要进行回火以得到较好的综合力学性能。

（4）回火。回火是将经过淬火的工件加热到临界点 AC1 以下的适当温度并保持一定时间，随后用符合要求的方法冷却，以获得所需要的组织和性能的热处理工艺。目的：①降低或消除淬火后的内应力，减少工件的变形和开裂；②调整硬度，提高塑性和韧性，获得工作所要求的力学性能；③稳定工件尺寸。应用要点：①保持钢在淬火后的高硬度和耐磨性时用低温回火；在保持一定韧度的条件下提高钢的弹性和屈服强度时用中温回火；以保持高的冲击韧度和塑性为主，又有足够的强度时用高温回火；②尽量避免一般钢在 230～280℃、不锈钢在 400～450℃之间回火，因为这时会产生一次回火脆性。

（5）调质处理。一般习惯将淬火加高温回火相结合的热处理称为调质处理。调质处理后得到回火索氏体组织，它的机械性能比相同硬度的正火索氏体组织为优。它的硬度取决于高温回火温度并与钢的回火稳定性和工件截面尺寸有关，一般在 HB200～350 之间。将钢件加热到比淬火时高 10～20℃的温度，保温后进行淬火，然后在 400～720℃的温度下进行回火。目的：①改善切削加工性能，提高加工表面光洁程度；②减小淬火时的变形和开裂；③获得良好的综合力学性能。应用要点：①适用于淬透性较高的合金结构钢、合金工具钢和高速钢；②不仅可以作为各种较为重要结构的最后热处理，可以作为某些紧密零件，如丝杠等的预先热处理，以减小变形。

（6）渗碳处理。渗碳处理是指使碳原子渗入钢表面层的工艺，也是使低碳钢的工件具有高碳钢的表面层，再经过淬火和低温回火，使工件的表面层具有高硬度和耐磨性，而工件的中心部分仍然保持着低碳钢的韧性和塑性的工艺。渗碳工件的材料一般为低碳钢或低碳合金钢（含碳量小于 0.25％）。目的：渗碳后钢件表面的化学成分可接近高碳钢。工件渗碳后还要经过淬火，以得到高的表面硬度、耐磨性和疲劳强度，并保持中心部有低碳钢淬火后的强韧性，使工件能承受冲击载荷。应用要点：广泛用于飞机、汽车和拖拉机等的机械零件，如齿轮、轴、凸轮轴等。

(7) 渗氮处理。渗氮处理是在一定温度下一定介质中使氮原子渗入工件表层的化学热处理工艺。目的：渗入钢中的氮一方面由表及里与铁形成不同含氮量的氮化铁，另一方面与钢中的合金元素结合形成各种合金氮化物，特别是氮化铝、氮化铬。这些氮化物具有很高的硬度、热稳定性和弥散度，因而可使渗氮后的钢件得到高的表面硬度、耐磨性、疲劳强度、抗咬合性、抗大气和过热蒸汽腐蚀能力、抗回火软化能力，并降低缺口敏感性。应用要点：与渗碳工艺相比，渗氮温度比较低，因而畸变小，但由于中心部硬度较低，渗层也较浅，一般只能满足承受轻、中等载荷的耐磨、耐疲劳要求，或有一定耐热、耐腐蚀要求的机器零件，以及各种切削刀具、冷作和热作模具等。

(8) 碳氮共渗。碳氮共渗是向钢的表层同时渗入碳和氮的过程。习惯上碳氮共渗又称氰化，以中温气体碳氮共渗和低温气体碳氮共渗（气体软氮化）应用较为广泛。中温气体碳氮共渗的主要目的是提高钢的硬度、耐磨性和疲劳强度。低温气体碳氮共渗以渗氮为主，其主要目的是提高钢的耐磨性和抗咬合性。

(9) 时效处理。时效处理是指金属或合金工件（如低碳钢等）经固溶处理，从高温淬火或经过一定程度的冷加工变形后，在较高的温度或室温放置保持其形状、尺寸、性能随时间而变化的热处理工艺。目的：时效处理消除工件的内应力，稳定组织和尺寸，改善机械性能等。应用要点：各种塑性变形或铸造件、锻造件、固溶件。

(10) 固溶处理。固溶处理是将合金加热至高温单相区恒温保持，使过剩相充分溶解到固溶体中，然后快速冷却，以得到过饱和固溶体的热处理工艺。目的：一般属预备热处理，其作用是为随后的热处理准备最佳条件。应用要点：固溶处理可应用于多种特殊钢、高温合金、特殊性能合金、有色金属。尤其适用：①热处理后需要再加工的零件；②消除成型工序间的冷作硬化；③焊接后工件。

二、表面处理

表面处理是在基体材料表面人工形成一层与基体的机械、物理和化学性能不同的表层的工艺方法。表面处理的目的是满足产品的耐蚀性、耐磨性、装饰或其他特种功能要求。对于金属铸件，比较常用的表面处理方法是机械打磨、化学处理、表面热处理、喷涂表面。表面处理就是对工件表面进行清洁、清扫、去毛刺、去油污、去氧化皮等。

根据零件的使用情况，选择合适的表面处理方法，提出合理的要求。工程技术人员要掌握以下表面处理的知识：

(1) 涂装前表面处理。涂装前表面处理是为了把物体表面所附着的各种异物（如油污、锈蚀、灰尘、旧漆膜等）去除，提供适合于涂装要求的良好基底，以保证涂膜具有良好的防腐蚀性能、装饰性能及某些特种功能，在涂装之前必须对物体表面进行预处理。人们把进行这种处理所做的工作，统称为涂装前（表面）处理或（表面）预处理。

(2) 涂装。涂装是用喷涂或刷涂方法，将涂料（有机或无机）涂覆于工件表面而形成涂层的过程，如喷漆、刷漆等。

(3) 酸洗。酸洗主要是利用酸性或碱性溶液与工件表面的氧化物及油污发生化学反应，使其溶解在酸性或碱性的溶液中，以达到去除工件表面锈迹氧化皮及油污的目的。

(4) 机械表面处理。机械表面处理包括抛光法、抛丸法、喷丸法和喷砂法。①抛光法也就是刷辊在电机的带动下，刷辊以与轧件运动相反的方向在板带的上下表面高速旋转刷去氧化铁皮。刷掉的氧化铁皮采用封闭循环冷却水冲洗系统冲掉。②抛丸法是利用离心力将弹丸加速，抛射至工件进行除锈清理的方法。但抛丸灵活性差，受场地限制，清理工件时有盲目性，在工件内表面易产生清理不到的死角。③喷丸法进行表面处理，打击力大，清理效果明显。但喷丸对薄板工件的处理，容易使工件变形，且钢丸打击到工件表面（无论抛丸或喷丸）使金属基材产生变形，由于 Fe_3O_4 和 Fe_2O_3 没有塑性，破碎后剥离，而油膜与基材一同变形，所以对带有油污的工件，抛丸、喷丸无法彻底清除油污。④喷砂法与喷丸法相似，但适用于工件表面要求较高的清理。

（5）电化学表面处理。电化学表面处理有电镀和阳极氧化。①电镀是在电解质溶液中，工件为阴极，在外电流作用下使其表面形成镀层的过程。镀层可为金属、合金、半导体或含各类固体微粒，如镀铜、镀镍等。②阳极氧化是在电解质溶液中，工件为阳极，在外电流作用下，使其表面形成氧化膜层的过程，如铝合金的阳极氧化。

（6）化学法表面处理。化学法表面处理有化学转化膜处理和化学镀。①化学转化膜处理是在电解质溶液中，金属工件在无外电流作用，由溶液中化学物质与工件相互作用从而在其表面形成镀层的过程，如金属表面的发蓝、磷化、钝化、铬盐处理等。②化学镀是在电解质溶液中，工件表面经催化处理，无外电流作用，在溶液中由于化学物质的还原作用，将某些物质沉积于工件表面而形成镀层的过程，如化学镀镍、化学镀铜等。

准备知识及技能五 机械设计相关知识（初步）

高职高专机械类专业学生，需要掌握常用的机械设计理论知识，主要有以下几个方面。

（1）简单的力系分析与计算，包括拉压、剪切强度计算，零件的扭转、弯曲及组合变形强度计算。

（2）简单平面连杆机构的设计，包括机构运动简图绘制、自由度计算，铰链四杆机构初步设计。

（3）螺纹连接及传动的设计，包括普通粗牙螺纹、细牙螺纹、梯形螺纹等的选型与设计。

（4）带传动及链传动的设计，包括平带、V 带、同步带等选型及带轮设计，链传动主要为套筒滚子链选型及链轮的设计。

（5）齿轮传动的设计，包括直齿圆柱齿轮、斜齿轮、蜗轮蜗杆的设计，简单定轴轮系与行星轮系的设计。

（6）间歇运动机构如槽轮、棘轮、连杆、不完全齿轮等机构的设计。

（7）轴系结构的设计，包括轴承、键、销的选型，轴承的轴向定位，闭式轴系结构的密封和润滑等设计。

（8）能够查阅机械相关手册选用螺栓螺母、键、销、卡簧、轴承、密封与润滑等标准件；同时能进行弹簧等常用件选型和设计。

作为工程技术人员，高职高专机械类专业毕业生需要按具体情况权衡轻重，统筹兼顾，在考虑各种因素（如材料、加工能力、制造、运输成本等）的前提下做出最好的设计，使设计的机械有最优的综合技术经济效果。

准备知识及技能六　熟悉常用加工方法

一、切削加工方法

切削是用切削工具（包括刀具、磨具和磨料）把坯料或工件上多余的材料层切去成为切屑，使工件获得规定的几何形状、尺寸和表面质量的加工方法。常用切削加工方法介绍与应用见表 1-6-1。

表 1-6-1　常用切削加工方法介绍与应用

序号	加工方法	介　绍	应　用
1	车削	车削是指车床加工，是机械加工的一部分。车床加工主要用车刀对旋转的工件进行车削加工。车床主要用于加工轴、盘、套和其他具有回转表面的工件，是机械制造和修配工厂中使用最广的一类机床加工	盘类、轴类和其他具有回转体表面的零件加工 成本★
2	铣削	铣削是指使用旋转的多刃刀具切削工件，是高效率的加工方法。工作时刀具旋转（做主运动），工件移动（做进给运动），工件也可以固定，但此时旋转的刀具还必须移动（同时完成主运动和进给运动）。铣削用的机床有卧式铣床或立式铣床，也有大型的龙门铣床。这些机床可以是普通机床，也可以是数控机床。传统铣削较多地用于铣轮廓和槽等简单外形特征	零件平面、沟槽、轮廓、孔洞等加工 成本★★
3	镗削	镗削是一种用刀具扩大孔或其他圆形轮廓的内径车削工艺，其应用范围一般从半粗加工到精加工，所用刀具通常为单刃镗刀（称为镗杆）	孔或其他圆形轮廓内径加工 成本★★☆
4	磨削	磨削是指用磨料、磨具切除工件上多余材料的加工方法。磨削加工是应用较为广泛的切削加工方法之一。在机械加工中隶属于精加工（机械加工分粗加工、精加工、热处理等加工方式），加工量少，精度高	经过热处理或表面处理后硬度较高的零件，一般加工内外圆及平面 成本★★
5	刨削	刨削是指利用刀具和工件之间产生相对直线往复运动来切削工件表面的一种金属切削方法，主要用于加工平面、沟槽等成型面	平面沟槽粗加工 成本★
6	钻削	钻削是孔加工的一种基本方法，钻孔经常在钻床和车床上进行，也可以在镗床或铣床上进行。常用的钻床有台式钻床、立式钻床和摇臂钻床。钻削运动构成：钻头的旋转运动为主切削运动，加工精度较低	孔的粗加工 成本☆
7	铰削	利用铰刀从已加工的孔壁切除薄层金属，以获得精确的孔径和几何形状以及较低的表面粗糙度的切削加工。铰削一般在钻孔、扩孔或镗孔以后进行，用于加工精密的圆柱孔和锥孔，加工孔径范围一般为 3～100mm。由于铰刀的切削刃长，铰削时各刀齿同时参加切削，生产效率高，在孔的精加工中应用较广	孔的精加工 成本★★☆
8	拉削	拉削是机械加工作业的一种类型，是使用拉床（拉刀）加工各种内外成形表面的切削工艺	各种较高精度的成形表面 成本★★★

注：★多少代表相对成本的高低，在满足使用要求的前提下，尽可能选择低成本的切削加工方法。

二、非切削加工方法

不采用去除材料的方法对材料进行成形（成型）加工，包括冲压、压铸、锻造、粉末冶金等方式方法。其具有无废料或少废料的特点。常用非切削加工方法介绍与应用见表 1-6-2。

表 1-6-2　常用非切削加工方法介绍与应用

序号	加工方法	介绍	应用
1	冲压	冲压是指靠压力机和模具对板材、带材、管材和型材等施加外力，使之产生塑性变形或分离，从而获得所需形状和尺寸的工件（冲压件）的加工成型方法。冲压的坯料主要是热轧和冷轧的钢板与钢带	各种形状和尺寸的薄壁大批量零件 成本★
2	压铸	压铸是一种金属铸造工艺，其特点是利用模具腔对融化的金属施加高压。模具通常是用强度更高的合金加工而成的，这个过程有些类似注塑成型。大多数压铸铸件都是不含铁的，如锌、铜、铝、镁、铅、锡以及它们的合金与铅锡合金	各种较高精度的大批量合金铸件 成本★☆
3	锻造	锻造是一种利用锻压机械对金属坯料施加压力，使其产生塑性变形以获得具有一定机械性能、一定形状和尺寸锻件的加工方法，是锻压（锻造与冲压）的两大组成部分之一。通过锻造能消除金属在冶炼过程中产生的铸态疏松等缺陷，优化微观组织结构，同时由于保存了完整的金属流线，锻件的机械性能一般优于同样材料的铸件	受力大、要求高的重要机械零件批量生产 成本★★★
4	粉末冶金	粉末冶金是指制取金属或用金属粉末（或金属粉末与非金属粉末的混合物）作为原料，经过成型和烧结，制造金属材料、复合材料以及各种类型制品的工艺技术。该工艺无切削或少切削	中小型精度较高零件批量生产 成本★☆
5	铸造（精铸）	铸造是指将液体金属浇铸到与零件形状相适应的铸造空腔中，待其冷却凝固后，获得零件或毛坯的方法	形状复杂或复杂内腔的毛坯件 成本★
6	挤压	坯料在三向不均匀压应力作用下，从模具的孔口或缝隙挤出使之横截面积减小长度增加，成为所需制品的加工方法叫挤压，坯料的这种加工叫挤压成型	长杆、深孔、薄壁、异型断面零件，是重要的无切削加工工艺 成本★☆
7	注塑	注塑是一种工业产品生产造型的方法。产品通常使用橡胶注射和塑料注射。注塑还可分注射成型模压法和压铸法。注射成型机（简称注射机或注塑机）是将热塑性塑料或热固性料利用塑料成型模具制成各种形状的塑料制品的主要成型设备，注射成型是通过注射机和模具来实现的	塑件、橡胶件大批量生产 成本☆
8	硫化	硫化又称交联、熟化，是橡胶件批量生产的一种。在橡胶中加入硫化剂和促进剂等交联助剂，在一定的温度、压力条件下，使线型大分子转变为三维网状结构的过程	批量生产 成本★
9	吹塑	热塑性塑料经挤出或注射成型得到的管状塑料型坯，趁热（或加热到软化状态）置于对开模中，闭模后立即在型坯内通入压缩空气，使塑料型坯吹胀而紧贴在模具内壁上，经冷却脱模，即得到各种中空制品	批量生产 成本☆
10	吸塑	一种塑料加工工艺，主要原理是将平展的塑料硬片材加热变软后，采用真空吸附于模具表面，冷却后成型。其广泛用于塑料包装、灯饰、广告、装饰等行业	批量生产 成本☆

在满足使用要求的前提下，规模化生产尽可能选择低成本的非切削加工方法。

准备知识及技能七　软件应用

机械工程项目综合训练课程主要涉及三维设计软件 Pro/E、UG、Solidworks 与工程图绘制软件 AutoCAD、CAXA 等。对于三维设计软件要求能够根据草图熟练完成零件建模、设计修改、零件装配，并能够导出工程图。对于工程图绘制软件，需要熟练掌握符合国家标准的工程图完善及绘制。

准备知识及技能八　钳工及普通加工

本课程主要涉及钳工及普通机床加工知识与技能，其中钳工主要包括錾削、锉削、锯切、划线、钻削、铰削、攻丝和套丝、研磨、矫正、弯曲等。普通加工主要包括车削、铣削及镗削加工。

单元二　综合项目训练

项目一　便携式桌钳综合项目训练

项目实施要求：

学生以 4 人为一组，按工作任务及时间要求完成综合训练。通过本项目主要完成便携式桌钳的测绘、各零件的三维建模及虚拟装配、标准零件图和总装图的绘制。项目结束时提供完整的工程图纸一套。

知识与技能目标：

（1）了解并熟悉压铸、冲压、冷轧、缩径、搓丝、冷镦、注塑、钻削、铰削、铣削、车削等加工方法、适用材料、范围以及加工的精度（公差），会根据使用要求及加工方法应用软件进行正确的尺寸公差标注，会查表标注合适的形位公差及表面粗糙度。

（2）了解并掌握各零件的材料如压铸用铝合金、低碳钢冲压用板材、低碳钢常用型材、常用塑料的选用；了解并掌握碳钢发黑、铝合金涂装、碳钢电镀等表面处理的方法。

（3）了解并掌握卡簧等标准件的选用及卡簧槽等标准特征的设计。

（4）了解典型零件的制造成本估算，能够在设计时充分考虑批量制造的工艺及成本因素。

（5）熟练掌握二维、三维绘图软件，能够正确标注零件图与总装图的技术要求，明细栏符合国家标准。

便携式桌钳如图 2-1-1 所示。

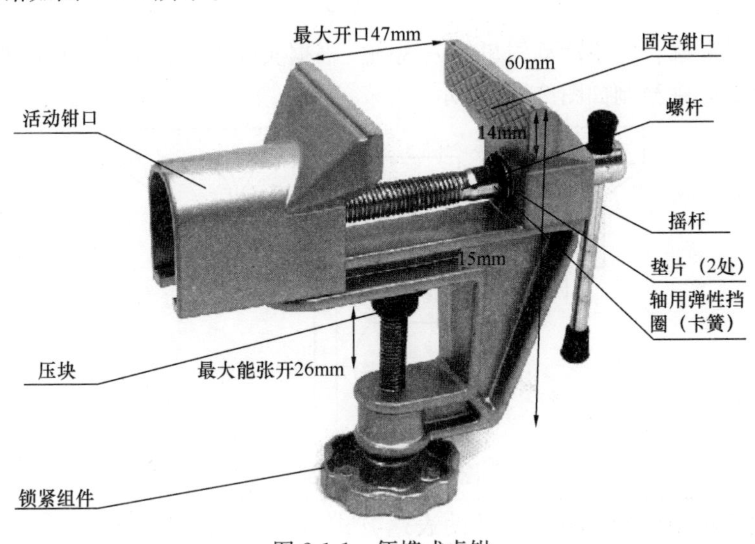

图 2-1-1　便携式桌钳

便携式桌钳综合项目训练工作任务及内容见表 2-1-1。

表 2-1-1 便携式桌钳综合项目训练工作任务及内容

序号	工作任务及内容	课时	地点
任务 1	利用游标卡尺、钢尺等测绘工具进行便携式桌钳各零件测绘，完成基本尺寸标注	8	测绘室
任务 2	确定各零件的制造方法。根据使用要求与制造工艺确定零件尺寸的精度（公差）等级，完成尺寸公差、形位公差、表面粗糙度标注；完成零件选材，标准件选用；确定零件表面处理方式	4	测绘室
任务 3	初步估算典型零件的制造成本	4	测绘室
任务 4	使用三维绘图软件完成零件三维建模、虚拟装配，检查干涉情况；使用二维绘图软件完成零件图及总装图绘制，符合国家标准。图纸能够满足企业批量生产的要求	14	机房

任务 1　工单（8 课时）

利用游标卡尺、钢尺等测绘工具进行便携式桌钳各零件测绘，完成基本尺寸标注。

要求：根据任务 1，完成便携式桌钳各零件草图测绘，标注基本尺寸，要求工程图布局合理，剖视表达清楚。

示例：活动钳口草图绘制

绘图的操作步骤：

（1）布置图形并画基准线。根据所画图形的大小，选定比例，合理布局。图形尽量匀称、居中，并考虑标注尺寸的位置，确定图形的基准线。画底稿的一般步骤：先画基准线，如中心线、对称线，如图 2-1-2 所示。

图 2-1-2　基准线

（2）画零件轮廓，完成活动钳口的三视图。根据实际需要，可适当增减视图，以表达清楚零件为宜。轮廓绘制如图 2-1-3 所示。

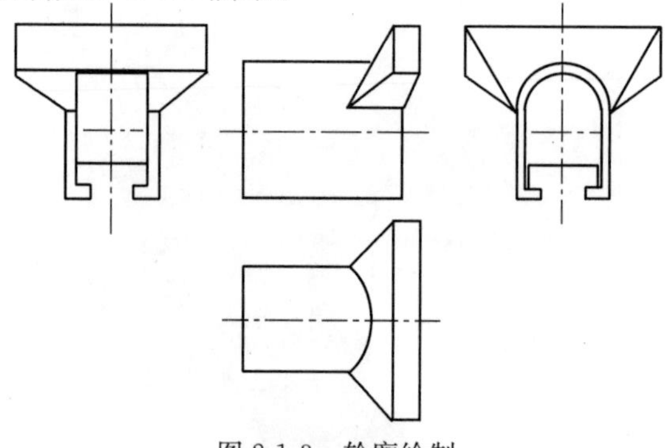

图 2-1-3　轮廓绘制

对于一些特殊结构需要选择合适的表达方式，如螺纹、键、齿轮、弹簧、滚动轴承等。根据活动钳口的结构，选择合适的视图，完成剖视图，相同的结构只需剖视 1 处。此处需注意活动钳口螺纹的画法和局部剖视图，如图 2-1-4 所示。

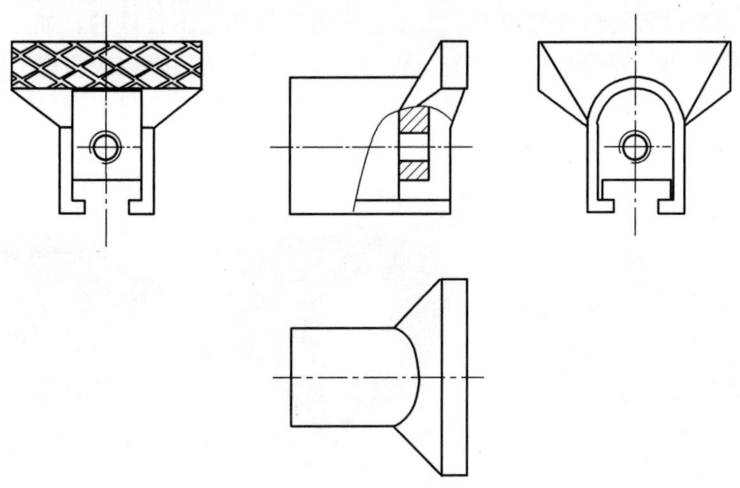

图 2-1-4　局部剖视图

（3）尺寸标注。图形加深后应将尺寸线、尺寸界线和箭头都一次性画出，最后标注尺寸数字及符号等。注意标注尺寸时的基准，保证正确、清晰，符合国家标准的要求，完成草图绘制，如图 2-1-5 所示。

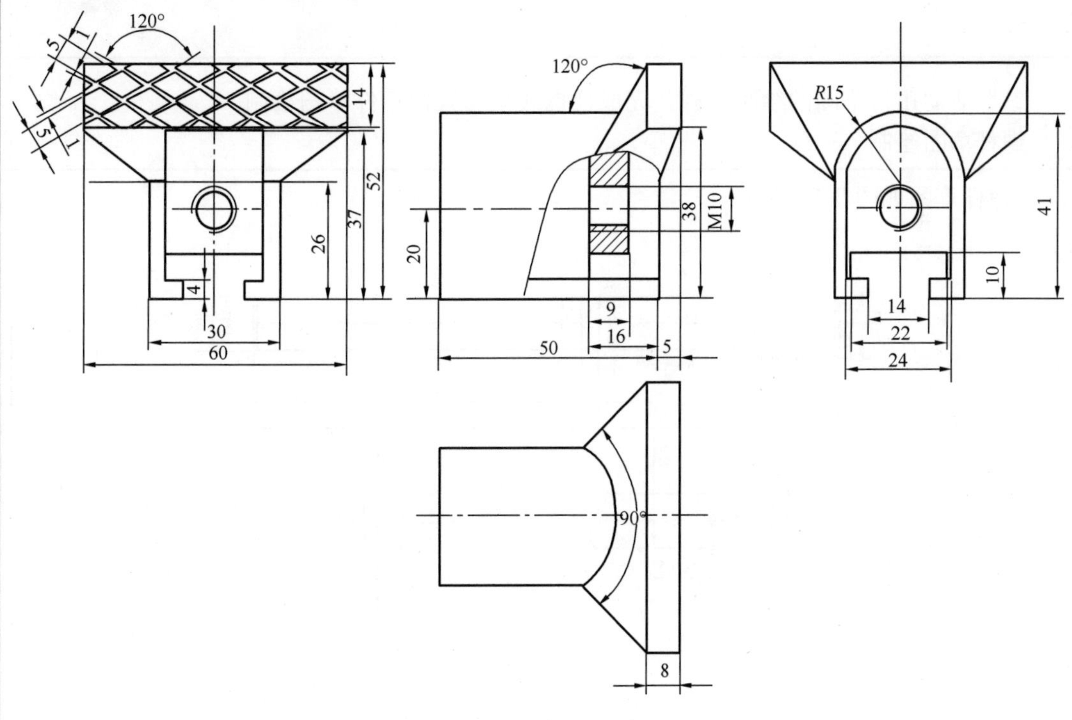

图 2-1-5　标注尺寸

知识提示：活动钳口为典型的压铸件。压铸是一种金属铸造工艺，其特点是利用模具内腔对融化的金属施加高压，能够成型精密、薄壁的零件。压铸模具通常是用强度更高的合金加工而成的，这个过程类似注塑成型。大多数压铸铸件都是不含铁的，如锌、铜、铝、镁、铅、锡等金属的合金。活动钳口毛坯压铸后辅以少量机械加工即可完成零件制造。这种方法被广泛应用于规模化生产，具有高效低成本的优势。压铸机、模具及典型压铸件如图 2-1-6 所示。

压铸成型

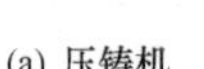

(a) 压铸机

(b) 压铸模具

(c) 压铸件

图 2-1-6　压铸机、模具及典型压铸件

活动钳口表面进行了涂装，所谓涂装即指对金属和非金属表面覆盖保护层或装饰层。喷漆是涂装的一种，通过喷枪借助于空气压力将涂料分散成均匀而微细的雾滴，涂施于被涂物的表面的一种方法。

涂装

参照活动钳口草图的绘制步骤，完成便携式桌钳其他零件草图绘制。

螺杆草图绘制

螺杆草图如图 2-1-7 所示。

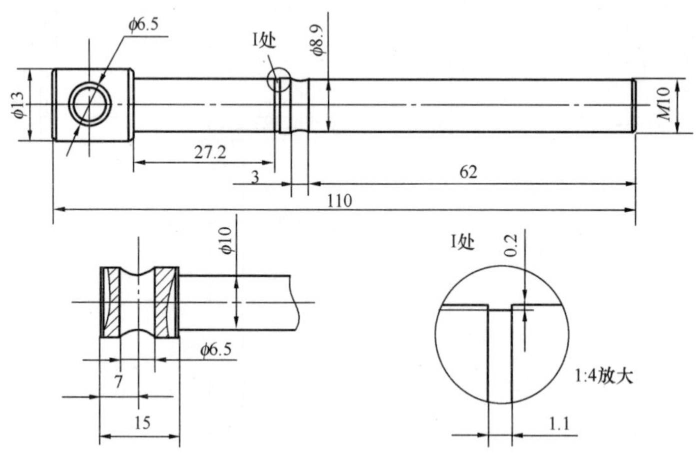

图 2-1-7　螺杆草图

注意点：视图水平放置（零件的加工或工作状态）。螺杆属于轴类零件，除了孔、沟槽特征做局部剖视外一般不做全剖，卡簧槽是标准特征，其尺寸查附表 28《轴用弹性挡圈 A 型》确定。由于特征较小，一般需要放大视图表达，确定卡簧槽尺寸及卡簧型号。

知识提示：螺杆采用锯切或冲裁下料，螺杆端部较粗的部分采用冷镦成型工艺，冷镦成型工艺是少无切削金属压力加工新工艺之一。它是一种利用金属在外力作用下所产生的塑性变形，并借助于模具，使金属体积做重新分布及转移，从而形成所需要的零件或毛坯的加工方法。冷镦成型工艺最适于用来生产螺栓、螺钉、螺母、铆钉、销钉等标准紧固件。冷镦机、冷镦模及典型冷镦件如图 2-1-8 所示。

金属下料

(a) 冷镦机

(b) 冷镦模

(c) 典型冷镦件

图 2-1-8　冷镦机、冷镦模及典型冷镦件

螺纹部分采用搓丝或滚丝工艺成型。搓丝是利用搓丝板相对运动使其间的坯料轧成螺纹的加工方法；滚丝是利用滚丝模转动使其间的坯料轧制成螺纹的加工方法。这两种方法替代了车削，极大地提高了生产效率，广泛应用于标准件的制造。由于搓丝后外径会加大，搓丝前棒料需缩径处理。搓丝机、搓丝板及典型搓丝件如图 2-1-9 所示。

螺纹滚丝加工

(a) 搓丝机

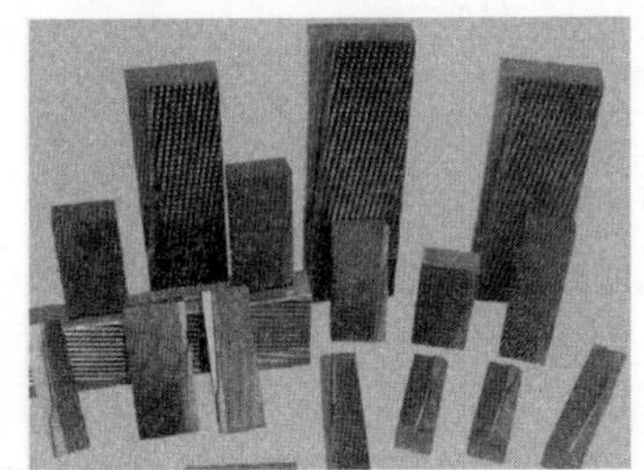

(b) 搓丝板

(c) 典型搓丝件

图 2-1-9　搓丝机、搓丝板及典型搓丝件

滚丝机、滚丝模及典型滚丝件如图 2-1-10 所示。

(a) 滚丝机

(b) 滚丝模

(c) 典型滚丝件

图 2-1-10　滚丝机、滚丝模及典型滚丝件

螺杆的卡簧槽可采用专用的卡簧槽车刀车削。卡簧槽车刀刀片和钢筋缩径机、缩径模具和典型缩径件如图 2-1-11、图 2-1-12 所示。

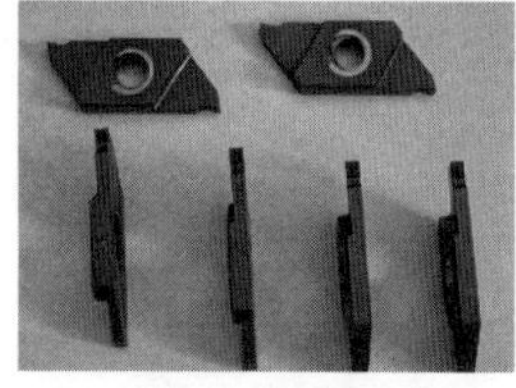

图 2-1-11　卡簧槽车刀刀片

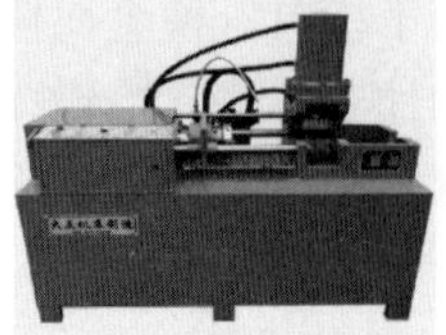

(a) 钢筋缩径机

(b) 缩径模具

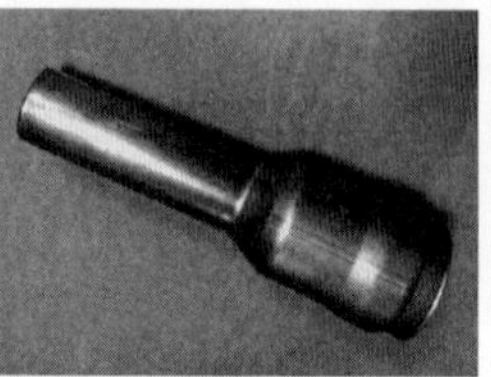

(c) 典型缩径件

图 2-1-12　钢筋缩径机及缩径件

固定钳口草图绘制

固定钳口草图如图 2-1-13 所示。

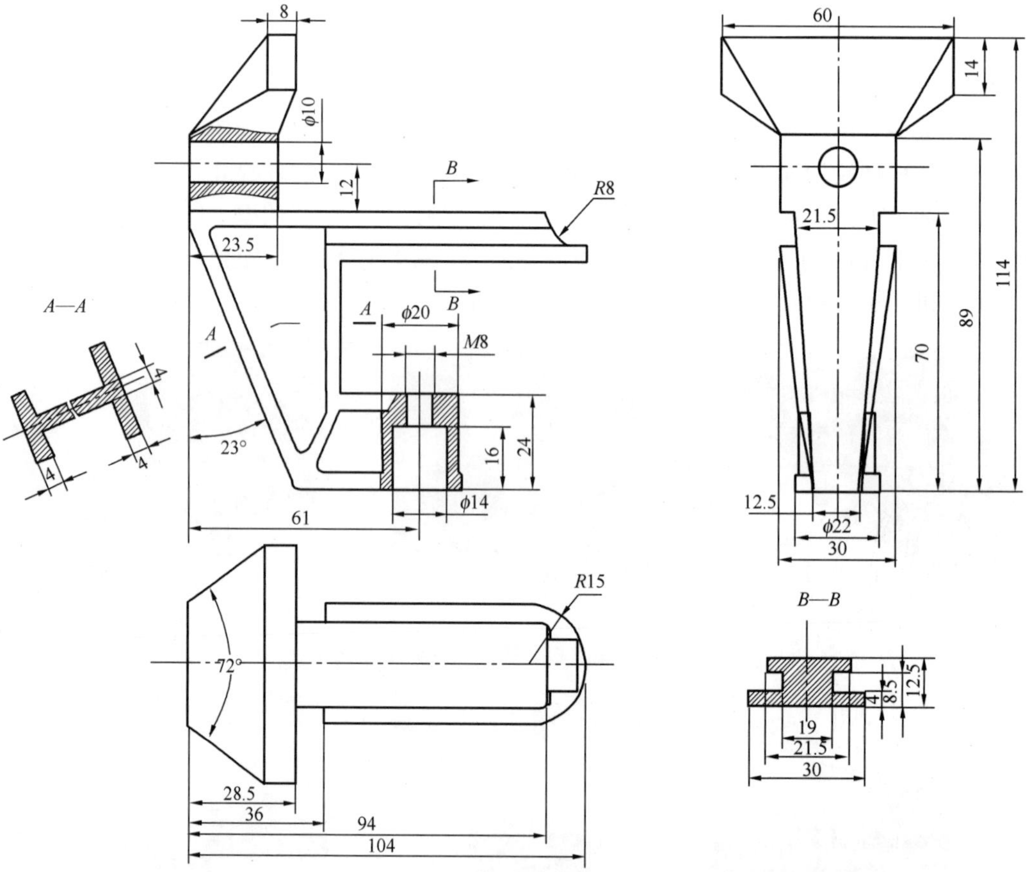

图 2-1-13　固定钳口草图

注意点：固定钳口为典型的压铸件，主视图选择零件工作状态位置摆放，相同的孔及螺纹孔必须剖视其中 1 个，一般加强筋不做纵向剖视，而做加强筋断面的横向剖视，如 $A-A$ 剖切面。

知识提示：固定钳口在铝合金压铸成型后，需要专用夹具装夹进行机械切削加工。夹具是指机械制造过程中用来固定加工对象，使之占有正确的位置，以接收施工或检测的装置，又称卡具。从广义上说，在工艺过程中的任何工序，用来迅速、方便、安全地安装工件的装置，都可称为夹具。一般毛坯料的加工都需要专用夹具。除了压铸外，铝合金的普通铸造工艺也是批量生产中常用工艺，如铝轮毂的铸造等。铝合金铸件的设计和塑件一样，脱模方向上具有较大深度时，要注意留出脱模斜度，如图 2-1-14、图 2-1-15、图 2-1-16 所示。

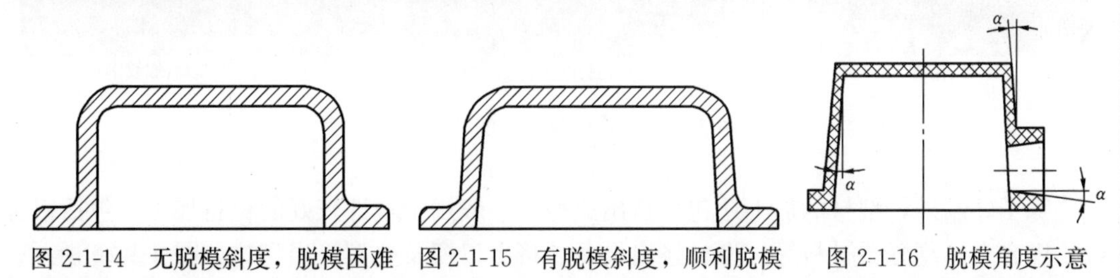

图 2-1-14　无脱模斜度，脱模困难　图 2-1-15　有脱模斜度，顺利脱模　图 2-1-16　脱模角度示意

摇杆草图绘制

摇杆草图如图 2-1-17 所示。

图 2-1-17　摇杆草图

注意点：由于摇杆较简单，轴类零件一般不做纵向剖视。

知识提示：摇杆为典型的轧制成型，是将金属坯料通过一对旋转轧辊的间隙（各种形状），坯料在通过间隙时因受轧辊的压缩使坯料截面减小，长度增加的压力加工方法，这是生产钢材最常用的生产方式，主要用来生产型材、板材、管材。分热轧和冷轧两种。各种轧制方法如图2-1-18所示。

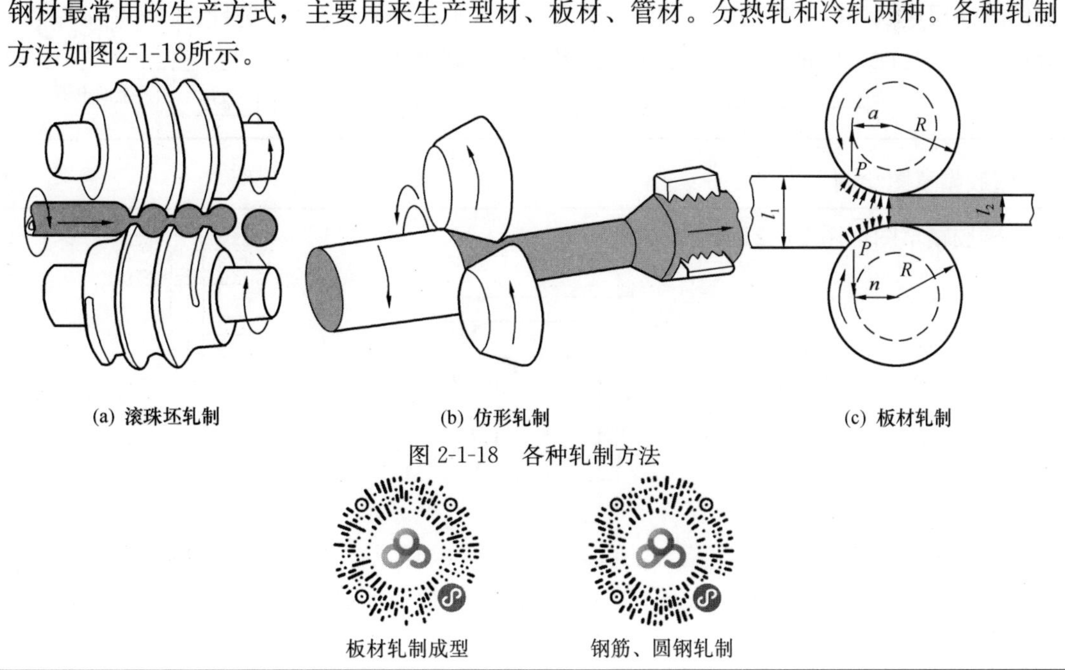

(a) 滚珠坯轧制　(b) 仿形轧制　(c) 板材轧制

图 2-1-18　各种轧制方法

轧机及典型的轧制型材如图 2-1-19 所示。

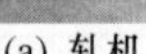

(a) 轧机

(b) 轧制的型材(工字钢)

(c) 轧制的型材(螺纹钢)

图 2-1-19　轧机及典型的轧制型材

除了轧制外，型材的加工还包括挤出成型，一般用于塑性较好的材料加工，包括铝合金、铜合金、高分子材料等。型材挤出设备、挤出口模及典型挤出型材如图 2-1-20 所示。

(a) 挤出设备

(b) 挤出口模

(c) 挤出型材

图 2-1-20　型材挤出设备、挤出口模及典型挤出型材

摇杆经过了电镀处理。电镀就是利用电解原理在某些金属表面镀上一薄层其他金属或合金的过程，是利用电解作用使金属或其他材料制件的表面附着一层金属膜的工艺从而起到防止金属氧化（如锈蚀），提高耐磨性、导电性、反光性、抗腐蚀性（硫酸铜等）及增进美观等作用。

金属电镀

塑胶帽草图绘制

塑胶帽草图如图 2-1-21 所示。

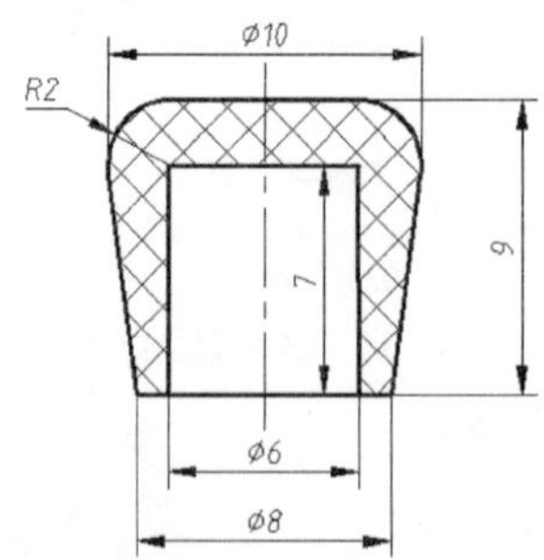

图 2-1-21　塑胶帽草图

注意点：塑胶帽要做剖视，直观展示塑件尺寸及壁厚，圆角特征，注意剖面线形式。

知识提示：塑胶帽为典型注塑成型件，塑料注塑成型是塑料制品生产的一种方法，将熔融的塑料利用压力注进塑料制品模具中，冷却成型得到想要的各种塑料件。有专门用于进行注塑的机械注塑机。注塑机、注塑模具及典型注塑件如图 2-1-22 所示。

注塑成型

(a) 注塑机

(b) 注塑模具

(c) 注塑件

图 2-1-22　注塑机、注塑模具及典型注塑件

旋钮草图绘制

旋钮草图如图 2-1-23 所示。

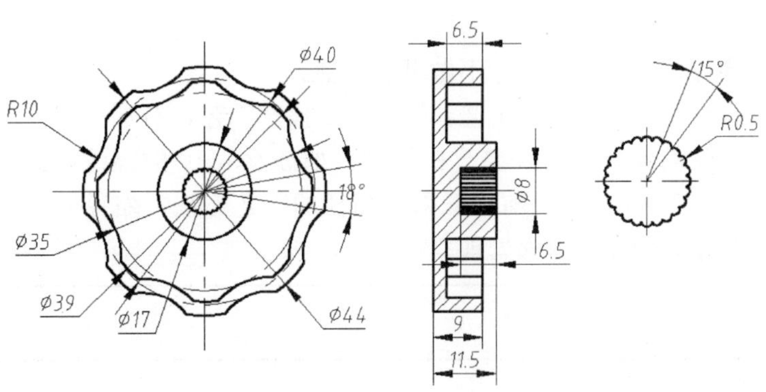

图 2-1-23　旋钮草图

注意点：旋钮中间的孔由模具压铸直接成型，需要放大表达，整个零件可以选择全剖的形式。

知识提示：中间孔采用压铸时型芯抽出的方式成型，型芯采用线切割的方式成型。线切割加工的基本工作原理是利用连续移动的细金属丝（称为电极丝）做电极，对工件进行脉冲火花放电蚀除金属、切割成型。线切割机床及典型的线切割件如图 2-1-24 所示。

电火花、线切割

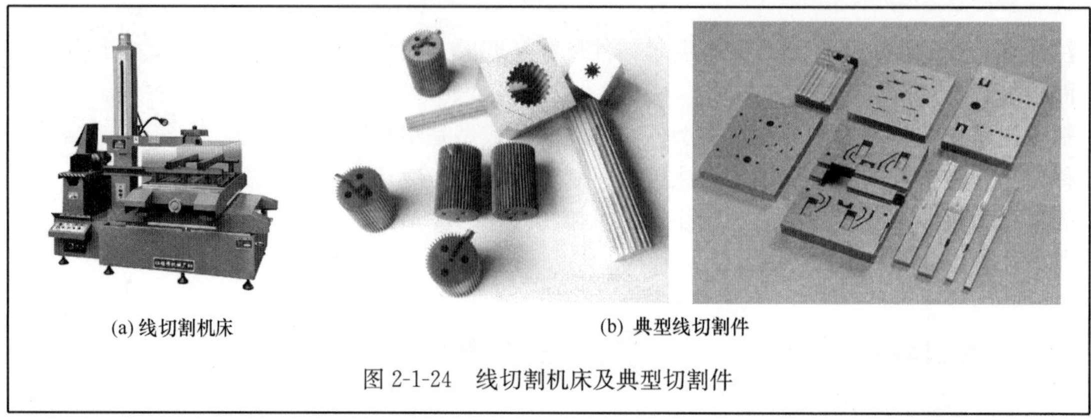

(a) 线切割机床　　(b) 典型线切割件

图 2-1-24　线切割机床及典型切割件

锁紧螺杆草图绘制

锁紧螺杆草图如图 2-1-25 所示。

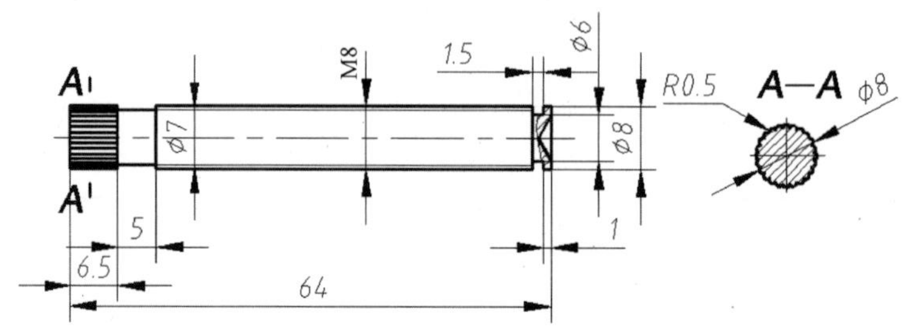

图 2-1-25　锁紧螺杆草图

注意点：螺杆类零件建议水平放置，不做纵向全剖。

知识提示：锁紧螺杆左端采用滚花工艺，螺纹采用搓丝工艺，右端采用冷镦成型。螺纹在搓丝前棒料的直径要严格控制，如搓丝 M10 的螺纹，搓丝前棒料直径约为 8.9mm，搓丝前一般采用缩径的工艺方法，缩径后如果存在加工硬化现象，则需要退火处理。

冷镦滚花

压片草图绘制

压片草图如图 2-1-26 所示。

R2
Ø28
67°
1
4
R2
Ø7
Ø10.5
Ø19

图 2-1-26　压片草图

注意点： 压片结构简单，一个全剖视图能够表达所有特征。

知识提示： 压片为典型的板材冲压件。一般板材与很多型材一样，是通过轧制成型。冲压则是将金属板材通过压力机和冲压模具的共同作用下，成型各种零件的金属塑性加工方法。一般冲压件的板料厚度在 10mm 以下。板材冲压的生产率高，可实现机械化、自动化；大批量生产时成本低，产品精度高。板材冲压有剪切、冲裁、弯曲和拉深等加工方式。压片采用了拉深、冲裁的工艺方法。对于大型容器类板材成型金属件，还可以采用旋压工艺成型。冲床、冲压模具及典型冲压件和旋压机与典型旋压件如图 2-1-27、图2-1-28所示。

(a) 冲床

(b) 冲压模具

(c) 典型冲压件

图 2-1-27　冲床、冲压模具及典型冲压件

(a) 旋压机

(b) 典型旋压件

图 2-1-28　旋压机与典型旋压件

板材轧制

板材拉深

旋压成型

压紧盖草图绘制

压紧盖草图如图 2-1-29 所示。

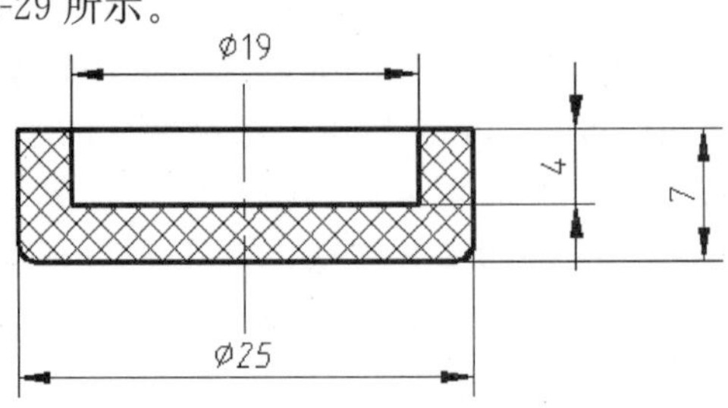

图 2-1-29　压紧盖草图

注意点：压紧盖结构简单，一个全剖视图已经能够表达所有结构特征。

知识提示：压紧盖是典型的注塑件。塑料成型工艺除了最常规的注塑外还有吹塑、吸塑等工艺。吹塑是热塑性树脂经挤出或注射成型得到的管状塑料型坯，趁热（或加热到软化状态）置于对开模中，闭模后立即在型坯内通入压缩空气，使塑料型坯吹胀而紧贴在模具内壁上，经冷却脱模，即得到各种中空制品。吹塑机、吹塑模及典型吹塑件如图 2-1-30 所示。

(a) 吹塑机

(b) 吹塑模

(c) 典型吹塑件

图 2-1-30　吹塑机、吹塑模及典型吹塑件

吸塑是一种塑料加工工艺，主要原理是将平展的塑料硬片材加热变软后，采用真空吸附于模具表面，冷却后成型，广泛用于塑料包装、灯饰、广告、装饰等行业。吸塑模具可用多种材料制造，如木头、铝合金、钢材等。吸塑机、吸塑模及典型吸塑件如图 2-1-31 所示。

(a) 吸塑机

(b) 吸塑模

(c) 典型吸塑件

图 2-1-31　吸塑机、吸塑模及典型吸塑件

吹塑成型

吸塑成型

装配图草图绘制

装配图草图如图 2-1-32 所示。

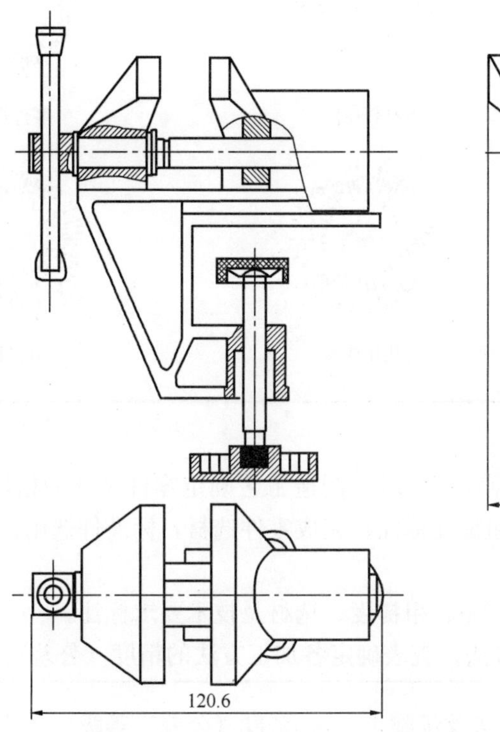

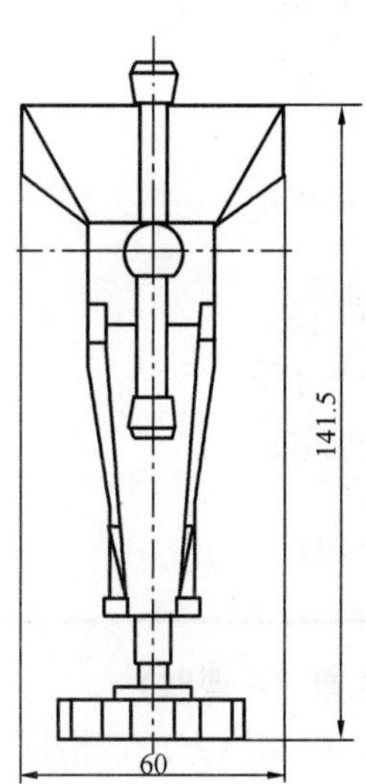

图 2-1-32　总装图

注意点：装配图草图一般要标注出装配后的长、宽、高尺寸，各个配合部分用局部剖视表达，特别要注意螺纹配合的画法。技术要求主要是说明安装后达到的功能要求。

知识提示：其中的卡簧（轴用弹性挡圈）为标准件，机械标准件及常用件中采用弹簧钢制造的有很多，如各种弹簧、板簧等。

弹簧制造

拓展知识：便携式桌钳的机架为压铸件，在机械制造中，特别是较大型的产品，相当一部分的机架或零件是采用钢板、型材成型或成型后焊接的方式制造。

随着新材料、新工艺的发展，在产品制造领域涌现出了很多新的制造方法，如玻璃热压成型碳纤维材料的热压成形、3D 打印等。

板材冲压

热冲压

金属管材弯曲

线材弯曲

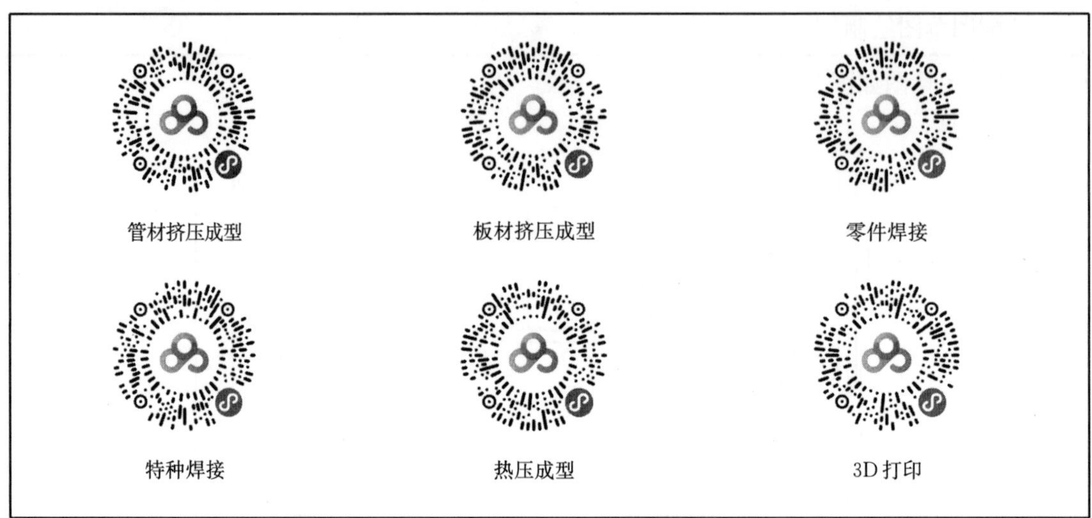

任务 2　工单（4 课时）

确定各零件的制造方法，根据使用要求与制造工艺确定零件尺寸的精度（公差）等级，完成尺寸公差、形位公差、表面粗糙度标注；完成零件选材，标准件选用；确定零件表面处理方式。

示例：活动钳口尺寸公差、形位公差、粗糙度、选材及技术要求标注。

步骤 1：确定活动钳口加工方法；查表确定各加工方法的精度（公差）等级。

零　件	加工方法及步骤	精度（公差）等级		备注
活动钳口	1. 铝合金压铸	IT11～IT14	取 IT11 级	模具压铸批量生产
	2. 铣顶面	IT7～IT10	取 IT10	专用工装
	3. 钻螺纹底孔	IT10～IT13	取 IT10～IT11	专用工装
	4. 螺纹孔攻丝	8H	粗糙级	专用工装，螺纹镀铬选 H/e 配合
	5. 表面喷漆			喷涂防锈面漆
	提示：查附表 36《公差等级与加工方法的关系》，根据桌钳使用情况，铝合金压铸为一般精度等级，查附表 61《普通内、外螺纹的推荐公差带》，螺纹孔采用推荐等级 8H，铣削面为非配合面，可取较低精度等级			

步骤 2：标注尺寸公差、形位公差及表面粗糙度。

活动钳口标注如图 2-1-33 所示。

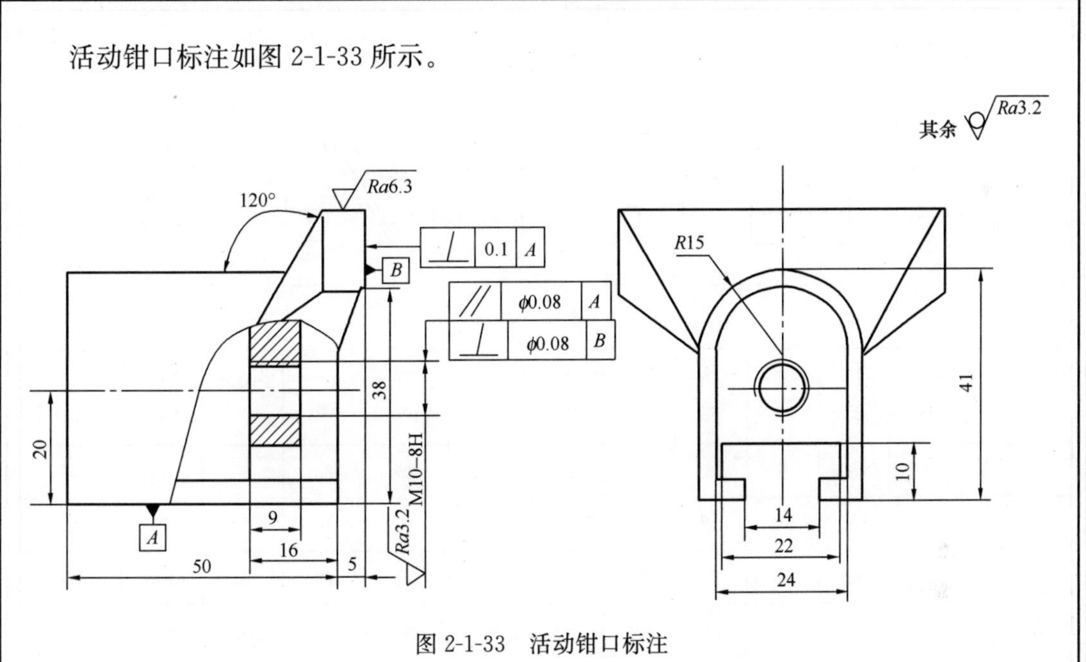

图 2-1-33　活动钳口标注

尺寸公差：

（1）前述已经确定了活动钳口的制造加工方法。

（2）查附表 61《普通内、外螺纹的推荐公差带》，螺纹做一般使用，采用推荐等级 8H，螺纹不必标注上下偏差。

形位公差：

机械设备中的一些影响功能要求、配合性质、互换性等的重要零件，需要对零件的形位误差予以限制，形位公差只标注对使用产生影响的部分。

（1）根据功能使用要求，螺纹孔相对底面有平行度要求，相对侧面有垂直度要求。

（2）确定形位公差基准 *A* 和 *B*。

（3）查附表 36《公差等级与加工方法的关系》、表 2-1-2、表 2-1-3《平行度、垂直度、倾斜度公差》确定形位公差值。

B 面应该垂直于 *A* 面，压铸的精度等级选 IT11，查表的垂直度公差为 0.1，其余地方形位公差标注类似。

表 2-1-2　活动钳口公差等级与加工方法

加工方法	公差等级（IT）																	
	01	0	1	2	3	4	5	6	7	8	9	10	11	12	13	14	15	16
压铸									[—]	—	—							

表 2-1-3　活动钳口平行度、垂直度、倾斜度选择　　单位：μm

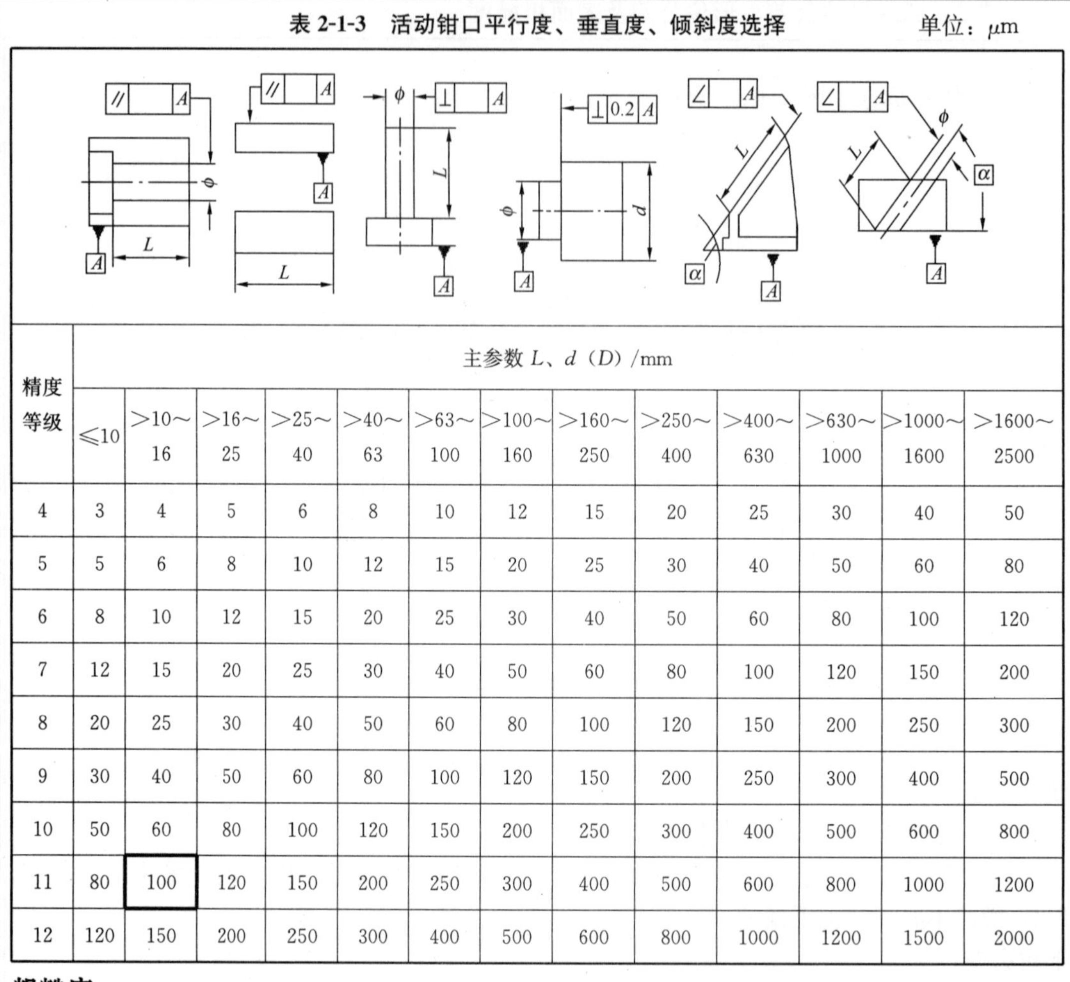

精度等级	主参数 L、d（D）/mm												
	≤10	>10~16	>16~25	>25~40	>40~63	>63~100	>100~160	>160~250	>250~400	>400~630	>630~1000	>1000~1600	>1600~2500
4	3	4	5	6	8	10	12	15	20	25	30	40	50
5	5	6	8	10	12	15	20	25	30	40	50	60	80
6	8	10	12	15	20	25	30	40	50	60	80	100	120
7	12	15	20	25	30	40	50	60	80	100	120	150	200
8	20	25	30	40	50	60	80	100	120	150	200	250	300
9	30	40	50	60	80	100	120	150	200	250	300	400	500
10	50	60	80	100	120	150	200	250	300	400	500	600	800
11	80	100	120	150	200	250	300	400	500	600	800	1000	1200
12	120	150	200	250	300	400	500	600	800	1000	1200	1500	2000

粗糙度：

表面粗糙度参数值的选用，既要满足零件表面的功能要求，又要考虑经济性。具体选用时，可参照已有的类似零件图，用类比法确定，一般选择原则如下：

（1）在满足表面功能要求前提下，应尽量选用较大的表面粗糙度参数值，以降低加工成本。

（2）一般地说，零件的工作表面的粗糙度参数值小于非工作表面的粗糙度参数值。

（3）摩擦表面比非摩擦表面的粗糙度要小，滚动摩擦表面比滑动摩擦表面的粗糙度要小。

（4）受循环载荷的表面及易引起应力集中的表面（如圆角、沟槽），表面粗糙度参数值要小。

（5）配合性质要求高的结合表面、配合间隙小的配合表面，以及要求连接可靠、受重载的过盈配合表面等，都应取较小的粗糙度参数值。

根据上述原则，查附表 43《不同加工方法对应粗糙度》，按照加工方法类型确定表面粗糙度（表 2-1-4）。这里要指出的是整体压铸的粗糙度数值选用非去除材料方式获得的 $\sqrt{Ra3.2}$。

表 2-1-4　活动钳口加工方法对应粗糙度

加工方法		表面粗糙度　*Ra*/μm													
		0.012	0.025	0.05	0.10	0.20	0.40	0.80	1.60	3.20	6.30	12.5	25	50	100
砂模铸造											---	---	---	---	
壳型铸造											---	---	---	---	
压力铸造							---	---	---	---					
端面铣	粗									---	---	---			
	半精						---	---	---	---					
	精					---	---	---	---						
螺纹加工	丝锥板牙							---	---	---					
	梳洗							---	---	---					
	滚					---	---	---							
	车							---	---	---	---				
	搓丝							---	---	---					
	滚压						---	---	---						
	磨					---	---	---							
	研磨			---	---	---	---	---							

选材：

查附表 10《压铸铝合金特点及应用举例》可选材料为 YL102（表 2-1-5）。

表 2-1-5　活动钳口材料选择

合金系	牌号	代号	合金特点	应用举例
Al-Si 系	YZlSi12	YL102	共晶铝硅合金。具有较好的抗热裂性能和很好的气密性，以及很好的流动性，不能热处理强化，抗拉强度低	用于承受低负荷、形状复杂的薄壁铸件，如各种仪表壳体、汽车机匣、牙科设备、活塞等

热处理及表面处理：

压铸件一般不需要专门的热处理，表面处理方面主要是出于铝合金的防锈及美观考虑。铝合金材料本身就具备一定的防锈能力（酸碱环境除外），其防锈不同于钢材，查附表 52《其他涂料种类和性能》可直接喷涂银色环氧聚酯粉末涂料。

技术要求：

（1）未注铸造圆角 *R*2；

（2）去压铸飞边、毛刺；

（3）表面喷涂银色环氧聚酯粉末涂料。

螺杆：

<table>
<tr><th>螺 杆</th><th>加工方法及步骤</th><th colspan="2">精度（公差）等级</th><th>备注</th></tr>
<tr><td rowspan="7"></td><td>1. 型材棒料轧制、调直、缩径</td><td>IT8～IT10</td><td>取 IT9～IT10</td><td>挤压成型</td></tr>
<tr><td>2. 冷镦头部</td><td></td><td></td><td></td></tr>
<tr><td>3. 车卡簧槽</td><td>IT6～IT10</td><td>取 IT9～IT10</td><td></td></tr>
<tr><td>4. 外螺纹搓丝加工</td><td>8e</td><td>粗糙级</td><td>考虑螺纹镀铬配合间隙</td></tr>
<tr><td>5. 钻孔</td><td>IT10～IT13</td><td>取 IT10～IT12</td><td></td></tr>
<tr><td>6. 表面镀铬</td><td colspan="2"></td><td>考虑螺纹镀铬的配合</td></tr>
<tr><td colspan="4">提示：查附表 36《公差等级与加工方法的关系》，车外圆与固定钳口内孔加工精度等级相同或者高一个等级（轴比孔精度等级往往高一级），外螺纹精度等级等于或高于螺纹孔一级</td></tr>
</table>

螺杆标注如图 2-1-34 所示。

其余 $\sqrt{Ra6.3}$

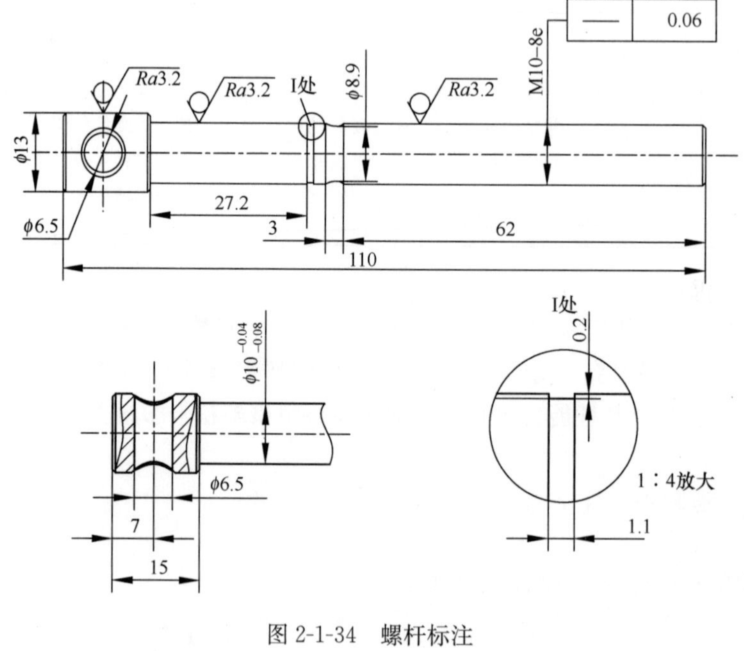

图 2-1-34 螺杆标注

尺寸公差：

（1）螺杆与活动钳口配合的 $\phi10$ 圆柱面为挤压成型，可选 IT9 级公差，选择基孔制配合，应用公差软件可得固定钳口 $\phi10$ 圆孔及螺杆 $\phi10$ 圆柱面的上下偏差，保留小数点后面两位。

（2）螺纹公差标注不必标注上下偏差，由于螺杆要镀铬处理，需要留出较大间隙。查附表 61《普通内、外螺纹的推荐公差带》优选 H/e 配合，此处螺纹孔公差带选用 8e。软件查询公差如图 2-1-35 所示。

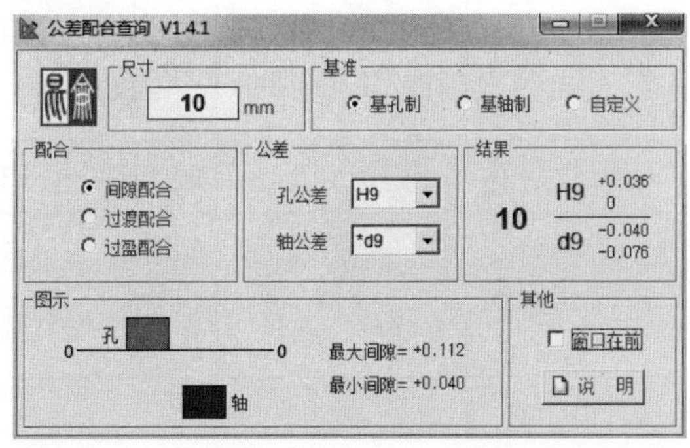

图 2-1-35　软件查询公差

形位公差：

机械设备中的一些影响功能要求、配合性质、互换性等的重要零件，需要对零件的形位误差予以限制。形位公差只标注对使用产生影响的部分。

根据功能使用要求，螺杆的直线度会对使用效果产生影响，根据棒料的轧制公差 IT9 级，查附表 49《直线度、平面度公差》可得直线度公差数值。

粗糙度：

表面粗糙度参数值的选用，既要满足零件表面的功能要求，又要考虑经济性。表面镀铬又考虑有配合的要求，所以表面较为光滑，可选用非去除材料方式获得的粗糙度 $\sqrt{Ra3.2}$，其余粗糙度可选择标准更低的。

选材：

根据任务 2 结果，螺杆的批量制造用到了搓丝方法快速加工螺纹，同时用到了冷镦工艺镦粗端部，因此要求材料有较好的塑性。查附表 2《普通（优质）碳素结构钢》可以选择廉价的普通低碳钢材料 Q235。

热处理及表面处理：

根据任务 2 结果，螺杆的使用过程中主要是提升耐磨性，防止生锈。由于发黑处理无法增加耐磨性且低碳钢无法淬硬，因此可以选择镀铬的工艺进行表面处理。查附表 65《镀铬层厚度与使用场合》，考虑到耐磨性要求，镀铬层厚度≥2μm。

技术要求：

（1）未注倒角 C0.5；

（2）表面镀铬厚度不小于 2μm。

固定钳口

固定钳口	加工方法及步骤	精度（公差）等级		备注
	1. 铝合金压铸	IT11～IT14	取 IT12～IT13	模具压铸批量生产
	2. 铣顶面	IT7～IT10	取 IT10	专用工装
	3. 钻孔，铰孔	钻 IT10～IT13 铰 IT5～IT9	钻 IT10～IT11 铰 IT9	专用工装（定制铰刀）
	4. 钻螺纹底孔	IT10～IT13	取 IT10～IT12	专用工装
	5. 螺纹孔攻丝	8H		专用工装，螺纹镀铬选 H/e 配合
	6. 表面喷漆			喷涂防锈面漆
	提示：查附表 36《公差等级与加工方法的关系》，压铸件精度等级同上，查附表 61《普通内、外螺纹推荐公差带》，螺纹孔采用推荐精度等级 8H。钻孔由于配合及螺纹精度要求，选较高等级；铣削面为非配合面，精度等级选较低级			

固定钳口标注如图 2-1-36 所示。　　　　其余 $\sqrt{Ra3.2}$

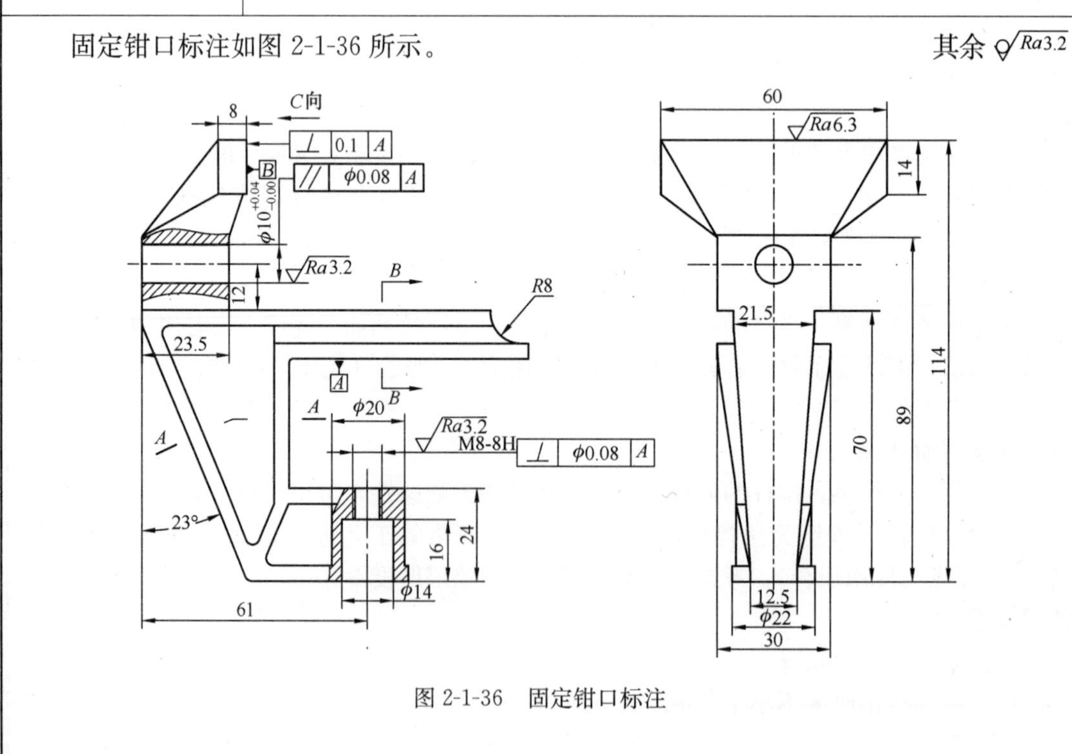

图 2-1-36　固定钳口标注

尺寸公差：

（1）前述已经确定了固定钳口的制造加工方法。

（2）根据附表 36《公差等级与加工方法的关系》确定加工精度等级，根据附表 61《普通内、外螺纹推荐公差带》螺纹孔采用推荐等级 8H，螺纹公差标注不必标注上下偏差。

打孔麻花钻直径系列，$\phi2.2$、$\phi2.5$、$\phi2.8$、$\phi3$、$\phi3.2$、$\phi3.5$、$\phi4$、$\phi4.2$、$\phi4.5$、$\phi5$、$\phi5.2$、$\phi5.5$、$\phi6.0$、$\phi6.5$、$\phi7$、$\phi8$、$\phi10$—20—30，内孔尺寸要根据钻头直径确定。

形位公差：

机械设备中的一些影响功能要求、配合性质、互换性等的重要零件，需要对零件的形位误差予以限制。形位公差只标注对使用产生影响的部分。

（1）确定形位公差基准 A 和 B。

（2）根据功能使用要求，螺纹孔 M8 相对 A 有垂直度要求，孔 $\phi10$ 相对 B 有垂直度要求。

（3）查附表 46《平行度、垂直度、倾斜度公差》，依据加工精度（公差）等级确定形位公差值。

粗糙度：

表面粗糙度参数值的选用，既要满足零件表面的功能要求，又要考虑经济性。具体选用时，可参照已有的类似零件图，用类比法确定。

选材：

查附表 10《压铸铝合金特点及应用举例》，可选材料 YL102。

热处理及表面处理：

压铸件一般不需要专门的热处理，表面处理方面主要是出于铝合金的防锈及美观考虑。铝合金材料本身就具备一定的防锈能力（酸碱环境除外），其防锈不同于钢材。查附表 52《其他涂料种类和性能》可直接喷涂银色环氧聚酯防锈涂料。

技术要求：

（1）未注铸造圆角 $R2$；

（2）去铸造飞边、毛刺；

（3）表面喷涂银色环氧聚酯防锈涂料。

摇杆

摇杆	加工方法及步骤	精度（公差）等级		备注
	1. 棒料调直、酸洗、表面镀铬			圆钢棒料改制
摇杆标注如图 2-1-37 所示。				其余 $\sqrt{Ra6.3}$

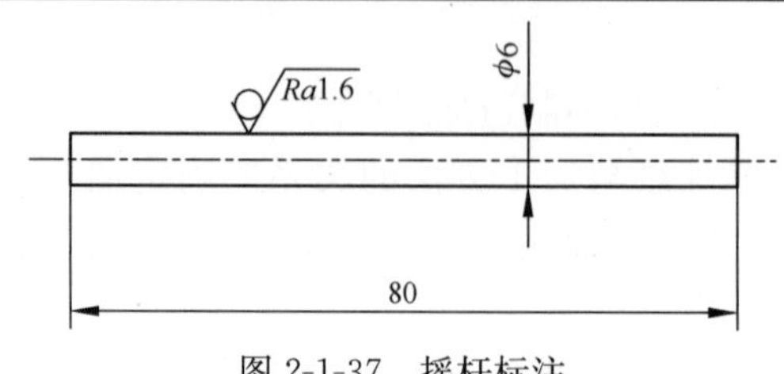

图 2-1-37　摇杆标注

尺寸公差：

（1）摇杆与螺杆大间隙配合，无须标注公差。

（2）摇杆与塑胶帽的配合可以在技术要求中说明。

形位公差：

机械设备中的一些影响功能要求、配合性质、互换性等的重要零件，需要对零件的形位误差予以限制，此组件非关键组件，无须标注形位公差。

粗糙度：

表面粗糙度参数值的选用，既要满足零件表面的功能要求，又要考虑经济性。镀铬的表面为非去除材料方式获得的粗糙度$\sqrt{Ra1.6}$，塑胶帽粗糙度由注塑模具决定。

选材：

根据任务 2 结果，摇杆可以选用轧制调直后的圆钢型材，一般推荐为低碳钢，查附表 2《普通（优质）碳素结构钢》，可选牌号为 Q235。

热处理及表面处理：

根据任务 2 结果，摇杆的使用过程中主要是提升耐磨性，防止生锈，由于发黑处理无法增加耐磨性且低碳钢无法淬硬，因此可以选择镀铬的工艺进行表面处理。查附表 65《镀铬层厚度与使用场合》，考虑到耐磨性要求，镀铬层厚度≥2μm。

技术要求：

（1）装配时塑胶帽压入摇杆端部，要求使用时不松脱；

（2）摇杆表面镀铬厚度不小于 2μm；

（3）塑胶帽黑色。

摇杆与塑胶帽有配合要求，作为注塑件的塑胶帽由于材料收缩影响，尺寸精度远小于金属件，但塑件允许在装配时有少量变形，作为轧制工艺生产的圆钢型材，其截面尺寸也存在小幅波动，因此可以在技术要求中注明配合要求而不标注公差。

塑胶帽

塑胶帽	加工方法及步骤	精度（公差）等级		备注
	1. 注塑成型	MT3～MT5	取 MT3	黑色着色剂（色母）
	提示：查附表 38《一般塑件精度表》			

塑胶帽标注如图 2-1-38 所示。　　　　其余 $\sqrt{Ra3.2}$

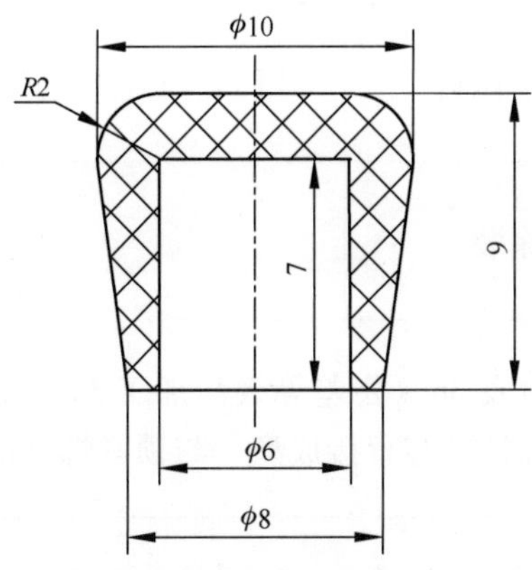

图 2-1-38　塑胶帽标注

尺寸公差：

查附表 38《一般塑件精度表》，根据材料可选用 MT3 级公差。

形位公差：

机械设备中的一些影响功能要求、配合性质、互换性等的重要零件，需要对零件的形位误差予以限制，此组件非关键组件，无须标注形位公差。

粗糙度：

表面粗糙度参数值的选用，既要满足零件表面的功能要求，又要考虑经济性。塑胶帽有一定的美观度要求，其粗糙度由注塑模具决定，可选 $\sqrt{Ra3.2}$ 。

选材：

根据任务 2 结果，塑胶帽为注塑成型件，查附表 12《常用工程塑料名称代号、特性及用途》，可选用常规塑料如 PP、ABS 等，考虑到价格因素，可选 PP。

热处理及表面处理：

塑胶帽为典型塑件，无须热处理，其颜色由添加的色母决定，实际生产过程中可以根据潘通色卡比对选择所需的色母，在注塑时添加进料筒中。

技术要求：

（1）装配时塑胶帽压入摇杆端部，要求使用时不松脱；

（2）制件黑色；

（3）未注公差可参照 MT3 级。

作为注塑件的塑胶帽由于材料收缩影响，尺寸精度远小于金属件，但塑件允许在装配时有少量变形。作为轧制工艺生产的圆钢型材，其截面尺寸也存在小幅波动，因此可以在技术要求中注明配合要求而不标注公差。

旋钮

旋钮	加工方法及步骤	精度（公差）等级		备注
	1. 铝合金压铸	IT11～IT14	取 IT12～IT13	模具压铸批量生产
	2. 表面涂装			喷涂防锈涂料
	提示：查附表 36《公差等级与加工方法关系》，压铸件精度等级同上，中间孔由模具型芯直接成型，与锁紧螺杆的滚花面配合后以 AB 胶粘接			

旋钮标注如图 2-1-39 所示。

其余 $\sqrt{Ra3.2}$

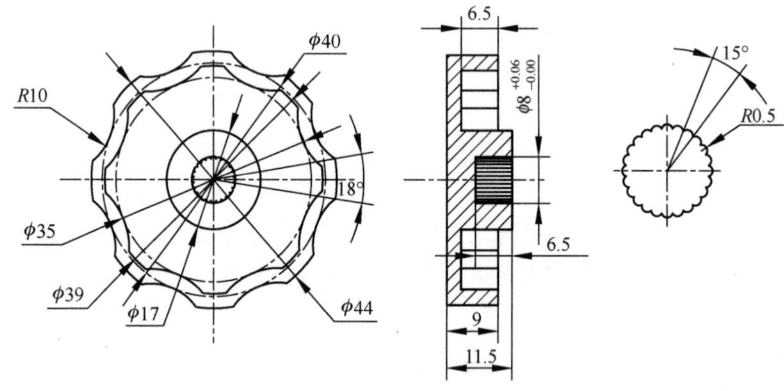

图 2-1-39　旋钮标注

尺寸公差：

中间孔与锁紧螺杆滚花处间隙配合，选择精度 IT11～IT12 级。查询公差软件确定尺寸公差。中间孔与锁紧螺杆滚花端配合公差如图 2-1-40 所示。

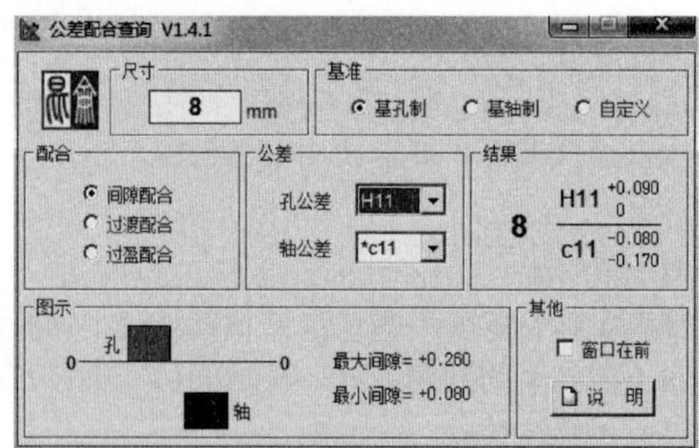

图 2-1-40　中间孔与锁紧螺杆滚花端配合公差

形位公差：

机械设备中的一些影响功能要求、配合性质、互换性等的重要零件，需要对零件的形位误差予以限制，此处无须标注形位公差。

粗糙度：

表面粗糙度参数值的选用，既要满足零件表面的功能要求，又要考虑经济性。旋钮由压铸成型，不需要后续加工，考虑美观度及喷漆要求，表面较光滑，可选$\sqrt{Ra3.2}$。

选材：

参照前述活动钳口和固定钳口的选材，查附表 10《压铸铝合金特点及应用举例》，选用材料 YL102。

热处理及表面处理：

压铸件一般不需要专门的热处理，表面处理方面主要是出于铝合金的防锈及美观考虑，铝合金材料本身就具备一定的防锈能力（酸碱环境除外），其防锈不同于钢材。查附表 52《其他涂料种类和性能》可直接喷涂防锈涂料。

技术要求：

（1）压铸件去飞边；

（2）旋钮中间孔与锁紧螺杆滚花端间隙配合，以 AB 胶粘接，保证连接可靠；

（3）未注铸造圆角 $R1$；

（4）表面喷涂银色环氧聚酯面漆。

锁紧螺杆

锁紧螺杆	加工方法及步骤	精度（公差）等级		备注
	1. 圆钢调直	IT10～IT11	取 IT10	挤压
	2. 车槽	IT6～IT10	取 IT10	圆钢车削
	3. 滚花	IT8～IT10	取 IT10	专用滚刀
	4. 螺纹搓丝	8e		专用工装，螺纹镀铬选 H/e 配合
	5. 表面镀铬			镀铬厚度不小于 2μm
	提示：查附表 36《公差等级关系与加工方法》，锁紧螺杆滚花端与旋钮中间孔间隙配合，装配时以 AB 胶粘接，右端与压片装配后压铆变形，防止压片掉出			

锁紧螺杆标注如图 2-1-41 所示。 其余 $\sqrt{Ra6.3}$

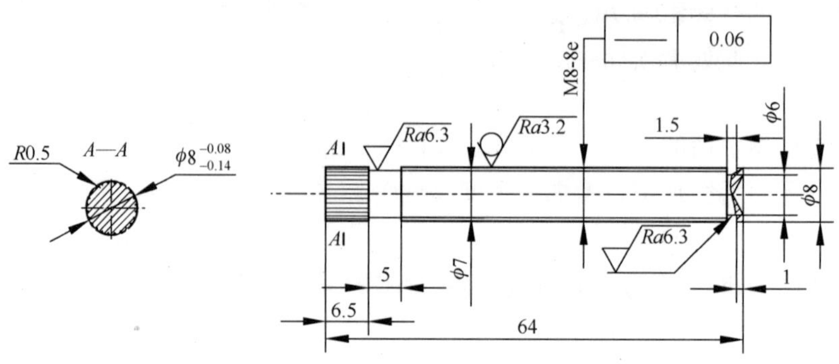

图 2-1-41 锁紧螺杆标注

尺寸公差：

（1）螺纹配合考虑镀铬影响，优先选用 H/e 配合，选择粗糙级以满足使用要求，因此外螺纹公差选择 8e。

（2）锁紧螺杆与压片之间的间隙较大，不必标注公差。

（3）滚花端与旋钮配合由于需要粘接，考虑镀铬影响可选用较大间隙配合，挤压的精度可选择 IT11 级，查公差表得到公差。滚花端配合公差如图 2-1-42 所示。

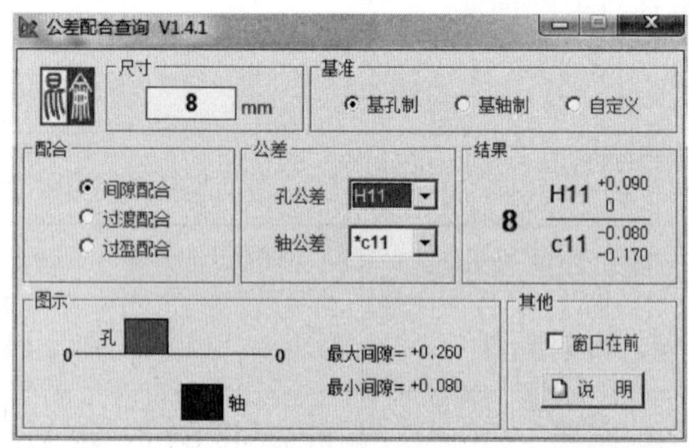

图 2-1-42 滚花端配合公差

形位公差：

机械设备中的一些影响功能要求、配合性质、互换性等的重要零件，需要对零件的形位误差予以限制，此处无须标注形位公差。

锁紧螺杆的直线度会影响使用效果，因此需要标注直线度公差。根据型材圆钢棒料挤压调直后按照 10 级精度（公差），查附表 49《直线度、平面度公差》得到 0.06 的公差值。

粗糙度：

表面粗糙度参数值的选用，既要满足零件表面的功能要求，又要考虑经济性。锁紧螺杆部分沟槽区域用车削加工，无配合要求，可选用较低的粗糙度值 $\sqrt{Ra6.3}$，滚丝镀铬部分为非去除材料获得的粗糙度，考虑到配合要求，可选 $\sqrt{Ra3.2}$。

选材：

根据任务 2 结果，锁紧螺杆材料可以选用轧制工艺加工的圆钢型材，一般推荐为塑性好的低碳钢，便于滚花、搓丝加工，查附表 2《普通（优质）碳素结构钢》，可选牌号为 Q235。

热处理及表面处理：

根据任务 2 结果，锁紧螺杆使用过程中主要是提升耐磨性，防止生锈，由于发黑处理无法增加耐磨性且低碳钢无法淬硬，因此可以选择镀铬的工艺进行表面处理。查附表 65《镀铬层厚度与使用场合》，考虑到耐磨性要求，镀铬层厚度≥2μm，由于螺纹处有镀铬，要注意镀铬后对螺纹配合公差的影响。

技术要求：

（1）滚花端与旋钮中间孔间隙配合，装配时以 AB 胶粘接，保证连接可靠；

（2）右端与压片装配后压铆变形，防止压片掉出；

（3）表面镀铬厚度不小于 2μm。

压片

压片	加工方法及步骤	精度（公差）等级		备注
	1. 冲压成型	ST1～ST11	取 ST5	冲压成形型，精度与压紧盖相当
	2. 表面镀铬			镀铬厚度不小于 2μm
	提示：锁紧螺杆右端与压片间隙配合后，压片右端铆压变形，防止压片掉出。作为成型冲压件，查附表 62《冲压件尺寸公差》，对于配合的外圈，公差选择 ST5			

压片标注如图 2-1-43 所示。　　其余 $\sqrt{Ra3.2}$

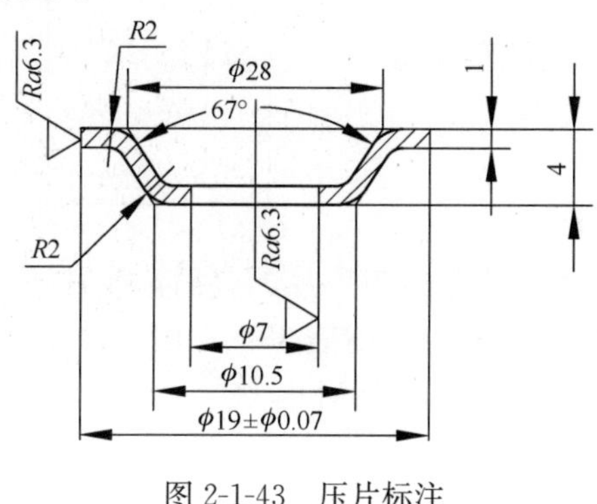

图 2-1-43　压片标注

尺寸公差：

（1）压片与锁紧螺杆大间隙配合，内孔无须标注尺寸公差。

（2）查附表 62《冲压件尺寸公差》，外圆可以选择冲压成型件 FT3 级，与压紧盖 MT4 级相当。

形位公差：

此处压片无形位公差要求。

粗糙度：

表面粗糙度参数值的选用，既要满足零件表面的功能要求，又要考虑经济性。压片为冲压成型，其中板材为轧制（挤压）成型，考虑表面质量要求，可选 $\sqrt{Ra3.2}$（不去除材料）；外圈和内孔为冲裁成型，属于去除材料方式获得的粗糙度值，可选 $\sqrt{Ra6.3}$。

选材：

根据任务 2 结果，压片可以选用轧制工艺加工的钢板，一般推荐为塑性好的低碳钢板，便于冲压成型，查附表 2《普通（优质），碳素结构钢》可选牌号为 Q235。

热处理及表面处理：

根据任务 2 结果，压片在使用过程中主要是提升耐磨性，防止生锈，可以选择镀铬的工艺进行表面处理。考虑到耐磨性要求，查附表 65《镀铬层厚度与使用场合》，选择镀铬层厚度≥2μm。

技术要求：

（1）去毛刺；

（2）表面镀铬厚度不小于 2μm；

（3）压片与锁紧螺杆配合后将螺杆端部压铆变形，防止压片掉出；

（4）压片内孔采用 ST5 及公差，外圈与压紧盖紧配。

压紧盖

压紧盖	加工方法及步骤	精度（公差）等级		备注
	1. 注塑成型	MT1～MT8	取 MT4	塑料注塑加着色剂，与压片配合，精度相当
	提示：压紧盖与压片配合后，压片不易掉出。查附表 37《塑件公差数值表》、附表 38《一般塑件精度表》，无填充的聚丙烯 PP 材料一般公差为 MT4 级			
压紧盖标注如图 2-1-44 所示。				其余 $\sqrt{Ra3.2}$（不去除材料）

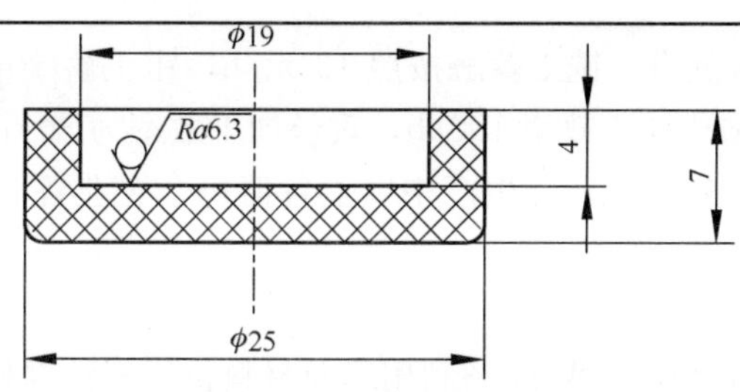

图 2-1-44　压紧盖标注

尺寸公差：

查附表 37《塑件公差数值表》，根据 PP 件一般公差，可选 MT4 级，与压片的 ST5 级相当，压紧盖与压片配合后不松动。

形位公差：

此处压紧盖无形位公差要求。

粗糙度：

表面粗糙度参数值的选用，既要满足零件表面的功能要求，又要考虑经济性。压紧盖为注塑成型，其粗糙度由模具决定，一般朝外的面粗糙度要求较高，因朝外面较多，可选 Ra3.2，内部的粗糙度要求较低，可选 Ra6.3。

选材：

根据任务 2 结果，压紧盖可以选用注塑工艺成型。查附表 12《常用工程塑料名称代号、特性及用途》、附表 53《常用材料价格》，综合考虑常用塑料及价格因素，可选用 PP。

热处理及表面处理：

根据任务 2 结果，压紧盖为注塑成型，其颜色由添加的着色剂产生，无须热处理和表面处理。

技术要求：

（1）去飞边；

（2）塑件 MT4 级公差与压片紧密配合，不松动；

（3）制件为黑色。

任务 3　工单（4 课时）

初步估算典型零件的制造成本。

一个零件的制造成本＝材料成本＋各加工环节的成本＋热处理及表面处理的成本＋综合摊派成本（机器折旧、房租、水电等）。根据企业的实际状况，本例中每小时的加工量为工装夹具等配套设施完善时中等熟练技术工的估算值。综合摊派成本每个企业均不相同，此处也为估算值。

零 件	质量（g）	加工制造工序	备注
活动钳口	93.3	1. 铝合金本体压铸	活动钳口压铸模具
		2. 铣平浇口（顶面）	专用工装装夹
		3. 钻 M10 螺纹底孔	专用工装装夹，M10 底孔钻钻孔
		4. 攻丝 M10 螺纹	专用工装装夹，M10 丝锥攻丝
		5. 喷漆	环氧聚酯粉末涂料

已知：压铸费用为7000元/t，铣工薪酬按照18元/h，钳工薪酬按照16元/h计算。铣削加工效率为60个/h，钻孔加工效率100/h，攻丝加工效率为80个/h，喷漆为0.2元/件，综合摊派成本为0.2元/件。在实际生产中以上各值每个企业各有差异，需要根据实际情况选择。

（1）材料成本 M：

活动钳口质量为93.3g，按照90%利用率及材料价格来计算材料成本，压铸铝价格按照1.5万元/t计算。

$M=93.3/1000\times15/0.9=1.56$（元）。

（2）压铸加工成本 T_1：

压铸加工约7000元/t（7元/kg），此处压铸费用约为

$T_1=7\times0.093=0.65$（元）。

（3）机械加工成本 K：

机械加工成本是最重要的成本，一般产品的设计要求在批量生产中尽可能减少机械加工等高费用环节。一般机械加工是在工装夹具完备的情况下，根据单位人工工资倒回来测算每道工序的成本。

钳工、车、铣等机械加工费用按照工人的时薪计算，即：加工费用 $W=\sum K_i$，K_i 代表工序（$i=1, 2, \cdots, n$）。

铣：$K_1=0.3$ 元，装夹铣平顶端浇口处（按照铣工时薪18元，每小时加工60个计算）；

钻：$K_2=0.16$ 元（按照钳工时薪16元，每小时加工100个计算）；

攻丝：$K_3=0.2$ 元（按照钳工时薪16元，每小时加工80个计算）。

（4）表面处理成本 S_1：

喷漆：$S_1=0.2$ 元（按照面积估算，可直接喷涂环氧聚酯粉末涂料）。

（5）综合摊派成本 F：

设企业综合摊派成本 $F=0.2$（元/件）。

（6）活动钳口制造成本：

$G=M+T_1+K_1+K_2+K_3+S_1+F=1.56+0.65+0.3+0.16+0.2+0.2+0.2=3.27$（元）。

估算螺杆制造成本

零 件	质量/g	加工制造工序	备注
螺杆	70.2	1. 棒料调直，螺纹部分缩径	使用拉拔、缩径模具成型
		2. 冷镦头部	使用冷镦模具成型
		3. 车卡簧槽	采用专用车刀
		4. 外螺纹搓丝加工	使用搓丝模成型
		5. 钻孔	采用专用工装夹具
		6. 表面镀铬	镀铬厚度不小于2μm

已知：车削加工效率 200 个/h，钻孔加工效率 100 个/h，调直缩径、冷镦按照 6000 元/t，滚丝按照 3000 元/t，镀铬 0.2 元/件，综合摊派成本 0.2 元/件。在实际生产中以上各值每个企业各有差异，需要根据实际情况选择。

（1）材料成本 M：

活动钳口质量为 70.2g，按照 90%利用率及材料价格来计算材料成本，低碳钢 Q235 价格按照 0.4 万元/t 计算。

$M=70.2/1000\times4/0.9=0.31$（元）。

（2）挤压加工成本 T：

调直、缩径加工约 6000 元/t，此处缩径费用约为 $T_1=6\times0.073=0.44$（元）。

冷镦加工约 6000 元/t，此处冷镦费用约为 $T_2=6\times0.073=0.44$（元）。

滚丝加工约 3000 元/t，此处搓丝费用约为 $T_3=3\times0.073=0.22$（元）。

（3）机械加工成本 K：

机械加工成本是最重要的成本，一般产品的设计要求在批量生产中尽可能减少机械加工等高费用环节，一般机械加工是在工装夹具完备的情况下，根据单位人工工资倒回来测算每道工序的成本。

钳工、车、铣等机械加工费用按照工人的时薪计算，即：加工费用 $W=\sum K_i$，K_i 代表工序（$i=1$，2，…，n）。

车：$K_1=0.08$ 元，装夹车卡簧槽（按照车工时薪 16 元，每小时加工 200 个计算）。

钻：$K_2=0.16$ 元（按照钳工时薪 16 元，每小时加工 100 个计算）。

（4）表面处理成本 S_1：

镀铬：$S_1=0.2$ 元（按照面积及厚度估算）。

（5）综合摊派成本 F：

设企业综合摊派成本 $F=0.2$（元/件）。

（6）螺杆制造成本：

$G=M+T_1+T_2+T_3+K_1+K_2+S_1+F=0.31+0.44+0.44+0.22+0.08+0.16+0.2+0.2=2.05$（元）。

任务 4　工单（14 课时）

使用三维绘图软件完成零件三维建模，虚拟装配，检查干涉情况。使用二维绘图软件完成零件图及总装图绘制，符合国家标准，图纸能够满足企业批量生产的要求。

此处采用产品设计中最为流行的软件 Pro/E 进行三维建模，各学校可以根据实际情况选用三维绘图软件进行三维建模。

示例：活动钳口三维建模

三维建模步骤：

（1）新建文件。打开［新建］对话框，新建名称“hdqk”的零件；取消选中［使用默认模板］，选择公制模板“mmns _ prt _ solid”，然后单击［确定］按钮。

（2）根据活动钳口零件，创建第一个实体特征。

①单击基础特征工具栏的按钮，在打开的操控板上单击［放置］按钮，打开“草图绘制”参数面板；单击［定义…］按钮，打开［草图绘制］对话框；选取 TOP 基准平面作为草图绘制平面。接着单击［草图绘制］按钮，使用系统默认的参数放置草图绘制平面，进入二维草图绘制模式。

②根据零件图纸完成草图绘制。单击✔按钮，设置拉伸深度值为 50。

③单击按钮，预览设计结果，确定无误后，单击按钮，完成第一个拉伸实体特征的创建，如图 2-1-45 所示。

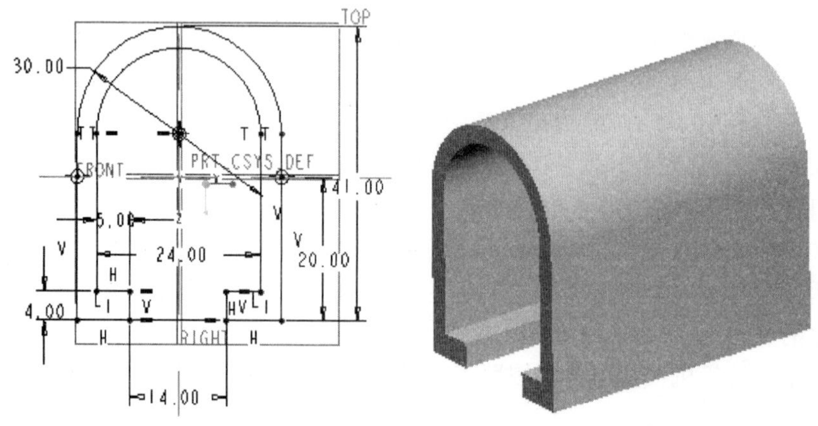

图 2-1-45　第一个拉伸实体特征的创建

（3）进行活动钳口的夹持部分的特征创建操作。

①单击基础特征工具栏的按钮，选取 RIGHT 基准平面作为草图绘制平面。接着单击［草图绘制］按钮，使用系统默认的参数放置草图绘制平面，进入二维草图绘制模式。

②根据零件图纸完成草图绘制。单击✔按钮，设置对称拉伸，深度值为 60。

③单击按钮，预览设计结果，确定无误后，单击按钮，完成实体特征的创建，如图 2-1-46 所示。

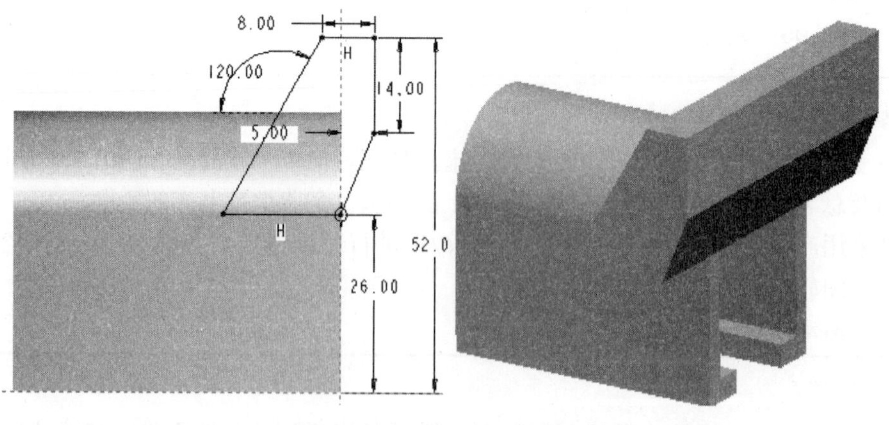

图 2-1-46　实体特征的创建

（4）根据同样的操作方法，完成去材料等操作（操作步骤略），如图 2-1-47 所示。

图 2-1-47 去材料

（5）添加螺纹孔。选择中间的筋板右侧面作为放置平面，单击［孔］命令按钮，再单击［标准孔］按钮，从直径与螺旋序列的下拉菜单中选择粗牙螺纹 M10×1.5，拖动螺纹孔的参照约束，与地面距离为 20，与中心基准面 RIGHT 距离为 0，完成螺纹孔绘制，如图 2-1-48 所示。

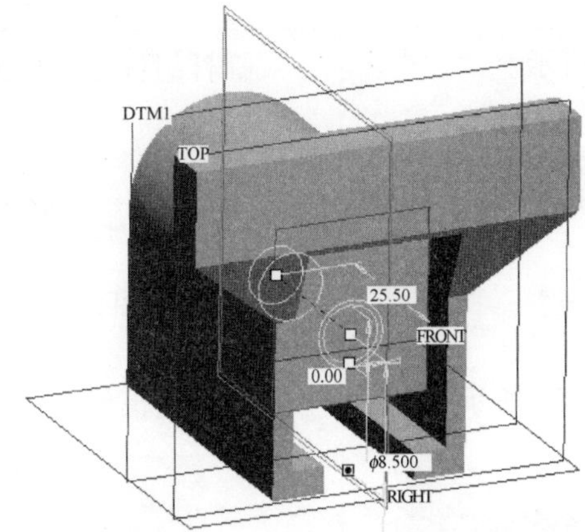

图 2-1-48 完成螺纹孔绘制

（6）根据零件图纸，通过去除材料操作完成菱形花纹的绘制（操作步骤略）。最后进行倒圆角操作，单击［倒圆角］按钮，选择拾取需要倒圆角的实体边界，输入圆角半径值“2”，单击完成按钮，如图 2-1-49 所示。

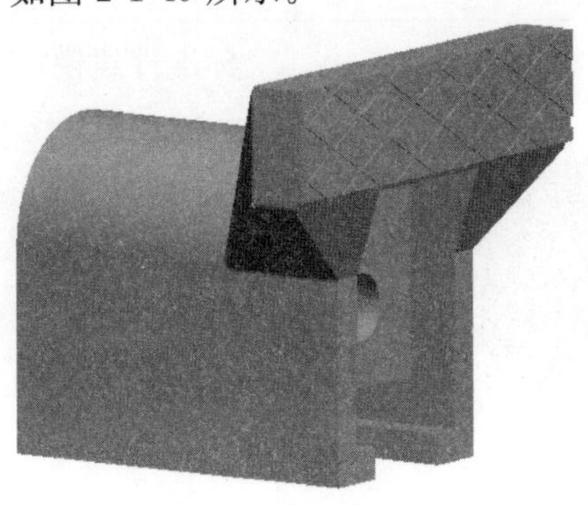

图 2-1-49 倒圆角

便携式桌钳各零件建模

<table>
<tr><td>固定钳口建模如图 2-1-50 所示。
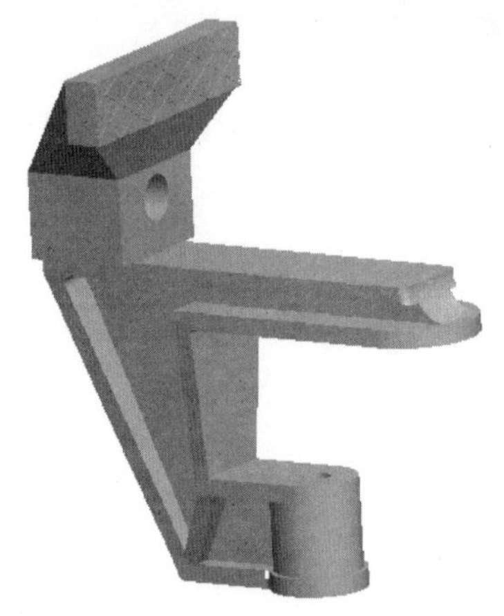
图 2-1-50　固定钳口建模</td><td>旋钮建模如图 2-1-51 所示。
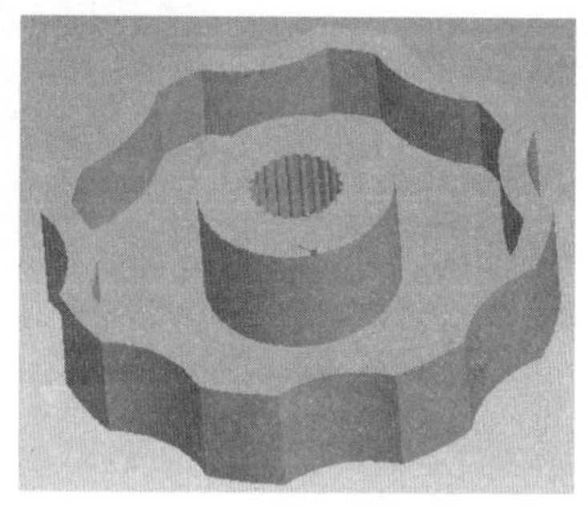
图 2-1-51　旋钮建模</td></tr>
<tr><td>螺杆建模如图 2-1-52 所示。

图 2-1-52　螺杆建模</td><td>摇杆组件建模如图 2-1-53 所示。
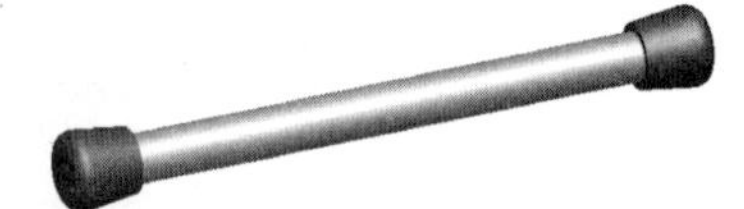
图 2-1-53　摇杆组件建模</td></tr>
<tr><td>锁紧螺杆建模如图 2-1-54 所示。
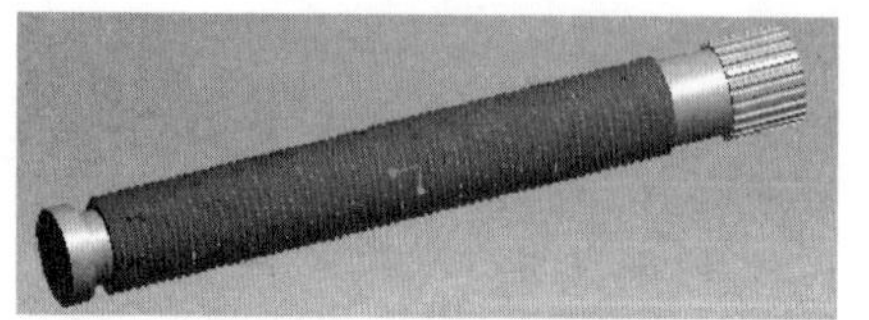
图 2-1-54　锁紧螺杆建模</td><td>压片建模如图 2-1-55 所示。

图 2-1-55　压片建模</td></tr>
<tr><td>压紧盖建模如图 2-1-56 所示。

图 2-1-56　压紧盖建模</td><td>标准件建模如图 2-1-57 所示。

图 2-1-57　标准件建模</td></tr>
</table>

便携式桌钳总装图

桌钳三维总装图如图 2-1-58 所示。

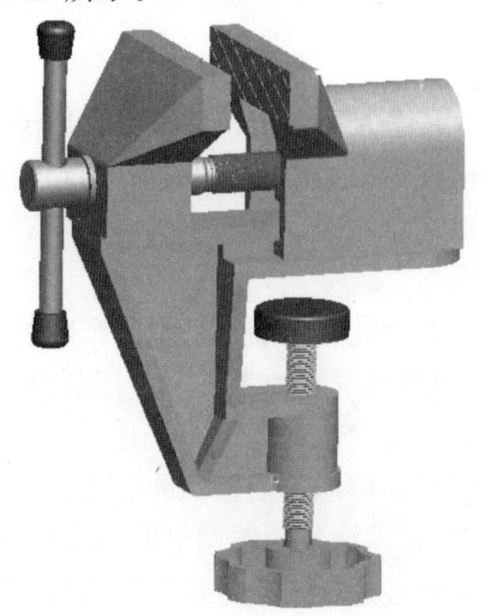

图 2-1-58　桌钳三维总装图

工程图绘制

要求：

（1）工程图零件名称正确，尺寸公差、形位公差标注正确，无遗漏；

（2）工程图表面粗糙度选择合理；

（3）工程图材料、零件数量正确；

（4）技术要求标注正确；

（5）零件图图号正确；

（6）总装图明细栏正确。

便携式桌钳

项目二　十字平口钳综合项目训练

项目实施要求：

学生以 4 人为一组，按工作任务及时间要求完成综合训练。通过本项目主要完成十字平口钳的测绘、各零件的三维建模及虚拟装配、标准零件图和装配图的绘制。项目结束时提供完整的工程图纸一套。

知识与技能目标：

（1）了解并掌握铸造、冲压、冷轧、钻削、铣削、车削等加工方法，适用材料、范围以及加工的精度（公差），会根据使用要求及加工方法应用软件进行正确的尺寸公差标注，会查表标注合适的形位公差及表面粗糙度。

（2）了解并掌握各零件的材料如铸铁、低碳钢冲压用板材、低碳钢常用型材；了解并掌握铸铁退火的热处理方法和碳钢/铸铁涂装、碳钢电镀、碳钢发黑等表面处理的方法。

（3）了解并掌握梯形螺纹及标准螺栓、紧定螺钉的选用。

（4）了解典型零件的制造成本估算，能够在设计时充分考虑批量制造的工艺及成本因素。

（5）熟练掌握二维、三维绘图软件，能够正确标注零件图与总装图的技术要求、明细栏，符合国家标准。

十字平口钳如图 2-2-1 所示。

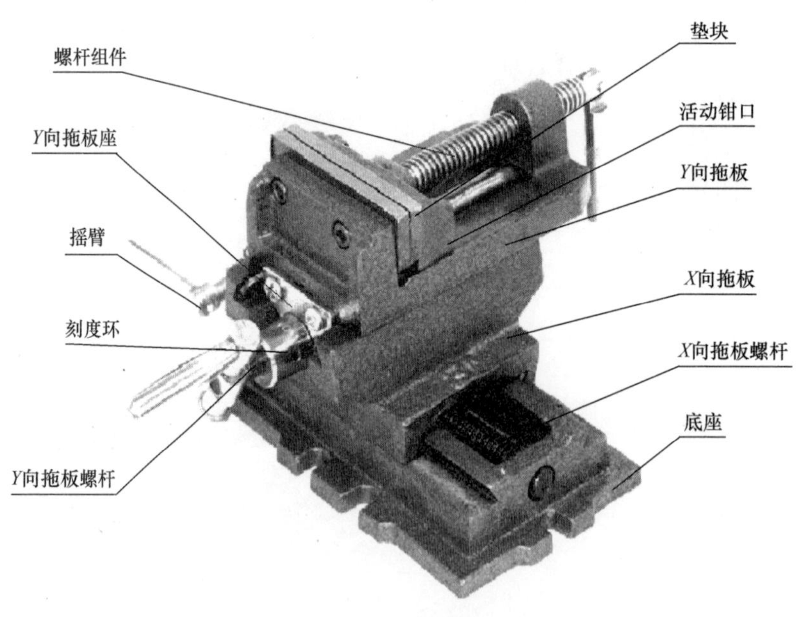

图 2-2-1　十字平口钳

十字平口钳综合项目训练工作任务及内容见表 2-2-1。

表 2-2-1　十字平口钳综合项目训练工作任务及内容

序号	工作任务及内容	课时	地点
任务 1	利用游标卡尺、钢尺等测绘工具进行十字平口钳各零件测绘，完成基本尺寸标注	8	测绘室
任务 2	确定各零件的制造方法，根据使用要求与制造工艺确定零件尺寸的精度（公差）等级，完成尺寸公差、形位公差、表面粗糙度标注；完成零件选材，标准件选用；确定零件表面处理方式	4	测绘室
任务 3	初步估算典型零件的制造成本	4	测绘室
任务 4	使用三维绘图软件完成零件三维建模、虚拟装配，检查干涉情况，使用二维绘图软件完成零件图及装配图绘制，符合国家标准，图纸能够满足企业批量生产的要求	14	测绘室

任务 1　工单（8 课时）

利用游标卡尺、钢尺等测绘工具进行十字平口钳各零件测绘，完成基本尺寸标注。

要求：根据任务 1，完成十字平口钳各零件草图测绘，标注基本尺寸，要求工程图布局合理，剖视表达清楚。

示例：垫块草图绘制

绘图的操作步骤：

（1）布置图形并画基准线。根据所画图形的大小，选定比例，合理布局。图形尽量匀称、居中，并考虑标注尺寸的位置，确定图形的基准线。画底稿的一般步骤是先画轴线和对称中心线，如图 2-2-2 所示。

（2）画零件轮廓，完成活动钳口的三视图。根据实际需要，可适当增减视图，以表达清楚零件为宜。对一些特殊结构需要选择合适的表达方式，如螺纹、键、齿轮、弹簧、滚动轴承等。根据垫块的结构，选择合适的视图，完成剖视图、断面图。此处，需注意沉头孔和菱形花纹的画法，如图 2-2-3 所示。

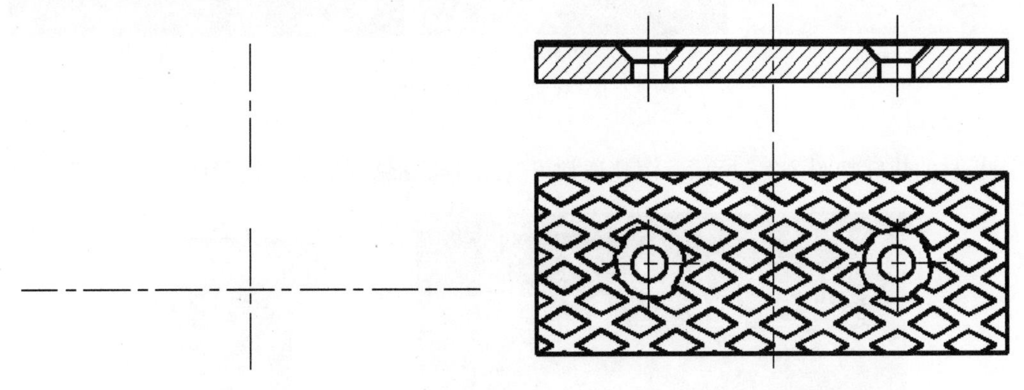

图 2-2-2　轴线和对称中心线　　　　图 2-2-3　沉孔和菱形花纹

（3）尺寸标注。图形加深后应将尺寸线、尺寸界线和箭头都一次性画出，最后标注尺寸数字及符号等。注意标注尺寸要正确、清晰，符合国家标准的要求，完成草图绘制，如图 2-2-4 所示。

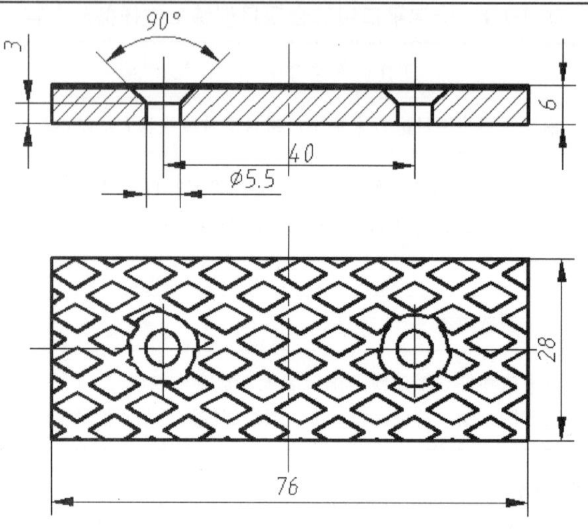

图 2-2-4　标注尺寸

注意点：垫块采用菱形花纹钢板改制，两个沉头孔，做全剖视图表达比较清楚。

知识提示：菱形花纹钢板采用轧制工艺生产。菱形花纹是轧辊轧制的时候成型，其花纹成扁豆形、菱形、圆豆形、扁圆混合形状，市场上以扁豆形最为常见。花纹板有外形美观、能防滑、强化性能、节约钢材等诸多优点，在交通、建筑、装饰装潢、设备周围底板、机械、造船等领域有广泛应用。轧机、轧辊与花纹板如图 2-2-5 所示。

板材轧制成型

(a) 轧机

(b) 轧辊

(c) 花纹板

图 2-2-5　轧机、轧辊与花纹板

板材的热轧如图 2-2-6 所示。沉孔通常可选用摇臂钻钻削加工，摇臂钻如图 2-2-7 所示。

图 2-2-6　板材的热轧

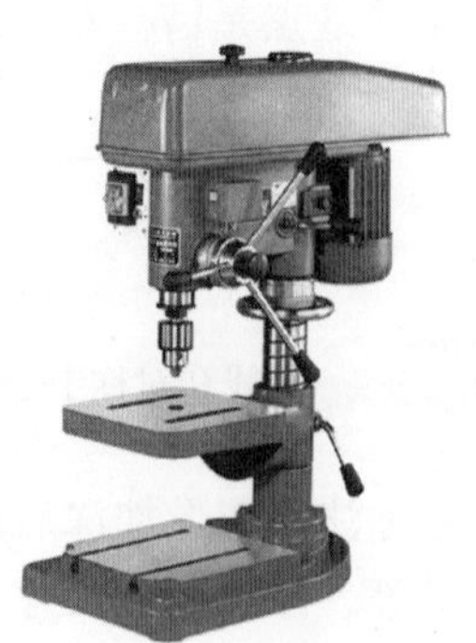

图 2-2-7　摇臂钻

Y 向拖板草图绘制

Y 向拖板草图如图 2-2-8 所示。

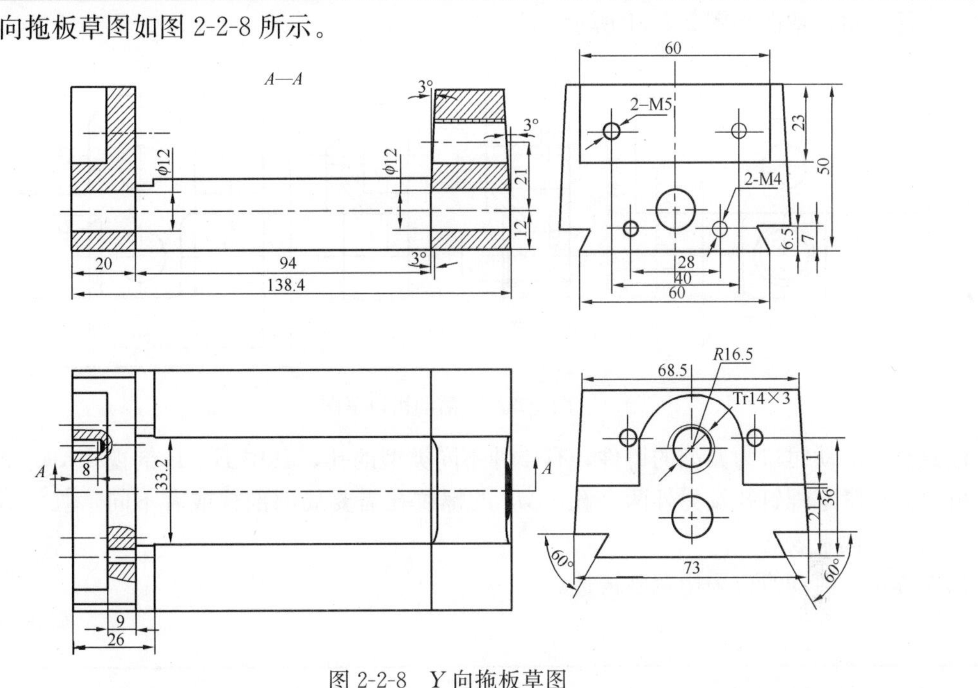

图 2-2-8　*Y* 向拖板草图

注意点： *Y* 向拖板为典型的铸件，主视图水平放置（零件的加工或工作状态），零件侧面有脱模斜度的要求，一般可选 2°～3°，零件中有不同的 3 种螺纹孔及光孔，主视图可选择全剖，这样有 3 个孔的剖视图，另外两个螺纹孔的剖视可在其他视图中以局部剖的形式表达。零件中有燕尾槽特征，角度符合国家标准。本零件除了左视图外，为表达清楚起见，右视图也必不可少。

知识提示： *Y* 向拖板是非常典型的铸件。铸造是将液体金属浇铸到与零件形状相适应的铸造空腔中，待其冷却凝固后，以获得零件或毛坯的方法。被铸物质多为原为固态但加热至液态的金属（铜、铁、铝、锡、铅等），而铸模的材料可以是砂、金属甚至陶瓷，因不同要求，使用的方法也会有所不同。该零件可以采用普通砂型铸造。砂型铸造是利用砂作为铸模材料，又称砂铸、翻砂，包括湿砂型、干砂型和化学硬化砂型 3 类。其好处是成本较低，因为铸模所使用的砂可重复使用；缺点是铸模制作耗时，铸模本身不能被重复使用，需破坏后才能取得成品。翻砂铸造过程和翻砂铸件如图 2-2-9、图 2-2-10 所示。

铝合金铸钢/铁件砂型铸造

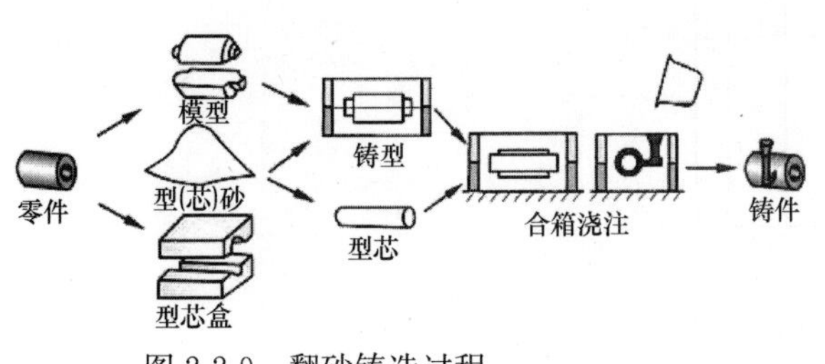

图 2-2-9　翻砂铸造过程

图 2-2-10　翻砂铸件

活动钳口草图绘制

活动钳口草图如图 2-2-11 所示。

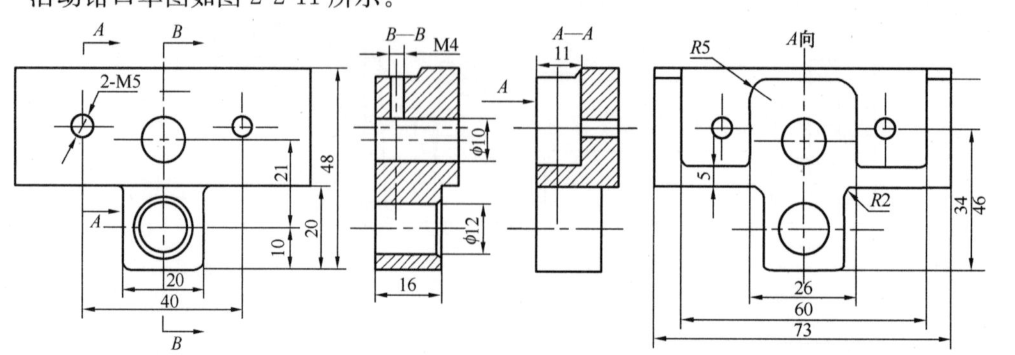

图 2-2-11　活动钳口草图

注意点：活动钳口为典型的铸件，有 4 种不同类型的孔，其中 *B*—*B* 剖视可以表达紧定螺钉孔及另外两个孔，*M*5 的螺纹孔需要局部剖视或者不同剖切面剖视来表达。

知识提示：活动钳口采用翻砂铸造。

铸铁件砂型铸造

X 向拖板草图绘制

X 向拖板草图如图 2-2-12 所示。

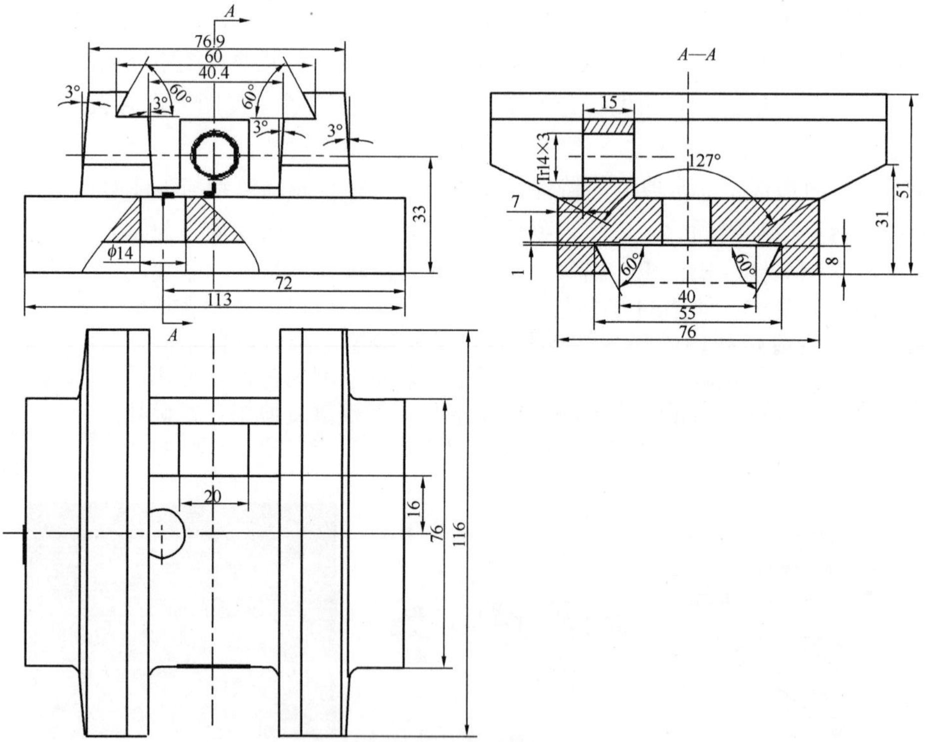

图 2-2-12　*X* 向拖板草图

注意点： X 向拖板为典型的铸件，主视图水平放置（零件的加工或工作状态），零件侧面有脱模斜度的要求，一般可选 2°～3°，零件中上下有两对燕尾槽导轨，燕尾槽角度有国家标准，一个梯形螺纹孔和一个光孔需要剖视表达。

知识提示： 燕尾槽是一种机械中用于精确导向的常用结构，由专用的燕尾槽刀具铣削加工而成。铣削是指使用旋转的多刃刀具切削工件，是高效率的加工方法。燕尾槽及燕尾槽铣刀如图 2-2-13 所示。

金属铣削加工

(a)燕尾槽

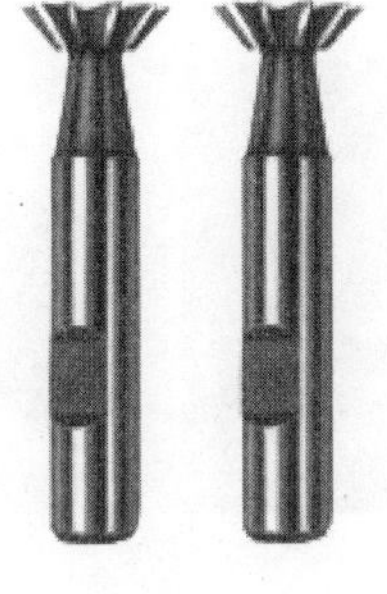

(b)燕尾槽铣刀（一）

(c)燕尾槽铣刀（二）

图 2-2-13　燕尾槽及燕尾槽铣刀

X 向拖板螺杆草图绘制

X 向拖板螺杆草图如图 2-2-14 所示。

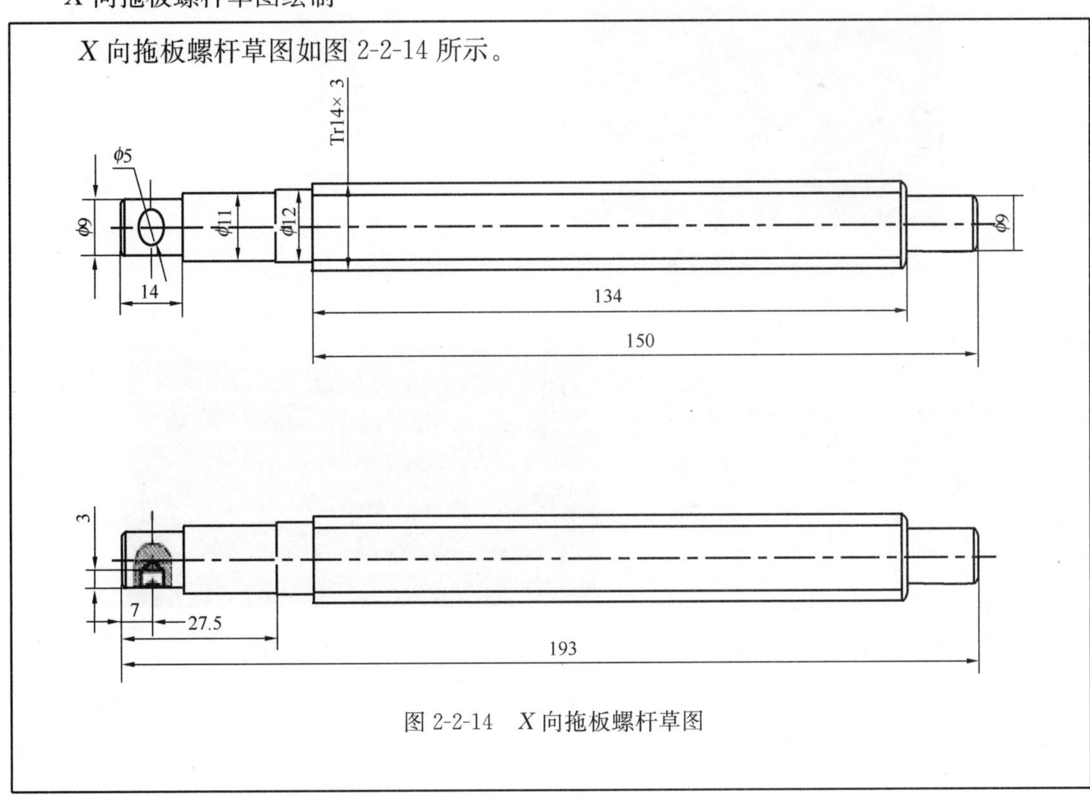

图 2-2-14　X 向拖板螺杆草图

注意点：螺杆为典型的用于传动的梯形螺纹，采用专用的梯形螺纹车刀车削加工，端部盲孔需要局部剖视表达。螺杆作为轴类零件，一般不做纵向全剖。

知识提示：X 向拖板螺杆为典型的车削零件，其中梯形螺纹采用专用的车刀车削成型。车削是指工件旋转，车刀在平面内做直线或曲线移动的切削加工。车削一般在车床上进行，用以加工工件的内外圆柱面、端面、圆锥面、成形面和螺纹等。车螺纹、车内孔、车床钻孔如图 2-2-15、图 2-2-16、图 2-2-17所示。

车削加工

图 2-2-15　车螺纹

图 2-2-16　车内孔

梯形螺纹是螺纹的一种，分为米制和英制两种。英制梯形螺纹的牙型角为 29°，我国常见的是米制梯形螺纹，其牙型角为 30°。牙型为等腰梯形，通常是用于一些机构的传动，具有一定的强度和刚度要求。单刀车削、3 把车刀车削、梯形螺杆如图 2-2-18、图 2-2-19、图 2-2-20 所示。

图 2-2-17　车床钻孔

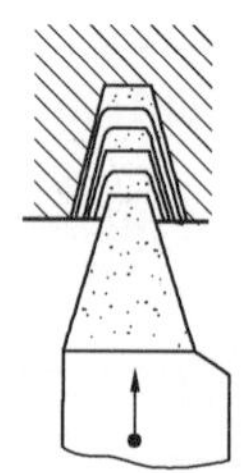

图 2-2-18　单刀车削

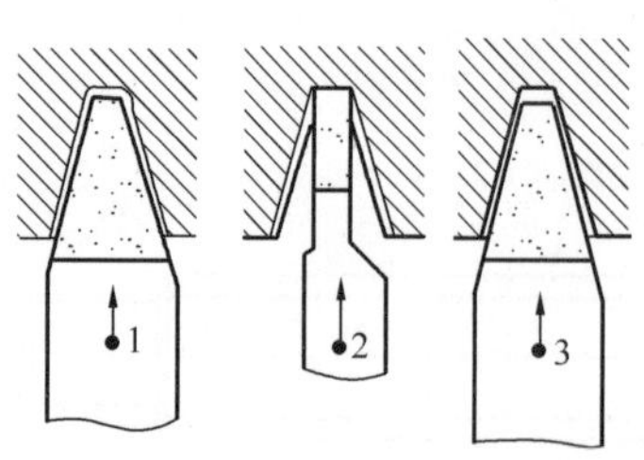

图 2-2-19　用三把车刀车削

图 2-2-20　梯形螺杆

底座草图绘制

底座草图如图 2-2-21 所示。

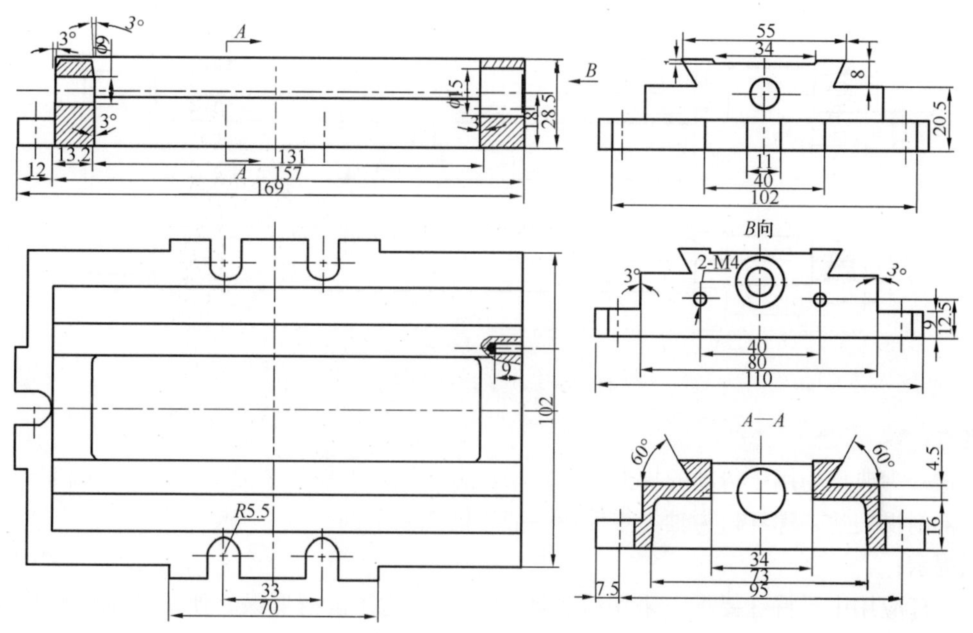

图 2-2-21　底座草图

注意点：底座为典型的铸件，主视图水平放置（零件的加工或工作状态），零件侧面有脱模斜度的要求，一般可选 2°～3°，零件中有燕尾槽导轨，燕尾槽角度有国家标准，一个梯形螺纹孔和一个光孔需要剖视表达。

知识提示：底座是典型的翻砂铸件，一般翻砂铸件除了有必要的脱模斜度外，还有最小壁厚的要求，一般情况下灰铸铁件的最小壁厚不得小于 4mm。典型的翻砂铸件如图 2-2-22 所示。

图 2-2-22　典型的翻砂铸件

Y 向拖板螺杆草图绘制

Y 向拖板螺杆草图如图 2-2-23 所示。

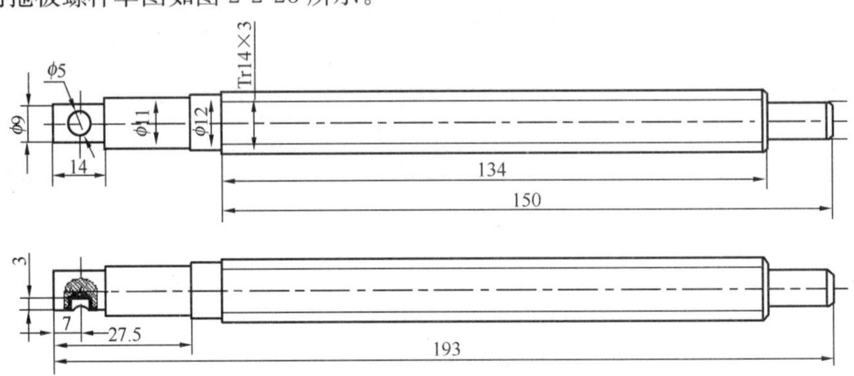

图 2-2-23　Y 向拖板螺杆

注意点：

螺杆为典型的用于传动的梯形螺纹，采用专用的梯形螺纹车刀车削加工，端部盲孔需要局部剖视表达。螺杆作为轴类零件，一般不做纵向全剖。

知识提示：

螺杆应用中无特殊要求，采用棒料改制，一般选择价格低廉、便于切削的低碳钢材料。棒料属于典型的轧制型材。型材是铁或钢以及具有一定强度和韧性的材料通过轧制、挤出、铸造等工艺制成的具有一定的几何形状的物体。这类材料的外观尺寸一定，断面呈一定形状，具有一定的力学物理性能。型材既能单独使用也能进一步加工成其他制造品，常用于建筑结构与制造安装。挤出铝型材、轧制碳钢型材、挤出塑料型材如图 2-2-24、图 2-2-15、图 2-2-16 所示。

钢筋、圆钢轧制

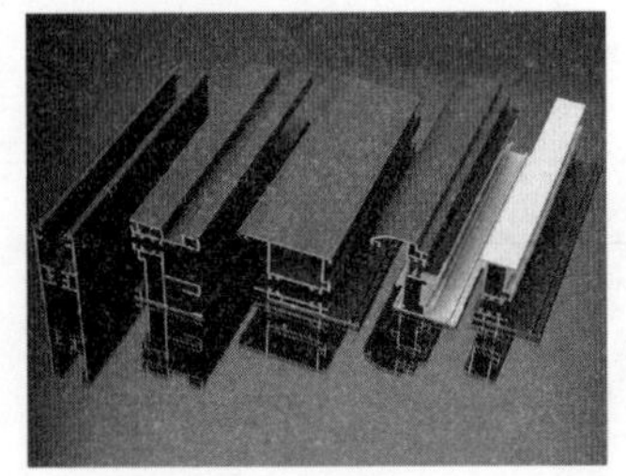

图 2-2-24　挤出铝型材

图 2-2-25　轧制碳钢型材

图 2-2-26　挤出塑料型材

摇臂草图绘制

摇臂草图如图 2-2-27 所示。

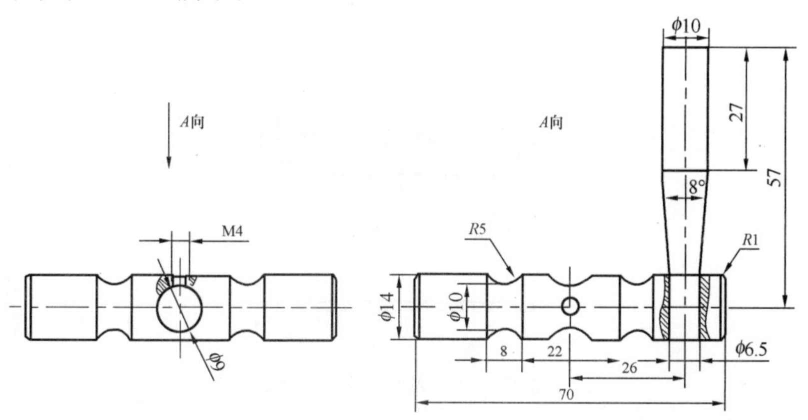

图 2-2-27　摇臂草图

注意点：摇臂与手柄之间为过盈连接，由于轴类零件一般不做纵向全剖，连接处需要局部剖视表达，紧定螺钉孔为全剖表达。

知识提示：摇臂使用棒料改制，一般选择价格低廉、方便切削的低碳钢材料。安装孔及螺纹底孔采用钻孔方式加工。钻削是孔加工的一种基本方法，钻孔经常在钻床和车床上进行，也可以在镗床或铣床上进行。常用的钻床有台式钻床、立式钻床和摇臂钻床。钻削不同材料可以采用不同的钻头，如钻削铝材使用普通高速钢钻头，钻削高速钢板可以采用硬质合金钻头。麻花钻如图 2-2-28所示。

钻削加工

摇臂与手接触，容易生锈，可以采用电镀或发黑的工艺对其做防锈处理。发黑是化学表面处理的一种常用手段，原理是使金属表面产生一层氧化膜，以隔绝空气，达到防锈目的。发黑处理常用的方法是传统的碱性加温发黑。发黑液的主要成分是氢氧化钠和亚硝酸钠。发黑时所需温度较高，在 135～155℃都可以得到不错的表面。工具的发黑如图 2-2-29 所示。

图 2-2-28　麻花钻

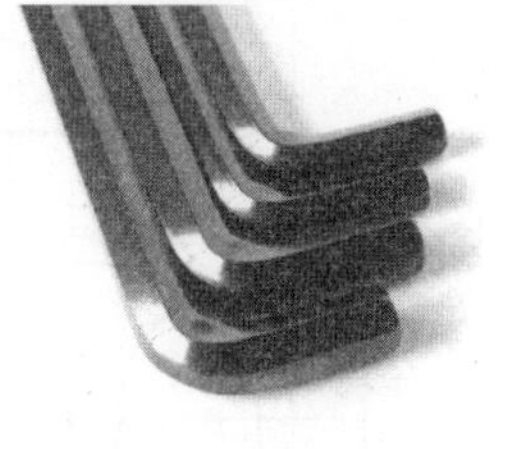

图 2-2-29　工具的发黑

X 向拖板座草图绘制

X 向拖板座草图如图 2-2-30 所示。

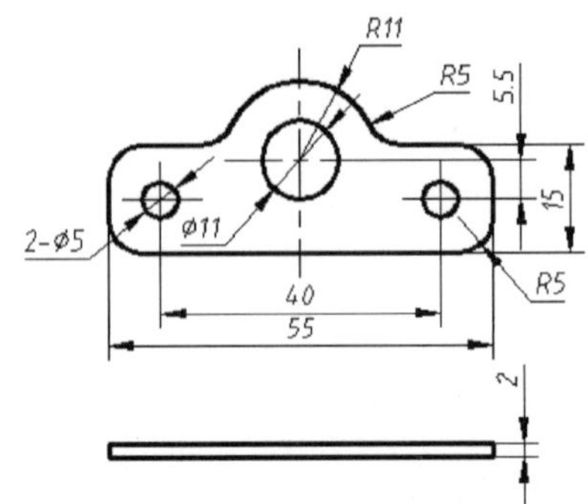

图 2-2-30　X 向拖板座草图

板材冲压

注意点：零件为典型的平冲压件，尺寸标注关键在于孔的位置及孔距。

知识提示：X 向拖板座为典型的冲压零件，使用冲压模具，经过冲孔及落料工序完成加工。除了使用模具进行批量生产外，对于大型的板材切割还可以采用等离子及激光切割等工艺。冲裁成型的垫片、链板如图 2-2-31、图 2-2-32 所示。

图 2-2-31　冲裁成型的垫片

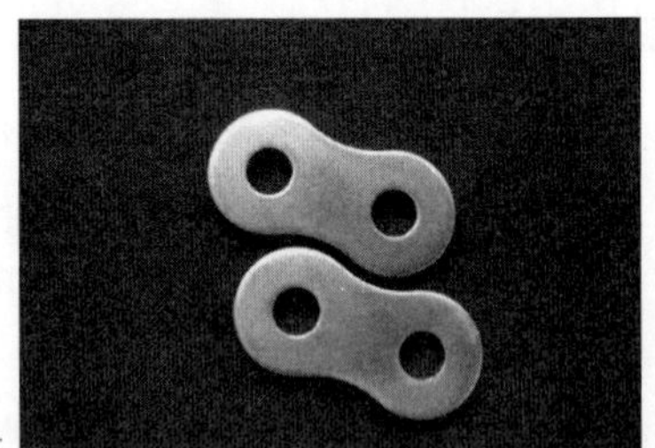

图 2-2-32　冲裁成型的链板

Y 向拖板座草图绘制

Y 向拖板座草图如图 2-2-33 所示。

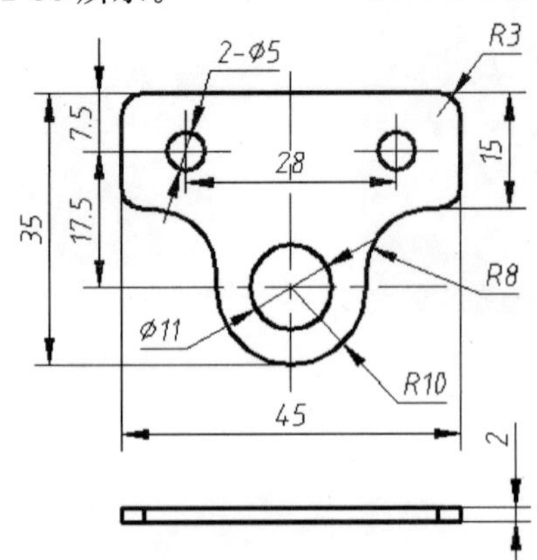

图 2-2-33　Y 向拖板座草图

注意点： *Y* 向拖板座为典型的平冲压件，尺寸标注关键在于孔的位置及孔距。

知识提示： *Y* 向拖板座采用冲孔及落料工序完成加工。典型的冲孔落料模具如图 2-2-34 所示。

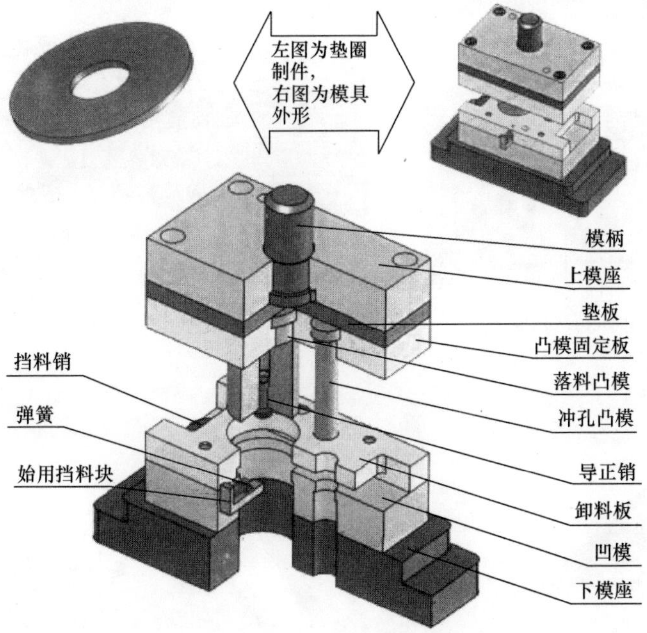

左图为垫圈
制件，
右图为模具
外形
模柄
上模座
垫板
凸模固定板
落料凸模
冲孔凸模
导正销
卸料板
凹模
下模座
挡料销
弹簧
始用挡料块

图 2-2-34　冲孔落料复合模

螺杆组件草图绘制

螺杆组件草图如图 2-2-35 所示。

15
10
5
φ11
Tr14×3
φ10
49
18
103
11.5
2.5
140
φ3
φ12
φ8
59

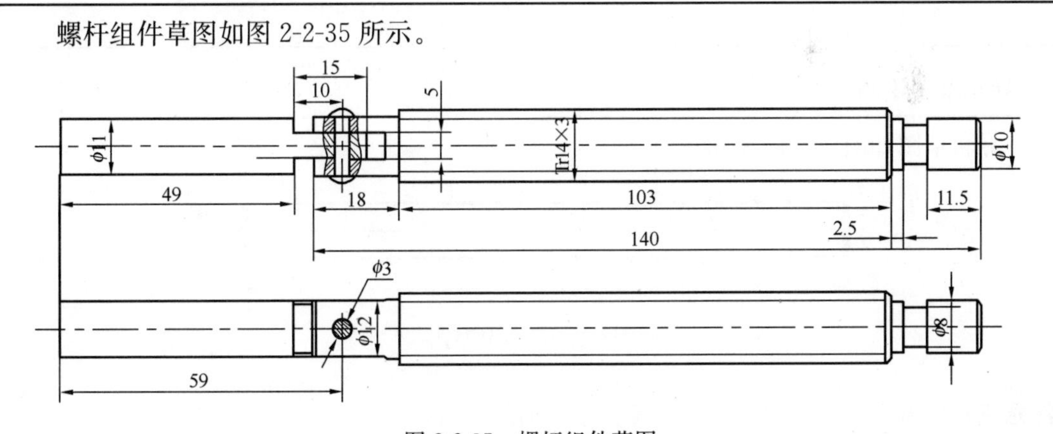

图 2-2-35　螺杆组件草图

注意点： 螺杆采用典型的传动用梯形螺纹，手柄与螺杆之间采用铆钉连接，连接处做局部剖视。

知识提示： 螺杆与手柄之间是典型的铆接。铆接即铆钉连接，是利用轴向力将零件铆钉孔内钉杆镦粗并形成钉头，使多个零件相连接的方法。压铆机、压铆钉、拉铆枪、抽芯铆钉及铆接如图 2-2-36、图 2-2-37、图 2-2-38、图 2-2-39所示。

铆接加工

图 2-2-36 压铆机

图 2-2-37 压铆钉

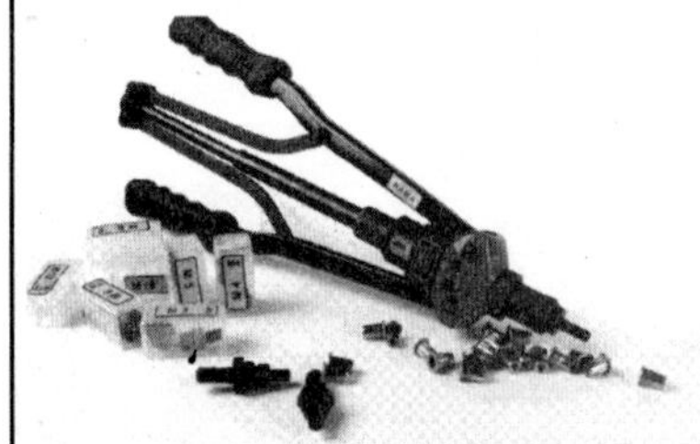

图 2-2-38 拉铆枪

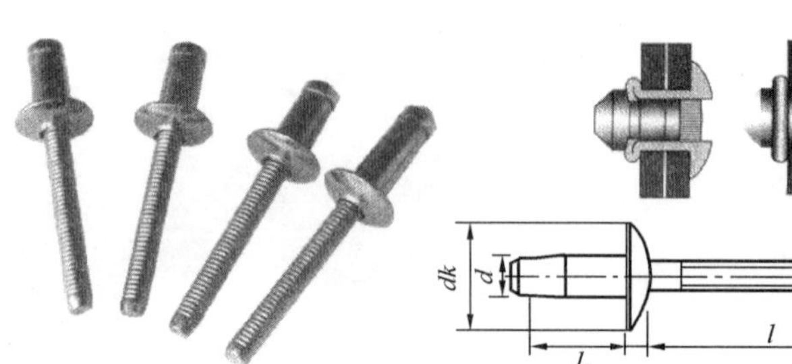

图 2-2-39 抽芯铆钉及铆接图

导轨草图绘制

导轨草图如图 2-2-40 所示。

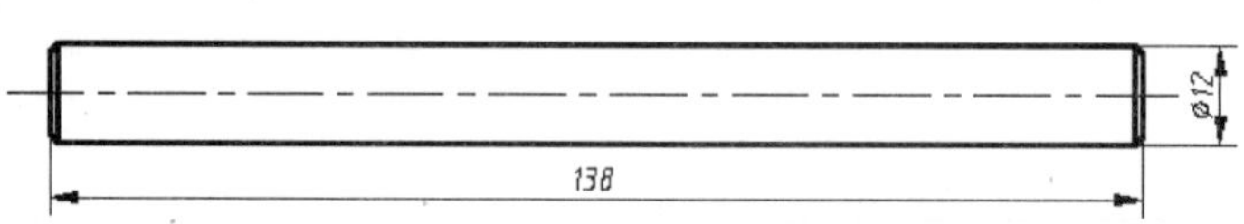

图 2-2-40 导轨草图

注意点：导轨为典型的轴类零件，安装需要端部倒角。

知识提示：导轨可以采用棒料调直后改制的方法，表面粗糙度要求较高，为增加表面硬度，低碳钢可以采用渗碳淬火或镀铬的方式，中碳钢可以采用淬火的方式。镀铬层具有很高的硬度，具有优良防锈性能，广泛用作防护和装饰性镀层体系的外表层和功能镀层。除了电镀铬外，还有镀铜、镀锌等。电镀之前一般要对零件磨削、清洗、抛光处理，抛光可以采用手动或自动的方式进行。镀铬设备和典型的镀铬件如图 2-2-41、图 2-2-42所示。

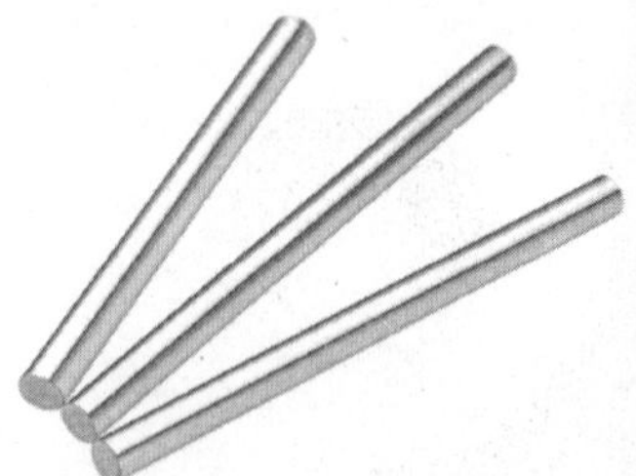

图 2-2-41　镀铬设备

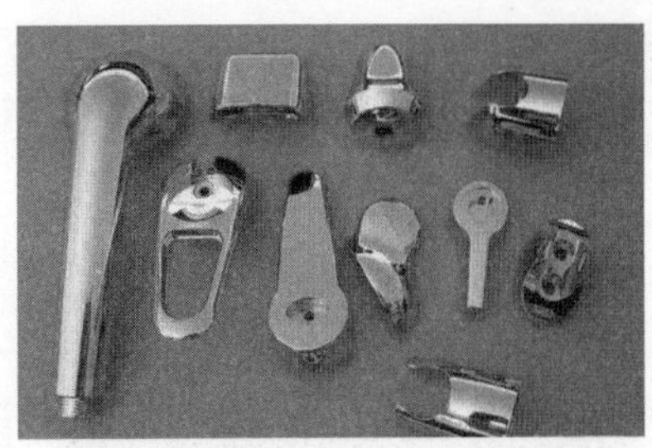

图 2-2-42　典型的镀铬件

对于一些在室外使用的机械结构，如铁塔、发射架、螺栓螺母等，为保证长时间使用不出现锈蚀等问题，还可以采用热镀等工艺。热镀是将清洁处理过的工件放入熔化的锌池内等温后取出，工件表面会包上比较厚的锌，一般达 0.2mm 以上，用在户外的螺栓螺母、大型钢铁构件等，可几十年不锈。热镀锌和典型的户外使用热镀锌件如图 2-2-43、图 2-2-44 所示。

金属热镀

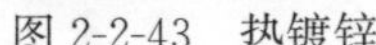

图 2-2-43　热镀锌

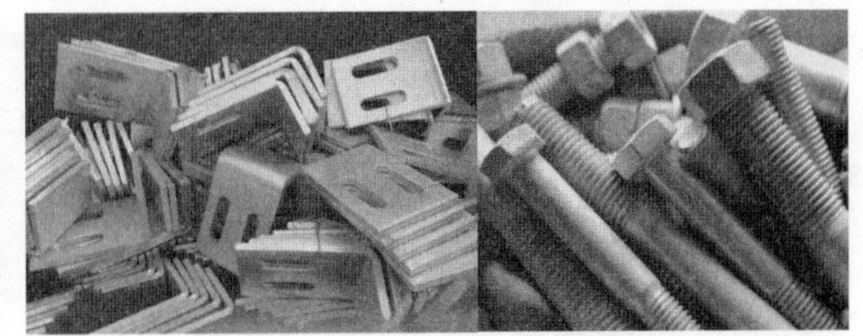

图 2-2-44　典型的户外使用热镀件

刻度环草图绘制

刻度环草图如图 2-2-45 所示。

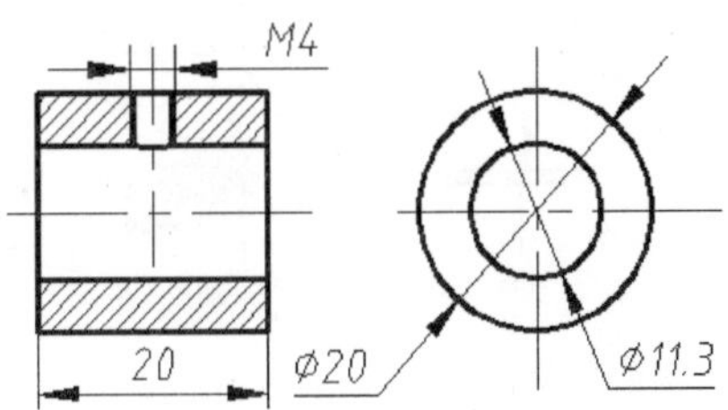

图 2-2-45　刻度环草图

注意点：螺纹孔需要剖视。

知识提示：刻度环采用管材改制。管材属于典型的型材，一般采用热轧、冷拔或挤压工艺成型。冷拔是在毛管坯或原料管扩径的过程中通过多道次的冷拔加工而成，通常在 0.5～100T的单链式或双链式冷拔机上进行。冷拔时钢管在力的作用下通过一定形状、尺寸的模具，发生塑性变形。链式冷拔机、硬质合金冷拔模具、各种冷拔管如图 2-2-46、图 2-2-47、图 2-2-48 所示。

图 2-2-46 链式冷拔机

图 2-2-47 硬质合金冷拔模具

图 2-2-48 各种冷拔管

冷拔钢管工艺流程、热轧钢管工艺流程、热轧无缝钢管设备、热轧无缝钢管如图 2-2-49、图 2-2-50、图 2-2-51、图 2-2-52 所示。

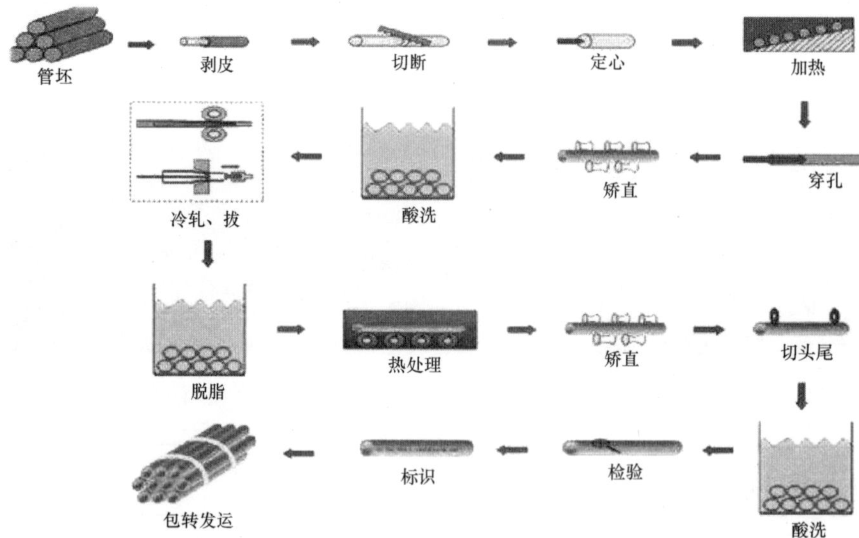

图 2-2-49 冷拔钢管工艺流程

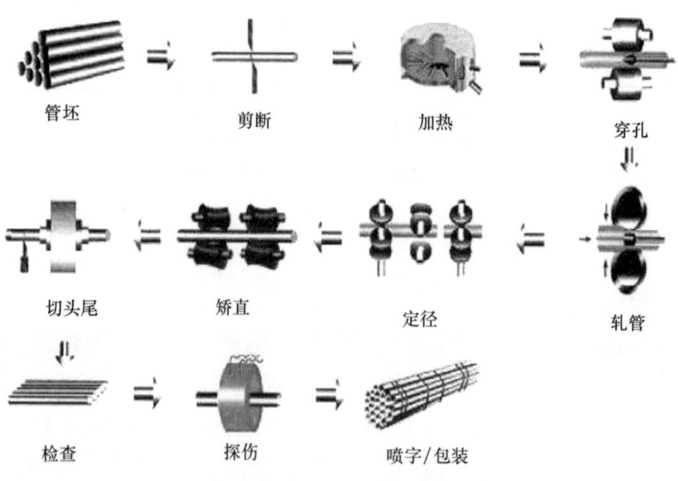

图 2-2-50 热轧管工艺流程

图 2-2-51　热轧无缝管设备

图 2-2-52　热轧无缝钢管

螺母草图绘制

螺母草图如图 2-2-53 所示。

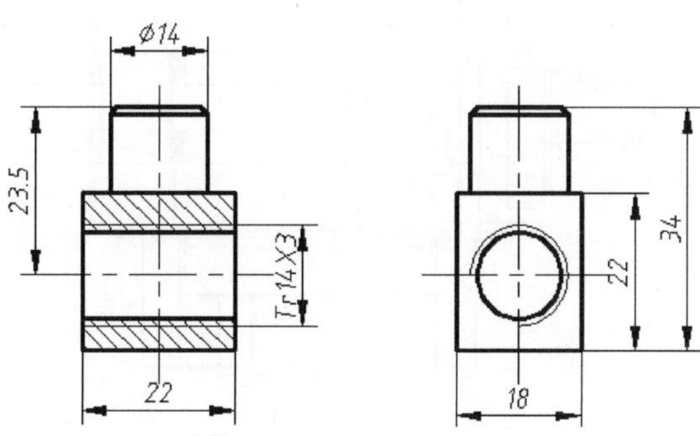

图 2-2-53　螺母草图

注意点：螺母为典型的梯形螺纹孔，需要剖视。

知识提示：螺母为典型的铸造件，采用翻砂铸造的工艺加工。梯形内螺纹的加工一般采用钻孔后，丝锥攻丝成型，采用专门的梯形螺纹丝锥。攻丝机和梯形螺纹丝锥如图 2-2-54、图 2-2-55 所示。

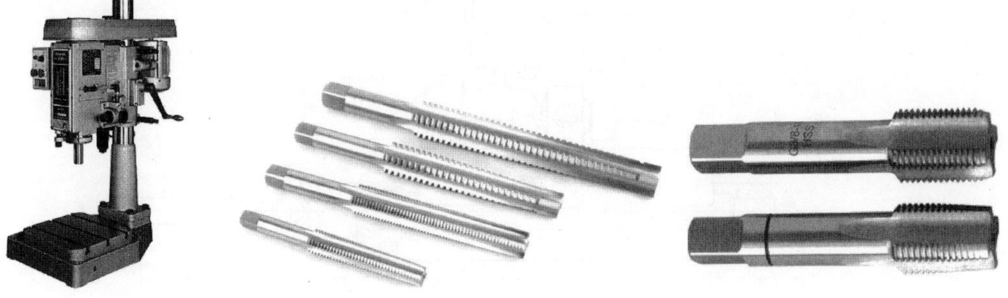

图 2-2-54　攻丝机　　图 2-2-55　梯形螺纹丝锥

装配图草图绘制

十字平口钳装配草图如图 2-2-56 所示。

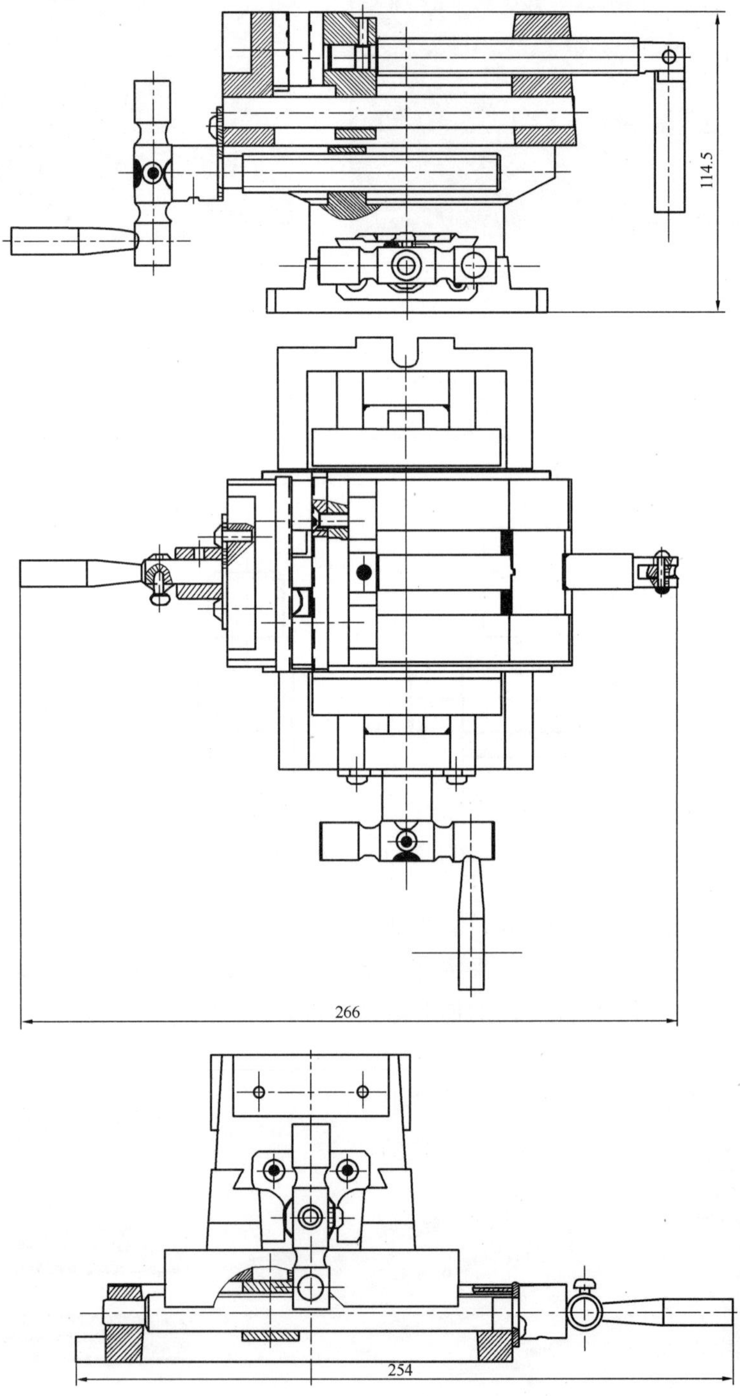

114.5

266

254

图 2-2-56　十字平口钳装配图草图

注意点：装配图要求标注总的长、宽、高尺寸，在配合的地方做局部剖视。

任务 2　工单（4 课时）

确定各零件的制造方法，根据使用要求与制造工艺确定零件尺寸的精度（公差）等级，完成尺寸公差、形位公差、表面粗糙度标注；完成零件选材、标准件选用；确定零件表面处理方式。

示例：垫块尺寸公差、形位公差、粗糙度、选材及技术要求与标注。

步骤 1：确定活动钳口加工方法，查表确定各加工方法的精度（公差）等级。

零件	加工方法及步骤	精度（公差）等级		备注
垫块	1. 菱形花纹钢板铣背面	IT7～IT10	取 IT10	按照 GB/T 33974—2017 选用菱形花纹钢板，保证前后面的平行
	2. 钻沉头孔	IT10～IT13	取 IT13	专用工装
	3. 表面发黑			发黑防锈
	提示：本零件作为一般使用			

步骤 2：标注尺寸公差、形位公差及表面粗糙度。

垫块标注如图 2-2-57 所示。

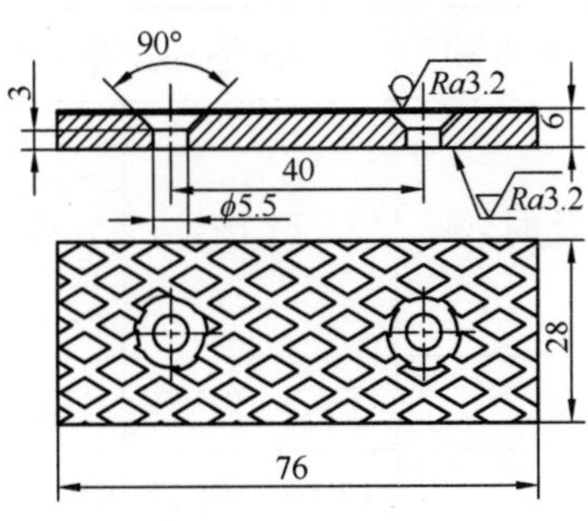

图 2-2-57　垫块标注

尺寸公差：

垫块作为一般使用，无尺寸公差要求。

形位公差：

垫块作为一般使用，无形位公差要求。

粗糙度：

表面粗糙度参数值的选用，既要满足零件表面的功能要求，又要考虑经济性，具体选用时，可参照已有的类似零件图，用类比法确定。表面粗糙度的一般选择原则如下：

（1）在满足表面功能要求前提下，应尽量选用较大的表面粗糙度参数值，以降低加工成本。

（2）一般地说，零件的工作表面的粗糙度参数值小于非工作表面的粗糙度参数值。

（3）摩擦表面比非摩擦表面的粗糙度要小；滚动摩擦表面比滑动摩擦表面的粗糙度要小。

（4）受循环载荷的表面及易引起应力集中的表面（如圆角、沟槽），表面粗糙度参数值要小。

（5）配合性质要求高的结合表面、配合间隙小的配合表面以及要求连接可靠、受重载的过盈配合表面等，都应取较小的粗糙度参数值。

根据上述原则，查附表 43《不同加工方法对应粗糙度》，再结合使用情况确定粗糙度值。这里要指出的是垫块 4 个侧面对使用没有什么影响，采用去除材料方式获得粗糙度，可选择 $\sqrt{Ra6.3}$ ，在“其余”中标注。

选材：

菱形花纹钢板（GB/T 33974—2017）一般采用低碳钢轧制，查附表 2《普通（优质）碳素结构钢》，可选材料为 Q235。

热处理及表面处理：

垫块不需要热处理，为了防止使用时生锈，可做表面发黑处理。

技术要求：

（1）采用菱形花纹钢板（GB/T 33974—2017）改制；

（2）锐边倒钝；

（3）表面发黑。

活动钳口

活动钳口	加工方法及步骤	精度（公差）等级		备注
	1. 铸造及时效	IT16	取 IT16	普通铸造精度低，采用覆膜砂铸造精度较高
	2. 铣平面	IT7～IT10	取 IT10	
	3. 钻孔	IT10～IT13	取 IT10～IT11	
	4. 铰孔	IT5～IT9	取 IT9	
	5. 螺纹孔攻丝		8H	一般使用
	6. 表面喷漆			铸铁件喷涂底漆和面漆
	提示：螺纹配合查附表 61《普通内、外螺纹的推荐公差带》			

活动钳口标注如图 2-2-58 所示。

尺寸公差：

（1）螺纹配合查附表 61《普通内、外螺纹的推荐公差带》优先选用 H/g 配合，选择粗糙级即能满足使用要求，因此螺纹孔公差选择 8H。

（2）孔与轴配合，查附表 36《公差等级与加工方法的关系》，铰孔选择 IT9 级公差，使用公差配合软件，如图 2-2-59 所示，基孔制配合的情况下直径 10 的孔与轴上下偏差。

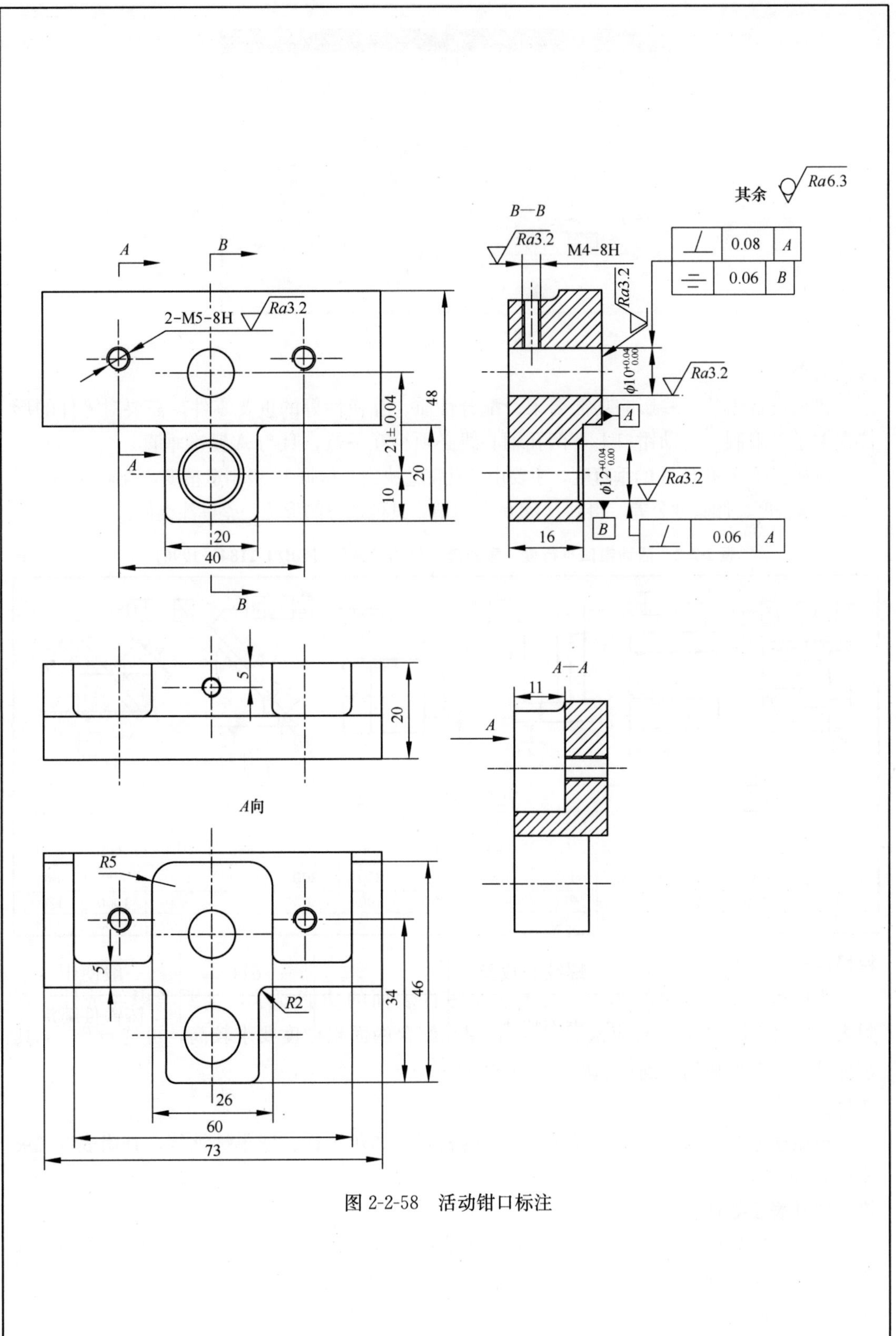

图 2-2-58　活动钳口标注

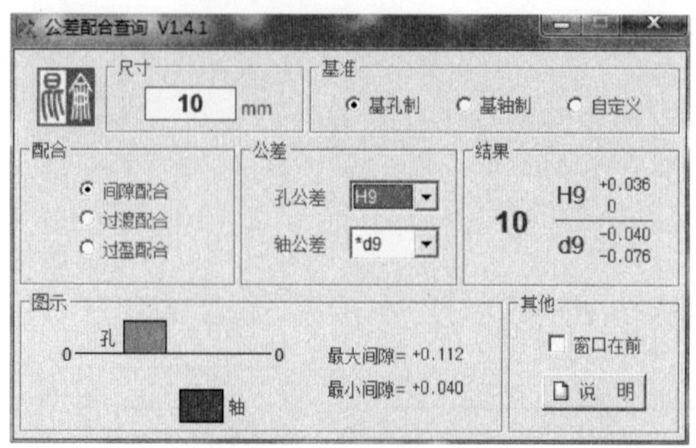

图 2-2-59　尺寸公差

形位公差：

机械设备中的一些影响功能要求、配合性质、互换性等的重要零件，需要对零件的形位误差予以限制，活动钳口上下两孔轴心线必须相互平行，且与 A 基准垂直。

例如直径 10 孔与 A 的垂直度，主要由钻孔工艺决定，根据 10 级制造精度，查附表 46《平行度、垂直度、倾斜度公差》得到 0.08 的公差值，其他地方的形位公差标注类似。

表 2-2-2　活动钳口平行度、垂直度、倾斜度选择（GB/T 1184—1996）　μm

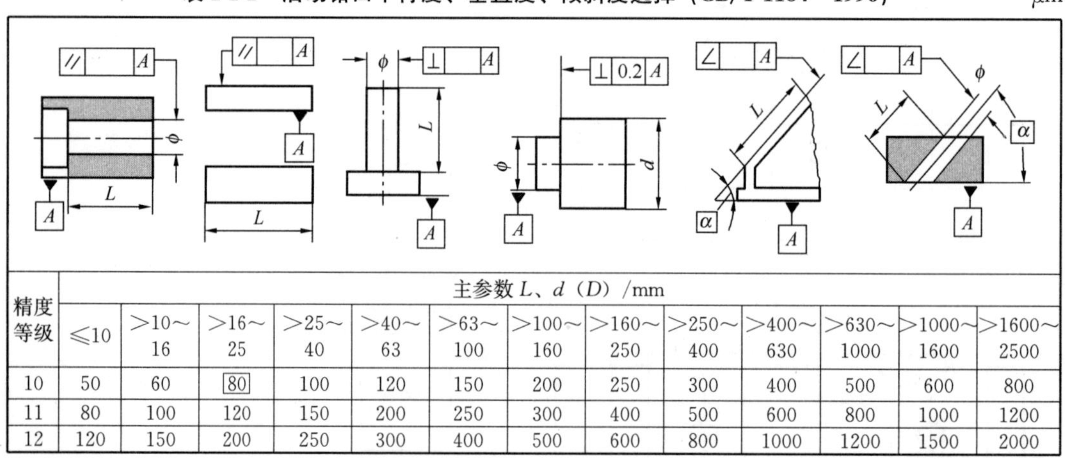

精度等级	主参数 L、d（D）/mm												
	≤10	>10~16	>16~25	>25~40	>40~63	>63~100	>100~160	>160~250	>250~400	>400~630	>630~1000	>1000~1600	>1600~2500
10	50	60	80	100	120	150	200	250	300	400	500	600	800
11	80	100	120	150	200	250	300	400	500	600	800	1000	1200
12	120	150	200	250	300	400	500	600	800	1000	1200	1500	2000

粗糙度：

表面粗糙度参数值的选用，既要满足零件表面的功能要求，又要考虑经济性。查附表 43《不同加工方法对应粗糙度》，有相互配合的面粗糙度要求较高，可选 $\sqrt{Ra3.2}$，其余部分为铸造形成的表面粗糙度，可选 $\sqrt{Ra6.3}$（带圆圈）。

选材：

根据任务 2 结果，一般选择适于铸造的材料，如灰铸铁、球墨铸铁等，查附表 3《灰铸铁》，可选牌号 HT150。

热处理及表面处理：

铸铁件通过铸造成型后，容易存在应力集中，因此需要做时效处理。同时铸铁件防锈需要喷涂防锈底漆和面漆。查附表 51《底漆种类和性能》、附表 52《其他涂料种类和性能》，可选择铁富锌底漆，面漆可选择绿色氨基烘干锤纹漆。

技术要求：

（1）铸造后无气孔、夹渣，铸件时效处理；

（2）去毛刺，锐变倒钝；

（3）表面喷涂富锌底漆，烘干打磨后喷涂绿色氨基烘干锤纹漆。

Y 向拖板

Y 向拖板	加工方法及步骤	精度（公差）等级		备注
	1. 铸造及时效	IT16	取 IT16	普通铸造精度低，采用覆膜砂铸造精度较高
	2. 铣平面	IT7～IT10	取 IT10	
	3. 铣燕尾槽	IT7～IT10	取 IT7～IT8	配合导向
	4. 钻、铰孔	钻 IT10～IT13 铰 IT5～IT9	钻取 IT10～IT11 铰 IT9	
	5. 螺纹孔攻丝		8H	一般使用
	6. 表面喷漆			铸铁件喷涂底漆和面漆
	提示：螺纹配合查附表 61《普通内、外螺纹的推荐公差带》，燕尾槽由于起到导向作用，精度要求较高			

Y 向拖板标注如图 2-2-60 所示。

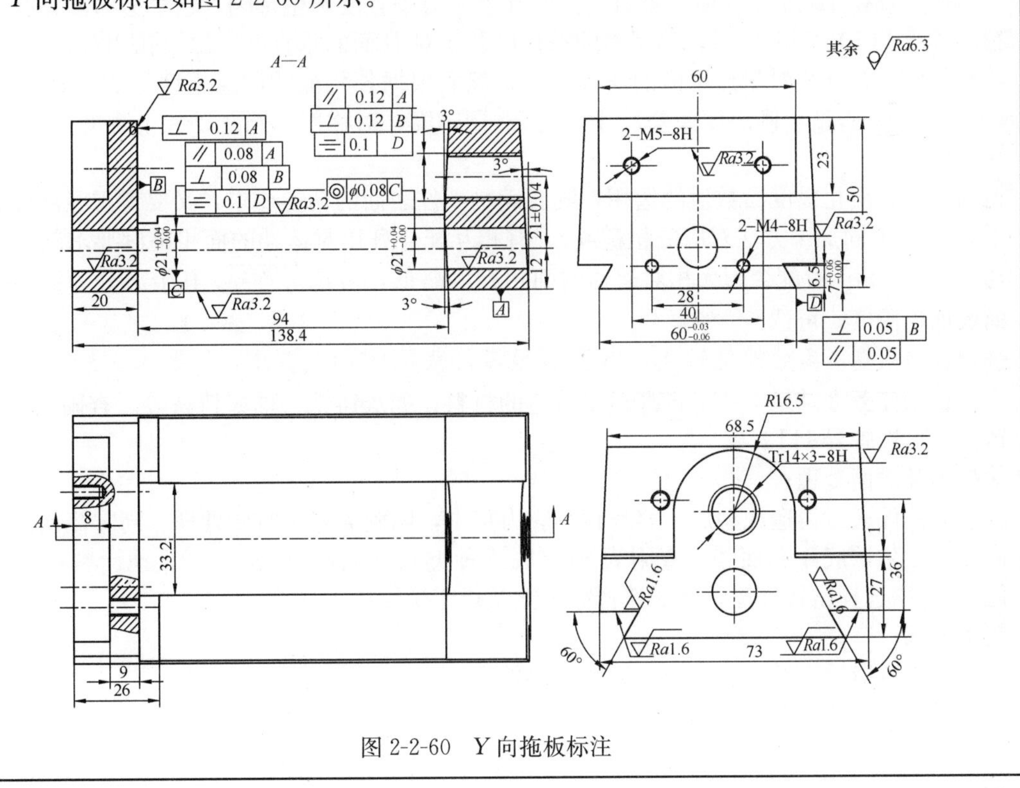

图 2-2-60　*Y* 向拖板标注

尺寸公差：

（1）螺纹配合查附表 61《普通内、外螺纹的推荐公差带》，优先选用 H/g 配合，选择粗糙级即能满足使用要求，因此螺纹孔公差选择 8H；梯形螺纹孔配合查附表 63《梯形螺纹公差带选用》，优选 H/e 配合，选择粗糙级即能满足要求，可选 8H。

（2）孔与轴配合包括燕尾槽的配合，查附表 36《公差等级与加工方法的关系》，孔公差选择 IT9 级，燕尾槽公差选择 IT8 级，均采用基孔制配合。使用公差配合软件，完成尺寸公差标注。尺寸公差如图 2-2-61 所示。

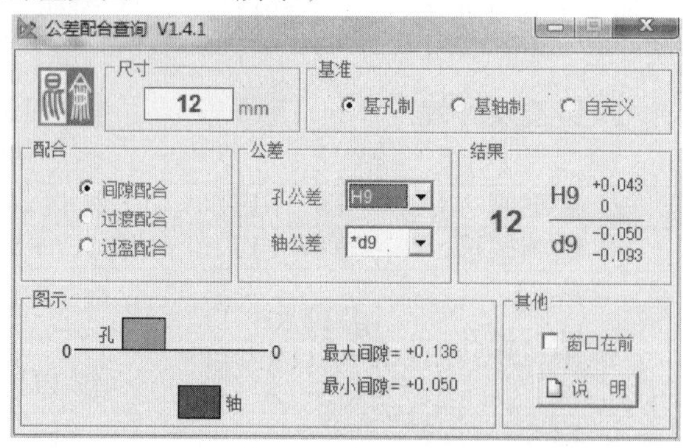

图 2-2-61　*Y* 向拖板尺寸公差

形位公差：

机械设备中的一些影响功能要求、配合性质、互换性等的重要零件，需要对零件的形位误差予以限制。上下两孔轴心线必须相互平行，且与 *A* 垂直。

例如直径 12 孔与 *B* 面的垂直度，钻孔工艺对垂直度产生影响，这里应参照钻孔时的精度等级 IT10 或 IT11 级，燕尾槽的平行度及相对 *B* 面的垂直度，螺纹孔相对直径 12 孔的平行度，各孔相对于燕尾槽的对称度等，然后根据各特征的制造精度等级，查附表 46《平行度、垂直度、倾斜度公差》、附表 47《同轴度、对称度、圆跳动和全跳动》，一一标注形位公差。

粗糙度：表面粗糙度参数值的选用，既要满足零件表面的功能要求，又要考虑经济性。查附表 36《不同加工方法对应的粗糙度》，有相互配合且相对运动的面粗糙度要求较高，可选 $\sqrt{Ra1.6}$，其他有配合但无相对运动的面粗糙度略低，可选 $\sqrt{Ra3.2}$，其余部分为铸造形成的表面粗糙度，可选 $\sqrt{Ra6.3}$（不去除材料）。

选材：

根据任务 2 结果，一般选择适于铸造的材料，如灰铸铁、球墨铸铁等。查附表 3《灰铸铁》可选牌号 HT150。

热处理及表面处理：

铸铁件通过铸造成型后，容易存在应力集中，因此需要做时效处理。同时铸铁件防锈需要喷涂防锈底漆和面漆。查附表 51《底漆种类和性能》、附表 52《其他涂料种类和性能》，底漆选择富锌底漆，面漆选择绿色氨基烘干锤纹漆。

技术要求：

（1）铸造后无气孔、夹渣，铸件时效处理；

（2）去毛刺，锐变倒钝；

（3）表面喷涂富锌底漆，烘干打磨后喷涂绿色氨基烘干锤纹漆。

X 向拖板

X 向拖板	加工方法及步骤	精度（公差）等级		备注
	1. 铸造及时效	IT16	取 IT16	普通铸造精度低，采用覆膜砂铸造精度较高
	2. 铣平面及孔	IT7～IT10	取 IT10	
	3. 铣燕尾槽	IT7～IT10	取 IT7～IT8	配合导向
	4. 钻、铰孔	钻 IT10～IT13 铰 IT5～IT9	钻 IT10～IT11 铰 IT9	一般使用
	5. 表面喷漆			铸铁件喷涂底漆和面漆
	提示：螺纹配合查附表 61《普通内、外螺纹的推荐公差带》。燕尾槽由于起导向作用，精度要求较高			

X 向拖板标注如图 2-2-62 所示。

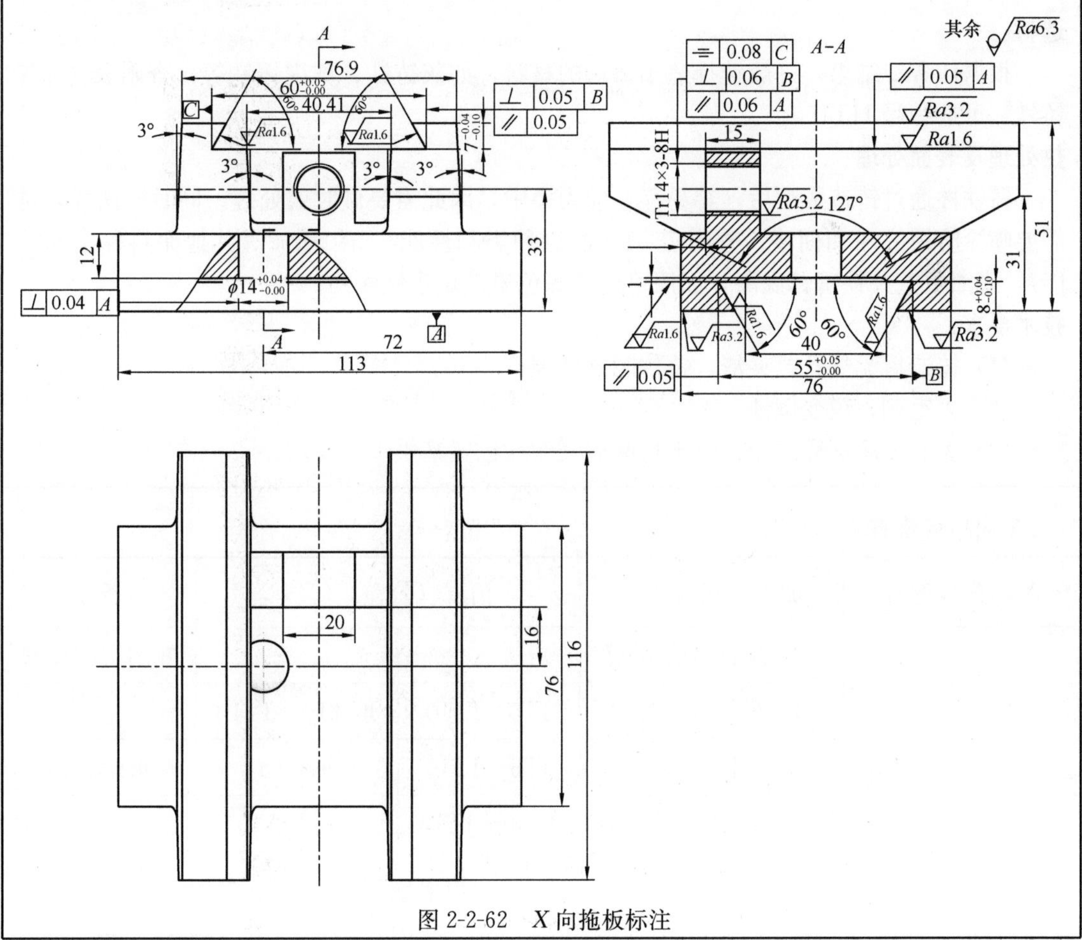

图 2-2-62　*X* 向拖板标注

尺寸公差：

（1）螺纹配合查附表 63《梯形螺纹公差带选用》，优先选用 H/g 配合，选择粗糙级即能满足使用要求，因此螺纹孔公差选择 8H。

（2）孔与轴配合包括燕尾槽的配合，查附表 36《公差等级与加工方法的关系》，燕尾槽公差可选择 IT8 级，其中的孔与螺母的公差可选择 IT9 级，均采用基孔制配合。使用公差配合软件，完成尺寸公差标注。

形位公差：

机械设备中的一些影响功能要求、配合性质、互换性等的重要零件，需要对零件的形位误差予以限制，例如上下燕尾槽的垂直度，燕尾槽自身的平行度，螺纹孔相对燕尾槽的对称度、平行度等，然后根据各特征的制造精度等级，查附表 46《平行度、垂直度、倾斜度公差》、附表 47《同轴度、对称度、圆跳动和全跳动》，一一标注形位公差。

粗糙度：

表面粗糙度参数值的选用，既要满足零件表面的功能要求，又要考虑经济性。查附表 36《不同加工方法对应的粗糙度》，有相互配合且相对运动的面粗糙度要求较高，可选 $\sqrt{Ra1.6}$，其他有配合但无相对运动的面粗糙度略低，可选 $\sqrt{Ra3.2}$，其余部分为铸造形成的表面粗糙度，可选 $\sqrt{Ra6.3}$（不去除材料）。

选材：

根据任务 2 结果，一般选择适于铸造的材料，如灰铸铁、球墨铸铁等，查附表 3《灰铸铁》可选牌号 HT150。

热处理及表面处理：

铸铁件通过铸造成型后，容易存在应力集中，因此需要做时效处理。同时铸铁件防锈需要喷涂防锈底漆和面漆。查附表 51《底漆种类和性能》、附表 52《其他涂料种类和性能》，底漆可选择铁富锌底漆，面漆可选择绿色氨基烘干锤纹漆。

技术要求：

（1）铸造后无气孔、夹渣，铸件时效处理；

（2）去毛刺，锐变倒钝；

（3）表面喷涂富锌底漆，烘干打磨后喷涂绿色氨基烘干锤纹漆。

X 向拖板螺杆

X 向拖板螺杆	加工方法及步骤	精度（公差）等级		备注
	1. 圆钢调直割断			轧制圆钢棒料
	2. 车外圆及螺纹	IT6～IT10	取 IT9～IT10	
	3. 车梯形螺纹	IT6～IT10	取 IT8	梯形螺纹传动
	4. 钻孔	IT10～IT13	取 IT11	
	提示：螺纹配合查附表 63《梯形螺纹公差带选用》			

X 向拖板螺杆标注如图 2-2-63 所示。

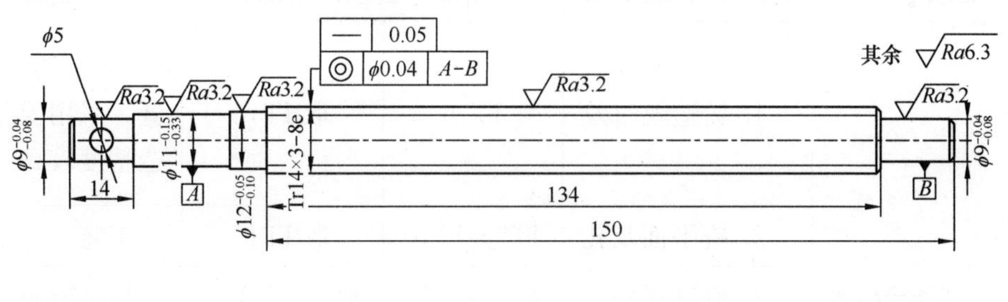

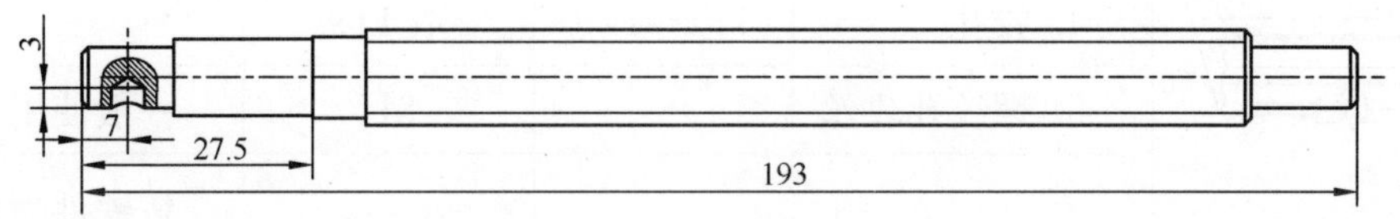

图 2-2-63　*X* 向拖板螺杆标注

尺寸公差：

（1）螺纹配合查附表 63《梯形螺纹公差带选用》，优先选用 H/e 配合，选择粗糙级即能满足使用要求，因此螺杆公差选择 8e。

（2）孔与轴配合，查附表 36《公差等级与加工方法的关系》，孔公差可选择 IT9 级，均采用基孔制配合，使用公差配合软件，完成尺寸公差标注。

形位公差：

机械设备中的一些影响功能要求、配合性质、互换性等的重要零件，需要对零件的形位误差予以限制。螺杆的直线度与同轴度会影响使用效果，查附表 49《直线度、平面度公差》、附表 47《同轴度、对称度、圆跳动和全跳动》，一一标注形位公差。

粗糙度：

表面粗糙度参数值的选用，既要满足零件表面的功能要求，又要考虑经济性。查附表 36《不同加工方法对应的粗糙度》，有相互配合且相对运动的面粗糙度要求较高，可选 $\sqrt{Ra3.2}$，其他有配合但无相对运动的面粗糙度略低，可选 $\sqrt{Ra6.3}$。

选材：

根据任务 2 结果，一般选择中碳钢或低碳钢来制造传动螺杆。查附表 2《普通（优质）碳素结构钢》可选 Q235。

热处理及表面处理：

螺杆由于传动的摩擦作用，自身具有一定的防锈功能，无须热处理和表面处理。

技术要求：

（1）圆钢棒料改制；

（2）未注倒角 C1。

底座

底座	加工方法及步骤	精度（公差）等级		备注
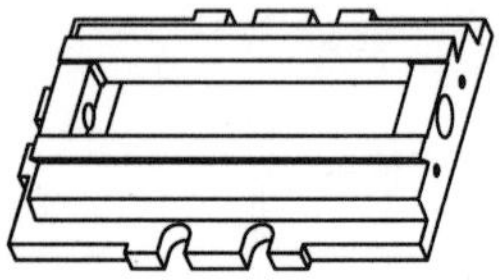 	1. 铸造及时效	IT16	取 IT16	普通铸造精度低，采用覆膜砂铸造精度较高
	2. 铣平面及孔	IT7～IT10	取 IT10	工装
	3. 铣燕尾槽	IT7～IT10	取 IT7～IT8	配合导向
	4. 铰孔	IT5～IT9	取 IT9	
	5. 螺纹孔攻丝		8H	一般使用
	6. 表面喷漆			铸铁件喷涂底漆和面漆
	提示：螺纹配合查附表 61《普通内、外螺纹的推荐公差带》；燕尾槽由于起导向作用，精度要求较高			

底座标注如图 2-2-64 所示。

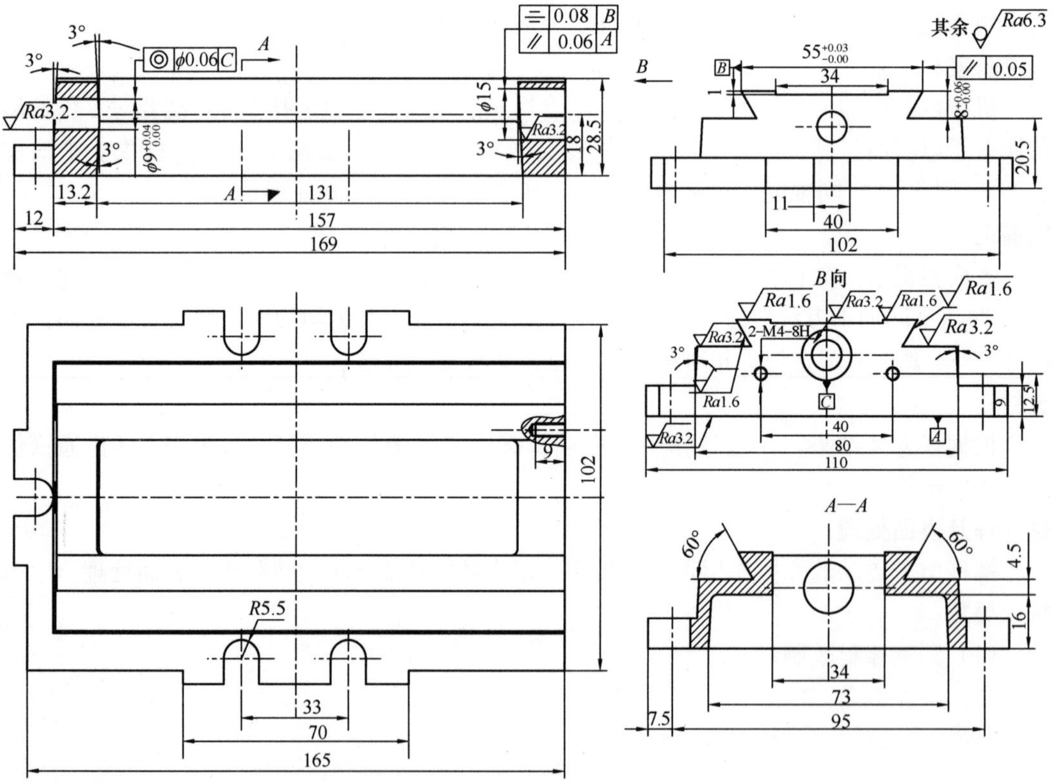

图 2-2-64　底座标注

尺寸公差：

（1）螺纹配合查附表 61《普通内、外螺纹的推荐公差带》，优先选用 H/g 配合，选择粗糙级即能满足使用要求，因此螺纹孔公差选择 8H；梯形螺纹孔配合查附表 63《梯形螺纹公差带选用》，优选 H/e 配合，选择粗糙级即能满足要求，可选 8H。

（2）燕尾槽的配合查附表 36《公差等级与加工方法的关系》，孔公差选择 IT8 级，其余配合可选择 IT9 级，均采用基孔制配合。使用公差配合软件，完成尺寸公差标注。

形位公差：

机械设备中的一些影响功能要求、配合性质、互换性等的重要零件，需要对零件的形位误差予以限制，两孔有同轴度要求，相对 A 基准有平行度要求，相对燕尾槽有对称度要求。

查附表 46《平行度、垂直度、倾斜度》、附表 47《同轴度、对称度、圆跳动和全跳动》，一一标注形位公差。

粗糙度：

表面粗糙度参数值的选用，既要满足零件表面的功能要求，又要考虑经济性。查附表 36《不同加工方法对应的粗糙度》，有相互配合且相对运动的面粗糙度要求较高，可选 $\sqrt{Ra1.6}$，其他有配合但无相对运动的面粗糙度略低，可选 $\sqrt{Ra3.2}$，其余部分为铸造形成的表面粗糙度，可选 $\sqrt{Ra6.3}$（不去除材料）。

选材：

根据任务 2 结果，一般选择适于铸造的材料，如灰铸铁、球墨铸铁等，查附表 3《灰铸铁》可选牌号 HT150。

热处理及表面处理：

铸铁件通过铸造成型后，容易存在应力集中，因此需要做时效处理；同时铸铁件防锈需要喷涂防锈底漆和面漆。查附表 51《底漆种类和性能》、附表 52《其他涂料种类和性能》，底漆选择铁红醇酸防锈漆，面漆选择绿色氨基烘干锤纹漆。

技术要求：

（1）铸造后无气孔、夹渣，铸件时效处理；

（2）去毛刺，锐变倒钝；

（3）表面喷涂富锌底漆，烘干打磨后喷涂绿色氨基烘干锤纹漆。

Y 向拖板螺杆

Y 向拖板螺杆	加工方法及步骤	精度（公差）等级		备注
	1. 圆钢割断			轧制圆钢棒料
	2. 车外圆及螺纹	IT6～IT10	取 IT10	
	3. 车梯形螺纹	IT6～IT10	取 IT8	梯形螺纹传动
	4. 钻孔	IT10～IT13	取 IT11	
	提示：螺纹配合查附表 63《梯形螺纹公差带选用》			

Y 向拖板螺杆标注如图 2-2-65 所示。

其余 $\sqrt{Ra6.3}$

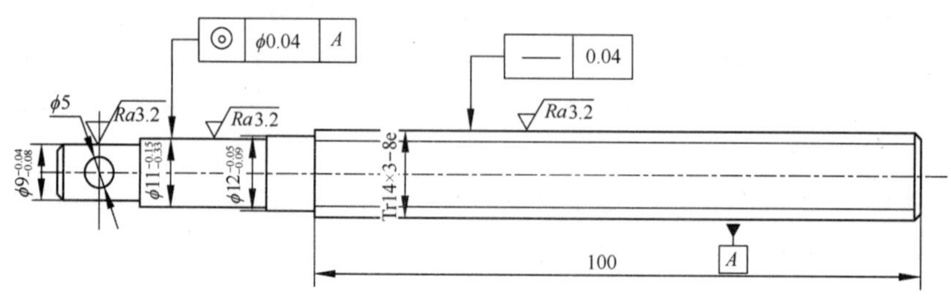

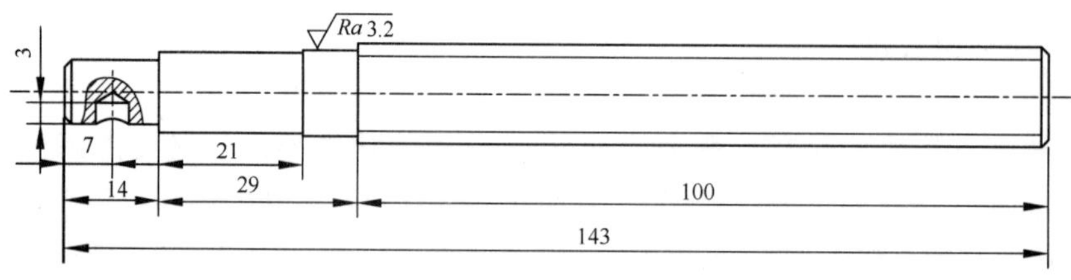

图 2-2-65　*Y* 向拖板螺杆标注

尺寸公差：

（1）螺纹配合查附表 63《梯形螺纹公差带选用》，优先选用 H/e 配合，选择粗糙级即能满足使用要求，因此螺杆公差选择 8e。

（2）孔与轴配合，查附表 36《公差等级与加工方法的关系》，孔公差选择 IT10～IT11 级，均采用基孔制配合，使用公差配合软件，完成尺寸公差标注。

形位公差：

机械设备中的一些影响功能要求、配合性质、互换性等的重要零件，需要对其形位误差予以限制。螺杆有直线度要求，阶梯轴部分有同轴度要求，查附表 49《直线度、平面度公差》、附表 47《同轴度、对称度、圆跳动和全跳动》，一一标注形位公差。

粗糙度：

表面粗糙度参数值的选用，既要满足零件表面的功能要求，又要考虑经济性。查附表 36《不同加工方法对应的粗糙度》，有相互配合且相对运动的面粗糙度要求较高，可选 $\sqrt{Ra3.2}$，其他有配合但无相对运动的面粗糙度略低，可选 $\sqrt{Ra6.3}$。

选材：

根据任务 2 结果，一般选择中碳钢或低碳钢来制造传动螺杆，查附表 2《普通（优质）碳素结构钢》，可选 Q235。

热处理及表面处理：

螺杆由于传动的摩擦作用，自身具有一定的防锈功能，无须热处理和表面处理。

技术要求：

（1）圆钢棒料改制；

（2）未注倒角 C1。

摇臂组件

摇臂组件	加工方法及步骤	精度（公差）等级		备注
	1. 圆钢割断车削	IT6～IT10	取 IT10	轧制圆钢棒料
	2. 钻、铰孔	钻 IT10～IT13 铰 IT5～IT9	钻 IT10～IT11 铰 IT9	
	3. 表面镀铬			
	4. 粘接			摇臂与手柄粘接
	5. 攻丝		取 8H	粗糙级
	提示：螺纹配合查附表 61《普通内、外螺纹的推荐公差带》			

摇臂组件标注如图 2-2-66 所示。

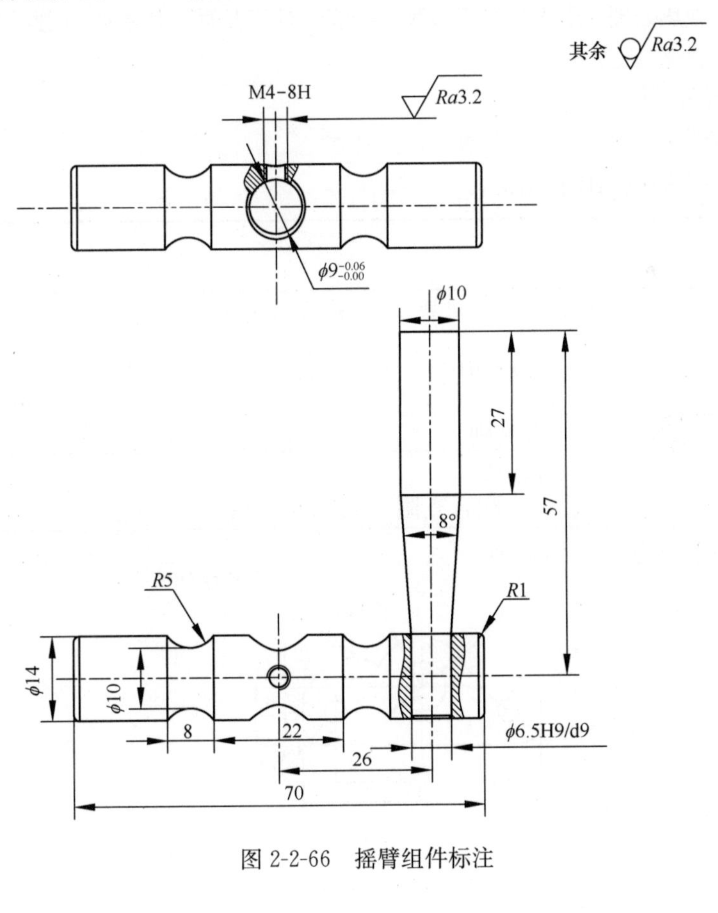

图 2-2-66　摇臂组件标注

尺寸公差：

（1）螺纹配合查附表 61《普通内、外螺纹的推荐公差带》，优先选用 H/g 配合，选择粗糙级即能满足使用要求，因此螺纹孔公差选择 8H。

（2）孔与轴配合，查附表 36《公差等级与加工方法的关系》，孔公差选择 IT9 级，由于需要粘接，可采用基孔制大间隙配合。使用公差配合软件，完成尺寸公差标注。

形位公差：

摇臂组件没有形位公差要求。

粗糙度：

表面粗糙度参数值的选用，既要满足零件表面的功能要求，又要考虑经济性。查附表 36《不同加工方法对应的粗糙度》，有相互配合的面粗糙度要求较高，可选 √Ra3.2，其他表面镀铬后可选 √Ra3.2。

选材：

根据任务 2 结果，一般选择中碳钢或低碳钢来制造传动螺杆。查附表 2《普通（优质）碳素结构钢》可选 Q235。

热处理及表面处理：

摇臂组件无须热处理，由于与手部接触，汗液会对其表面产生腐蚀，因此采用镀铬处理。

技术要求：

（1）未注倒角 C1；

（2）表面镀铬；

（3）摇臂和手柄以 AB 胶粘接。

X 向拖板座

X 向拖板座	加工方法及步骤	精度（公差）等级		备注
	1. 板材冲压	ST1～ST11	取 ST4	与 IT12 级相当，大间隙配合
	2. 去毛刺			
	3. 表面镀铬			
	提示：配合查附表 62《冲压件尺寸公差》			

X 向拖板座标注如图 2-2-67 所示。

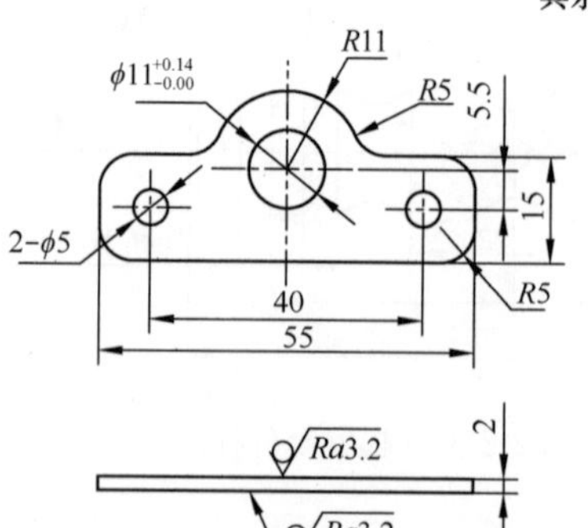

图 2-2-67　*X* 向拖板座标注

尺寸公差：

（1）与 *X* 向拖板螺杆大间隙配合。

（2）查附表 62《冲压件尺寸公差》，外圆可以选择冲压成型件 ST4 级，相当于 IT12 级。

形位公差：

此处 *X* 向拖板座无形位公差要求。

粗糙度：

表面粗糙度参数值的选用，既要满足零件表面的功能要求，又要考虑经济性。*X* 向拖板为冲压成型，其中板材为轧制（挤压）成型，考虑表面质量要求，可选择 Ra3.2，外圈和内孔为冲裁成型，属于去除材料方式获得的粗糙度值，可选 Ra12.5。

选材：

根据任务 2 结果，*X* 向拖板座可以选用轧制工艺加工的钢板，一般推荐为塑性好的低碳钢板，查附表 2《普通（优质）碳素结构钢》，可选牌号为 Q235。

热处理及表面处理：

根据任务 2 结果，*X* 向拖板座在使用过程中主要是提升耐磨性，防止生锈，可以选择镀铬的工艺进行表面处理，考虑到耐磨性要求，镀铬层厚度≥2μm。

技术要求：

（1）锐边倒钝；

（2）表面镀铬厚度不小于 2μm。

Y 向拖板座

Y 向拖板座	加工方法及步骤	精度（公差）等级		备注
	1. 板材冲压	ST1～ST11	取 ST4	与 IT12 级相当，大间隙配合
	2. 去毛刺			
	3. 表面镀铬			
	提示：配合查附表 62《冲压件尺寸公差》			

Y 向拖板座标注如图 2-2-68 所示。

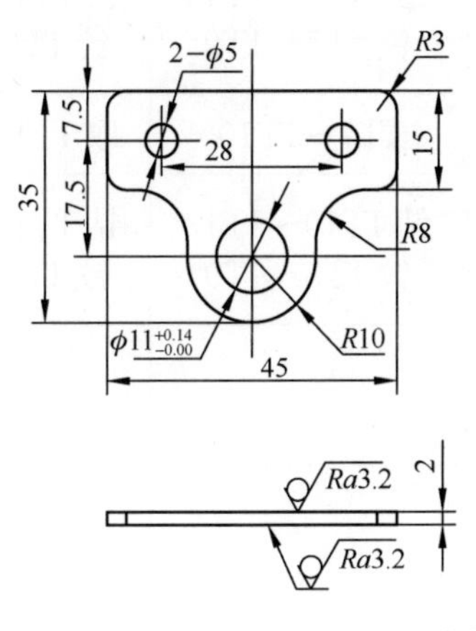

其余 Ra12.5

图 2-2-68　*Y* 向拖板座标注

尺寸公差：

（1）与 Y 向拖板螺杆大间隙配合。

（2）查附表 62《冲压件尺寸公差》，外圆可以选择冲压成型件 ST4 级，相当于 IT12 级。

形位公差：

Y 向拖板座无形位公差要求。

粗糙度：

表面粗糙度参数值的选用，既要满足零件表面的功能要求，又要考虑经济性。Y 向拖板座为冲压成型，其中板材为轧制（挤压）成型，考虑表面质量要求，可选择 $\sqrt{Ra3.2}$，外圈和内孔为冲裁成型，属于去除材料方式获得的粗糙度值，可选 $\sqrt{Ra12.5}$。

选材：

根据任务 2 结果，Y 向拖板座可以选用轧制工艺加工的钢板，一般推荐为塑性好的低碳钢板，便于冲压成型，查附表 2《普通（优质）碳素结构钢》，可选牌号 Q235。

热处理及表面处理：

根据任务 2 结果，Y 向拖板座在使用过程中主要是提升耐磨性，防止生锈，可以选择镀铬工艺进行表面处理，考虑到耐磨性要求，镀铬层厚度≥2μm。

技术要求：

（1）锐边倒钝；

（2）表面镀铬厚度不小于 2μm。

螺杆组件

螺杆组件	加工方法及步骤	精度（公差）等级		备注
	1. 螺杆车外圆及螺纹	IT6～IT10	8e	梯形螺纹可选 H/e 配合
	2. 螺杆铣槽	IT7～IT10	取 IT10	
	3. 螺杆钻、铰孔	钻 IT10～IT13 铰 IT5～IT9	钻 IT10 铰 IT9	
	4. 手柄铣平面	IT7～IT10	取 IT10	
	5. 手柄钻、铰孔	钻 IT10～IT13 铰 IT5～IT9	钻 IT10 铰 IT9	
	6. 手柄电镀			镀层厚度不小于 2μm
	7. 螺杆与手柄铆接			
	提示：螺纹配合查附表 63《梯形螺纹公差带选用》			

螺杆组件标注如图 2-2-68 所示。

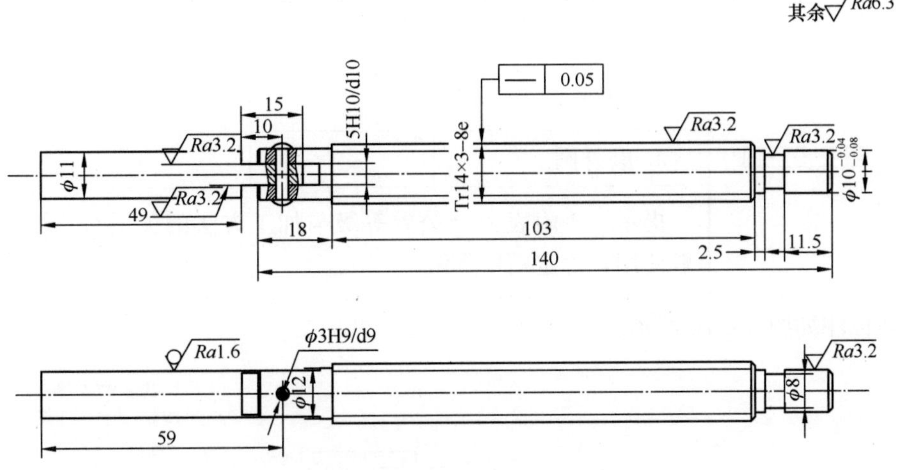

图 2-2-69　螺杆组件标注

尺寸公差：

（1）螺纹配合查附表 63《梯形螺纹公差带选用》，优先选用 H/e 配合，选择粗糙级即能满足使用要求，因此螺杆公差选择 8e。

（2）孔与轴配合查附表 36《公差等级与加工方法的关系》，铰孔后孔公差可选择 IT9 级，均采用基孔制配合。使用公差配合软件，完成尺寸公差标注。

形位公差：

机械设备中，影响功能要求、配合性质、互换性等的重要零件需要对其形位误差予以限制。螺杆的直线度会影响到使用效果，查附表 49《直线度、平面度公差》标注形位公差。

粗糙度：

表面粗糙度参数值的选用，既要满足零件表面的功能要求，又要考虑经济性。查附表 36《不同加工方法对应的粗糙度》，有相互配合且相对运动的面粗糙度要求较高，可选 $\sqrt{Ra3.2}$，其他有配合但无相对运动的面粗糙度略低，可选 $\sqrt{Ra6.3}$。

选材：

根据任务 2 结果，一般选择中碳钢或低碳钢来制造传动螺杆。查附表 2《普通（优质）碳素结构钢》，可选 Q235 或 45 钢材料。

热处理及表面处理：

螺杆由于传动的摩擦作用，自身具有一定的防锈功能，无须热处理和表面处理；手柄由于与手接触，汗液有腐蚀作用，手柄处镀铬，厚度不小于 2μm。

技术要求：

（1）手柄镀铬，厚度不小于 2μm；

（2）未注倒角 C1；

（3）手柄与螺杆铆接后能绕铆钉转动。

导轨

<table>
<tr><td>导轨</td><td>加工方法及步骤</td><td colspan="2">精度（公差）等级</td><td>备注</td></tr>
<tr><td rowspan="4"></td><td>1. 车外圆</td><td>IT6～IT10</td><td>IT9</td><td>导向作用</td></tr>
<tr><td>2. 倒角</td><td></td><td></td><td></td></tr>
<tr><td>3. 磨外圆</td><td></td><td></td><td></td></tr>
<tr><td colspan="4">提示：查附表 36《公差等级与加工方法的关系》，导轨作为一般使用，确定精度等级</td></tr>
</table>

导轨标注如图 2-2-70 所示。

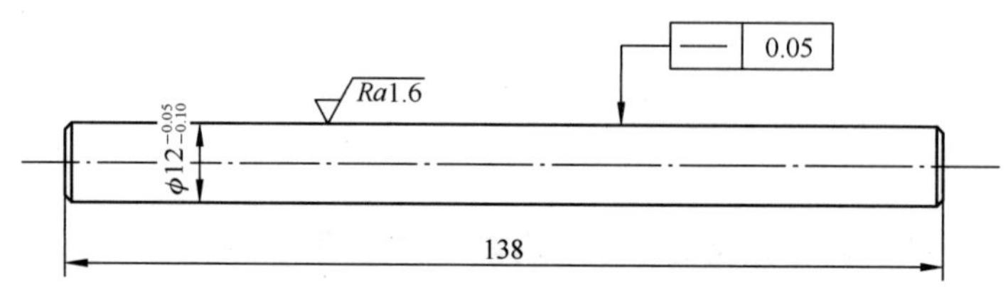

图 2-2-70 导轨标注

尺寸公差：

查附表 36《公差等级与加工方法的关系》，可选 IT9 级，均采用基孔制配合。使用公差配合软件，完成尺寸公差标注。

形位公差：

机械设备中，影响功能要求、配合性质、互换性等的重要零件，需要对其形位误差予以限制。导轨直线度会影响到使用效果，查附表 49《直线度、平面度公差》标注形位公差。

粗糙度：

表面粗糙度参数值的选用，既要满足零件表面的功能要求，又要考虑经济性。查附表 36《不同加工方法对应的粗糙度》，有相互配合且相对运动的面粗糙度要求较高，可选 $\sqrt{Ra1.6}$，其他面粗糙度可选 $\sqrt{Ra6.3}$。

选材：

根据任务 2 结果，一般选择中碳钢来制造导轨。查附表 2《普通（优质）碳素结构钢》，可选 45 钢。

热处理及表面处理：

导轨由于导向摩擦作用，自身具有一定的防锈功能，可提高导轨耐磨性，无须热处理和表面处理。

技术要求：

未注倒角 C1。

刻度环

刻度环	加工方法及步骤	精度（公差）等级		备注
	1. 车内孔及外圆	IT6～IT10	取 IT10	管材改制
	2. 钻孔	IT10～IT13	取 IT10	
	3. 攻丝		8H	
	提示：锐边倒钝			

刻度环标注如图 2-2-71 所示。

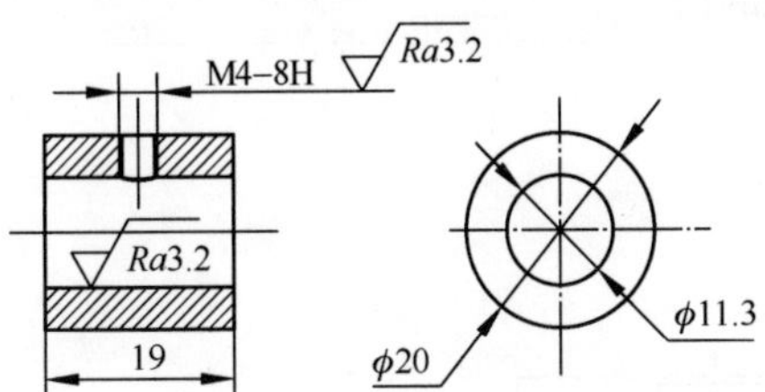

其余 $\sqrt{Ra3.2}$

图 2-2-71 刻度环标注

尺寸公差：

刻度环无尺寸公差要求。

形位公差：

刻度环无形位公差要求。

粗糙度：

表面粗糙度参数值的选用，既要满足零件表面的功能要求，又要考虑经济性。查附表 36《不同加工方法对应的粗糙度》，有相互配合且相对运动的面粗糙度要求较高，可选 $\sqrt{Ra3.2}$，其他面粗糙度可选 $\sqrt{Ra6.3}$。

选材：

根据任务 2 结果，查附表 2《普通（优质）碳素结构钢》，由于是管材改制，可选低碳钢来制造刻度环，如 Q235 等。

热处理及表面处理：

导轨由于导向摩擦作用，自身具有一定的防锈功能，可提高刻度环的耐磨性，采用表面镀铬处理，镀铬厚度不小于 2μm。

技术要求：

（1）锐边倒钝；

（2）表面镀铬厚度不小于 2μm。

螺母

螺母	加工方法及步骤	精度（公差）等级		备注
	1. 铸造及时效	IT16	取 IT16	普通铸造精度低，采用覆膜砂铸造精度较高
	2. 铣平面	IT7～IT10	取 IT10	
	3. 铣圆柱面	IT7～IT10	取 IT8	配合要求较高
	4. 钻孔	IT10～IT13	取 IT10	
	5. 攻丝		取 8H	
	6. 表面发黑			
	提示：锐边倒钝			

螺母标注如图 2-2-72 所示。

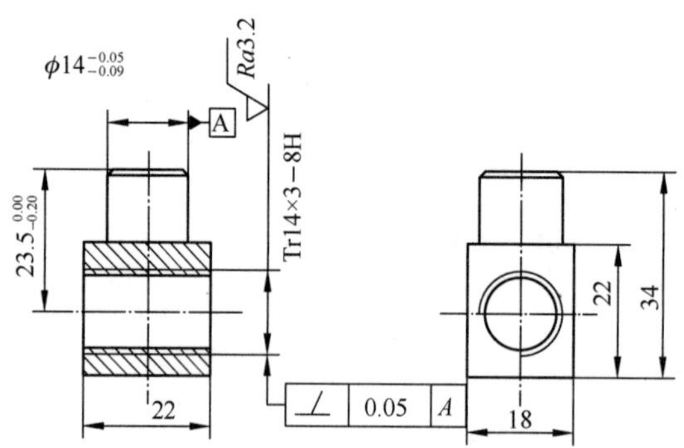

图 2-2-72　螺母标注

尺寸公差：

（1）螺纹配合查附表 63《梯形螺纹公差带选用》，优选 H/e 配合，选择粗糙级即能满足要求，可选 8H。

（2）查附表 36《公差等级与加工方法的关系》，轴公差可选择 IT9 级，均采用基孔制配合，使用公差配合软件，完成尺寸公差标注。

形位公差：

机械设备中的一些影响功能要求、配合性质、互换性等的重要零件，需要对其形位误差予以限制，螺纹孔相对直径 14 圆柱有垂直度要求，查附表 46《平行度、垂直度、倾斜度公差》，标注形位公差。

粗糙度：

表面粗糙度参数值的选用，既要满足零件表面的功能要求，又要考虑经济性。查附表 36《不同加工方法对应的粗糙度》，有相互配合且相对运动的面粗糙度要求较高，可选 √Ra3.2，其余部分为铸造形成的表面粗糙度，可选 ◯√Ra3.2。

选材：

根据任务2结果，一般选择适于铸造的材料，如灰铸铁、球墨铸铁等。查附表3《灰铸铁》，可选牌号HT150。

热处理及表面处理：

铸铁件通过铸造成型后，容易存在应力集中，因此需要做时效处理，外表可做涂装或发黑处理。

技术要求：

（1）铸造后无气孔、夹渣，铸件时效处理；

（2）去毛刺，锐变倒钝；

（3）表面发黑。

任务3 工单（4课时）

初步估算典型零件的制造成本。

一个零件的制造成本＝材料成本＋各加工环节的成本＋热处理及表面处理的成本＋综合摊派成本（机器折旧、房租、水电等）。根据企业的实际状况，本例中每小时的加工量为工装夹具等配套设施完善时中等熟练技术工的估算值。综合摊派成本每个企业均不相同，此处也为估算值。

零件	质量/g	加工制造工序	备注
活动钳口	265.2	1. 铸造及时效	覆膜砂模具制造
		2. 铣三平面	专用工装装夹
		3. 钻、铰孔	专用工装装夹
		4. 螺纹孔攻丝	专用工装装夹
		5. 表面喷漆	喷涂底漆及面漆

说明：此处铣工薪酬按照18元/h，钳工薪酬按照16元/h计算。铣削加工效率为30个/h，钻孔加工效率80个/h，攻丝加工效率40个/h，喷漆成本为0.2元/件，综合摊派成本为0.2元/件。在实际生产中以上各值每个企业各有差异，需要根据实际情况选择。

（1）材料成本M：

活动钳口质量为265.2g，按照90%利用率及材料价格来计算材料成本。灰铸铁价格按照0.24万元/t计算。

M=265.2/1000×2.4/0.9=0.71(元)。

（2）铸造加工成本T_1：

铸造加工约7000元/t(7元/kg)，此处铸造费用约为

$T_1=7\times0.2652=1.86$(元)。

(3)机械加工成本 K:

机械加工成本是最重要的，一般产品的设计要求在批量生产中尽可能减少机械加工等高费用环节。一般机械加工是在工装夹具完备的情况下，根据单位人工工资倒回来测算每道工序的成本。

钳工、车、铣等机械加工费用按照工人的时薪计算，即：加工费用 $W=\sum K_i$，K_i 代表工序（$i=1, 2, \cdots, n$）。

铣：$K_1=0.6$ 元，装夹铣平顶端浇口处（按照铣工时薪 18 元，每小时加工 30 个计算）。

钻、铰：$K_2=0.2$ 元（按照钳工时薪 16 元，每小时加工 80 个计算）。

攻丝：$K_3=0.4$ 元（按照钳工时薪 16 元，每小时加工 40 个计算）。

(4)表面处理成本 S_1:

喷漆：$S_1=0.3$ 元（按照面积估算，喷涂富锌底漆和氨基烘干锤纹面漆）。

(5)综合摊派成本 F:

设企业综合摊派成本 $F=0.2$(元/件)。

(6)活动钳口制造成本：

$G=M+T_1+K_1+K_2+K_3+S_1+F=0.71+1.86+0.6+0.2+0.4+0.3+0.2=4.27$(元)。

任务 4　工单（14 课时）

使用三维绘图软件完成零件三维建模，虚拟装配，检查干涉情况；使用二维绘图软件完成零件图及总装图绘制，符合国家标准，图纸能够满足企业批量生产的要求。

此处只举例采用 Pro/E 进行三维建模，各学校可以根据实际情况选用三维绘图软件进行三维建模。

示例：垫块三维建模

三维建模步骤：

(1)新建文件。打开［新建］对话框，新建名称“diankuai”的零件；取消选中［使用默认模板］，选择公制模板“mmns _ prt _ solid”，然后单击［确定］按钮。

(2)根据垫块零件，创建第一个实体特征。

① 单击基础特征工具栏的 按钮，在打开的操控板上单击［放置］按钮，打开“草图绘制”参数面板；单击［定义…］按钮，打开［草图绘制］对话框；选取 TOP 基准平面作为草图绘制平面。接着单击［草图绘制］按钮，使用系统默认的参数放置草图绘制平面，进入二维草图绘制模式。

② 根据零件图纸完成草图绘制。单击 ✔ 按钮，设置拉伸深度值为“6”。

③ 单击 按钮，预览设计结果，确定无误后，单击 按钮，完成第一个拉伸实体特征的创建，如图 2-2-73 所示。

(3)再进行垫块沉头孔特征创建操作。

① 单击基础特征工具栏的按钮，选取 TOP 基准平面作为草图绘制平面。接着单击［草图绘制］按钮，使用系统默认的参数放置草图绘制平面，进入二维草图绘制模式。

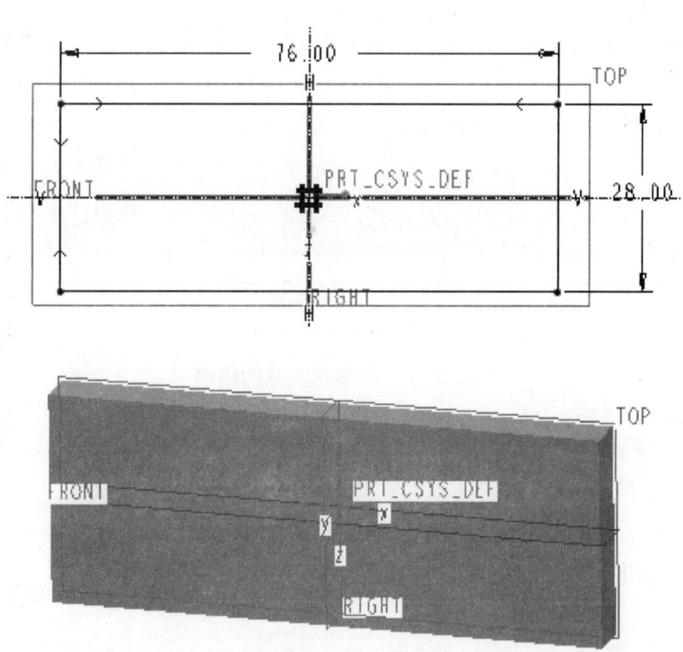

图 2-2-73　第一个拉伸实体特征的创建

② 根据零件图纸完成草图绘制。单击 ✔ 按钮，选择拉伸到指定曲面，选择去除材料。

③ 单击按钮，预览设计结果，确定无误后，单击按钮，完成实体特征的创建，如图 2-2-74 所示。

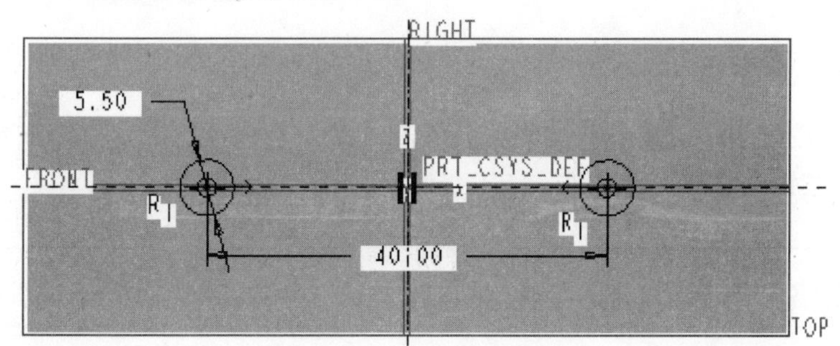

图 2-2-74　实体特征的创建

④ 单击基础特征工具栏的［边倒角］按钮，选取步骤③中创建的通孔实体边界，输入倒角“D3”，单击按钮，完成沉头孔的创建。

（4）创建菱形花纹槽。

① 单击基础特征工具栏的按钮，选取 TOP 基准平面作为草图绘制平面。接着单击［草图绘制］按钮，使用系统默认的参数放置草图绘制平面，进入二维草图绘制模式。

② 根据零件图纸完成菱形花纹草图绘制的绘制，设置各平行线间的距离为“6”，如图 2-2-75 所示。单击按钮。

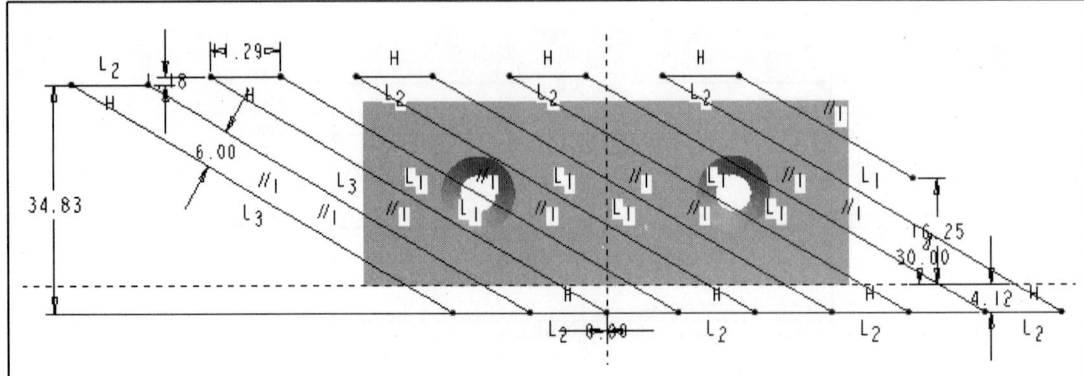

图 2-2-75 菱形花纹草图绘制

③ 选择去除材料，单击［加厚草图绘制］按钮，输入厚度值为“2”，单击按钮，完成实体特征的创建。

④ 使用上述①～③的操作，继续创建与步骤②中平行线垂直的菱形槽。完成垫块菱形槽特征的创建，如图 2-2-76 所示。

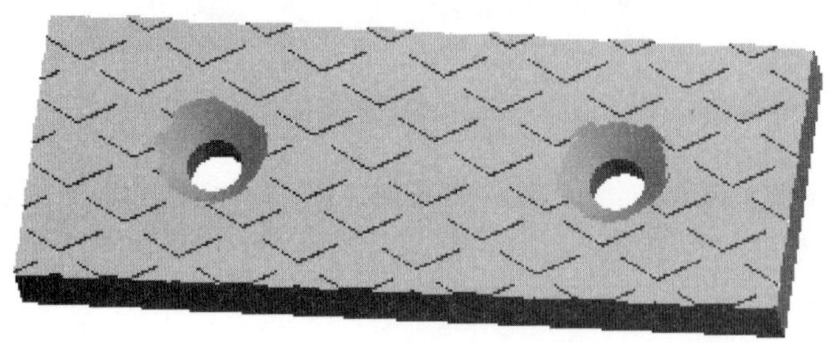

图 2-2-76 垫块菱形槽特征的创建

⑤ 在菜单栏选择［文件］下拉菜单，单击［保存］选项，或者直接在常用工具栏单击［保存］按钮，及时保存文件。

十字平口钳各零件建模（部分零件略）

固定钳口建模如图 2-2-77 所示。	Y 向拖板建模如图 2-2-78 所示。
 图 2-2-77 固定钳口建模	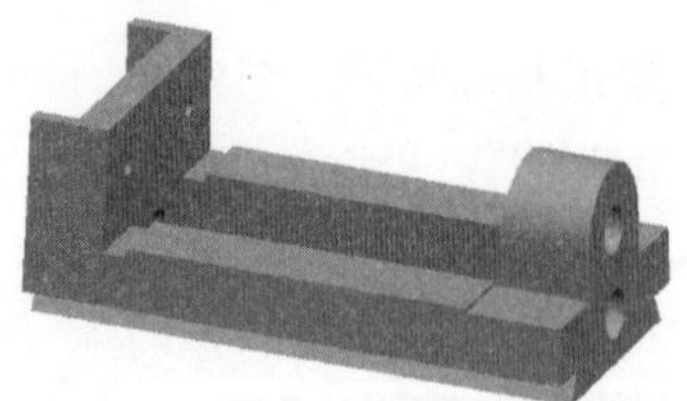 图 2-2-78 Y 向拖板建模

<table>
<tr>
<td>

X 向拖板建模如图 2-2-79 所示。

图 2-2-79　*X* 向拖板建模

</td>
<td>

底座建模如图 2-2-80 所示。

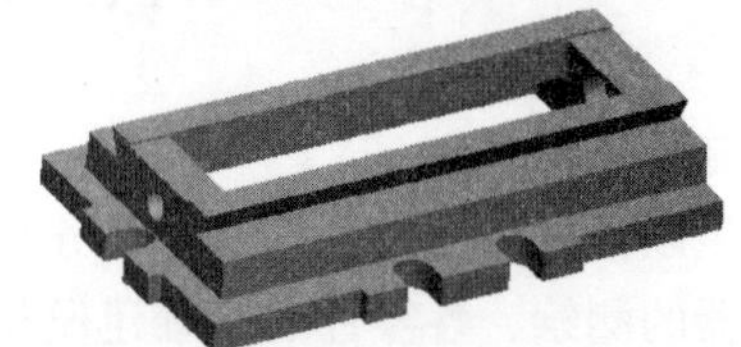

图 2-2-80　底座建模

</td>
</tr>
<tr>
<td>

X 向拖板螺杆建模如图 2-2-81 所示。(梯形螺纹可不画出)

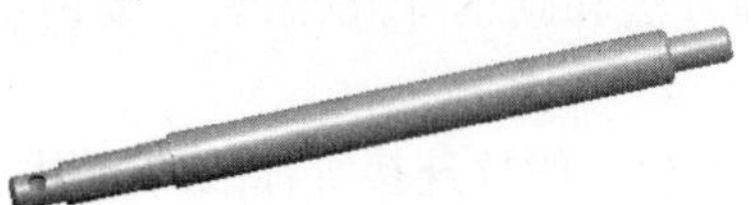

图 2-2-81　*X* 向拖板螺杆建模

</td>
<td>

总装图如图 2-2-82 所示。

图 2-2-82　总装图

</td>
</tr>
</table>

工程图绘制

要求：

(1) 工程图零件名称正确，尺寸公差、形位公差标注正确，无遗漏；

(2) 工程图表面粗糙度选择合理；

(3) 工程图材料、零件数量正确；

(4) 技术要求标注正确；

(5) 零件图图号正确；

(6) 总装图明细栏正确。

十字平口钳

项目三　WPS 蜗轮蜗杆减速器综合项目训练

项目实施要求：

学生以 4 人为一组，按工作任务及时间要求完成综合训练。通过本项目主要完成蜗轮蜗杆减速器的测绘、各零件的三维建模及虚拟装配、标准零件图和装配图的绘制。项目结束时提供完整的工程图纸一套。

知识与技能目标：

（1）了解并掌握熔模铸造、车削、镗削、滚齿、钻削、铣削、注塑、硫化（橡胶）等加工方法、适用材料、范围以及加工的精度（公差），会根据使用要求及加工方法应用软件进行正确的尺寸公差标注，会查表标注合适的形位公差及表面粗糙度。

（2）了解并掌握各零件的材料如铜合金、铸铁、轴承钢、中碳钢、塑料、橡胶；了解并掌握铸铁件时效、退火及中碳钢淬火、回火等热处理方法和碳钢/铸铁涂装、碳钢发黑等表面处理的方法。

（3）了解并掌握蜗轮、蜗杆、轴承、密封圈、键连接、螺栓连接等标准的选用。

（4）了解并掌握常用润滑液（脂）及闭式润滑的情况。

（5）了解典型零件的制造成本估算，能够在设计时充分考虑批量制造的工艺及成本因素。

（6）熟练掌握二维、三维绘图软件，能够正确标注零件图与装配图的技术要求、明细栏，符合国家标准。

蜗轮蜗杆减速器如图 2-3-1 所示。

图 2-3-1　WPS 蜗轮蜗杆减速器

参数要求：中心距 $a=40$。

蜗轮：模数 $m=1$；齿数 $z_2=62$；端面齿形角 $\alpha=20°$；齿顶高系数 $ha=1$；蜗轮端面齿距 $P=3.14$。

螺旋角 $\beta=\arctan 0.055$；旋向：右；精度等级：IT7。

蜗杆：模数 $m=1$；齿数 $z_1=1$；轴向齿形角 $\alpha=20°$；齿顶高系数 $ha=1$；轴向齿距 $P=3.14$；导程角 $\gamma=\arctan 0.055$；旋向：右；法向齿厚 $S_1=1.57$；直径系数 $q=18$ ；精度等级：IT7。

蜗轮蜗杆减速器综合项目训练工作任务及内容见表 2-3-1。

表 2-3-1　WPS 蜗轮蜗杆减速器综合项目训练工作任务及内容

序号	工作任务及内容	课时	地点
任务 1	利用游标卡尺、钢尺等测绘工具进行蜗轮蜗杆减速器各零件测绘，完成基本尺寸标注	8	测绘室
任务 2	确定各零件的制造方法。根据使用要求与制造工艺确定零件尺寸的精度（公差）等级，完成尺寸公差、形位公差、表面粗糙度标注；完成零件选材，标准件选用；确定零件表面处理方式	4	测绘室
任务 3	初步估算典型零件的制造成本	4	测绘室
任务 4	使用三维绘图软件完成零件三维建模，虚拟装配，检查干涉情况，使用二维绘图软件完成零件图及装配图绘制，符合国家标准，图纸能够满足企业批量生产的要求	14	测绘室

任务 1　工单（8 课时）

利用游标卡尺、钢尺等测绘工具进行蜗轮蜗杆减速器各零件测绘，完成基本尺寸标注。

要求：根据任务 1，完成蜗轮蜗杆减速器各零件草图测绘，标注基本尺寸，要求工程图布局合理，剖视表达清楚。

示例：通气器草图绘制

绘图的操作步骤：

（1）布置图形并画基准线。根据所画图形的大小，选定比例，合理布局。图形尽量匀称、居中，并考虑标注尺寸的位置，确定图形的基准线。画底稿的一般步骤是先绘制轴线和对称中心线，如图 2-3-2 所示。

图 2-3-2　轴线和对称中心线

（2）画零件轮廓，完成通气器的三视图，根据实际需要，可适当增减视图，以表达清楚零件为宜。对一些特殊结构需要选择合适的表达方式，如螺纹、键、齿轮、弹簧、滚动轴承等。根据通气器结构，选择合适的视图，完成剖视图。此处，需注意螺纹和旋转剖视图的画法。轮廓线如图 2-3-3 所示。

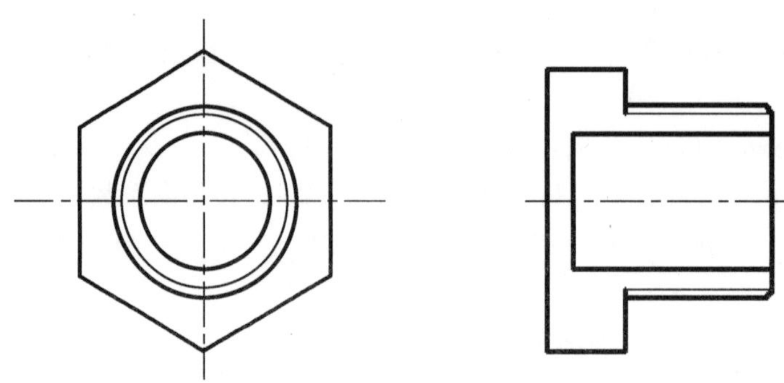

图 2-3-3　轮廓线

（3）标注尺寸。图形加深后，应将尺寸线、尺寸界线和箭头都一次性画出，最后标注尺寸数字及符号等。注意标注尺寸要正确、清晰，符合国家标准的要求。完成草图绘制，绘制剖面线及标注尺寸如图 2-3-4 所示。

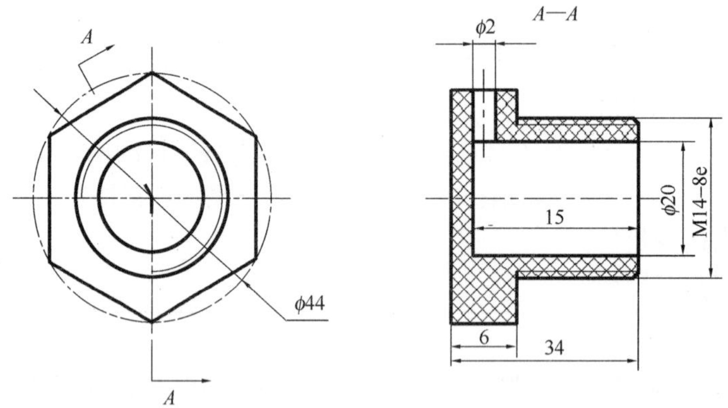

图 2-3-4　绘制剖面及标注尺寸

注意点：孔、螺纹的剖视。

知识提示：通气器是典型的注塑件。塑件的着色一般来说有三种方法：方法一，直接在塑料中添加色母或者色粉；方法二，塑件加工完成后可以通过喷漆着色；方法三，可以通过电镀着色。在塑料中加入着色剂（色母或色粉）是最常见的方法。塑料着色剂、喷漆塑件、电镀塑件如图 2-3-5～图 2-3-7 所示。

图 2-3-5　塑料着色剂

图 2-3-6　喷漆塑件

图 2-3-7　电镀塑件

大端盖

大端盖如图 2-3-8 所示。

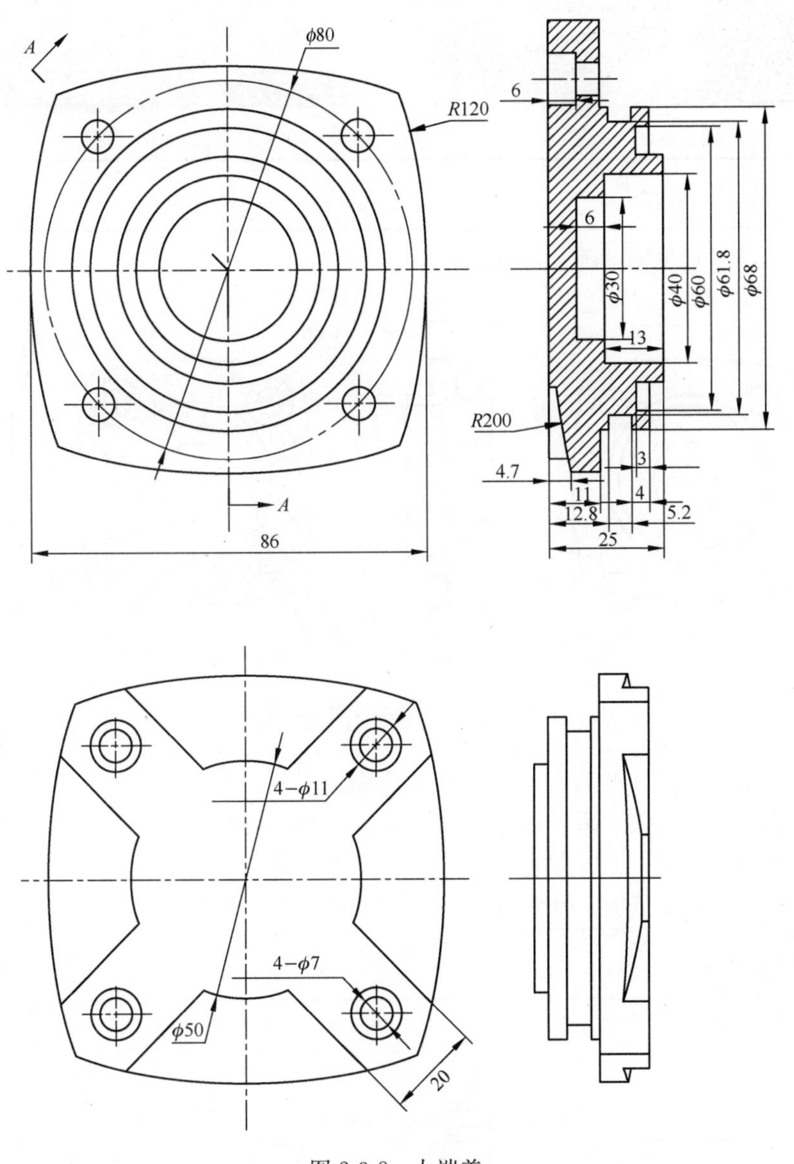

图 2-3-8　大端盖

注意点：大端盖为典型的铸件，由于孔的位置关系，全剖可以采用 *A*—*A* 展开剖视表达。

知识提示：大端盖是典型的铸造件，可以采用熔模铸造，获得较为精密的铸件。表面喷涂防锈漆，铸件的喷漆工艺一般是在上漆之前要对零件进行打磨和除锈，再除尘除油，可用汽油对打磨干净的零件进行清洗，自然干燥之后上漆。可选择富锌底漆或环氧底漆，未干之前喷涂面漆，这样附着力较好。干燥之后需用砂纸打磨再上面漆。底漆和面漆如图 2-3-9、图 2-3-10 所示。

图 2-3-9　底漆

图 2-3-10　面漆

小端盖（输入）草图

小端盖（输入）草图如图 2-3-11 所示。

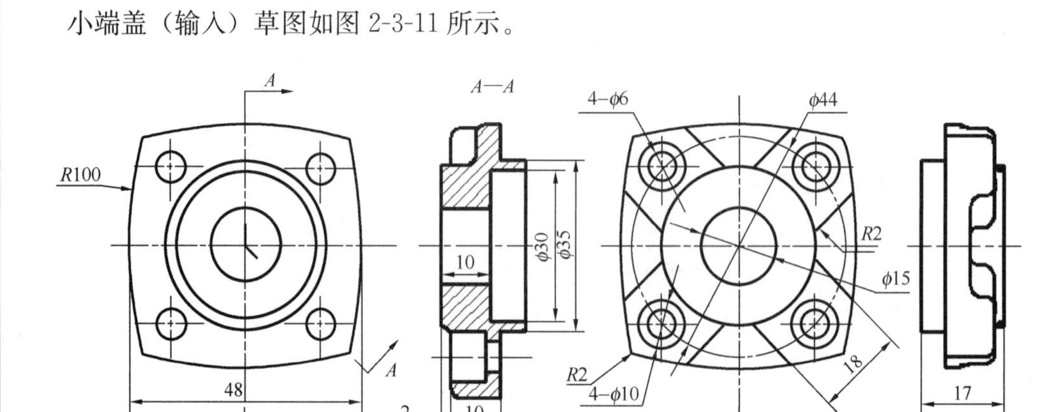

图 2-3-11　小端盖（输入）草图

注意点：为典型的铸件，可采用 A—A 展开剖视表达。

知识提示：小端盖（输入）采用熔模铸造时可以一模多件批量制造。熔模铸造适合铸铁、铜、铝、锌等多种材料，一般要求熔融后具有较好的流动性。铸铁材料由于价格低廉，性能较好，广泛应用于各种铸件的生产。

金属失蜡铸造

小端盖草图绘制

小端盖草图如图 2-3-12 所示。

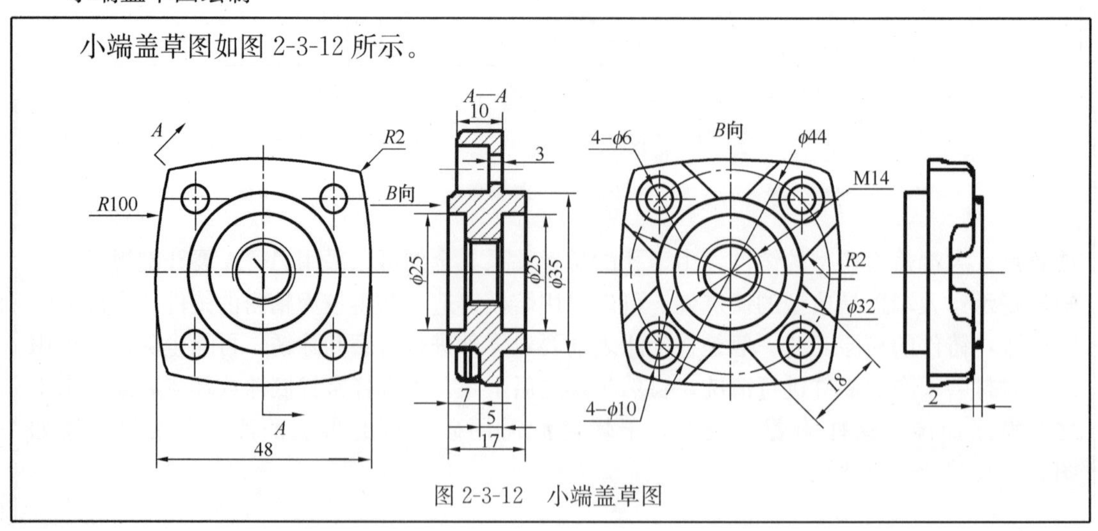

图 2-3-12　小端盖草图

注意点： 小端盖为典型的铸件，可采用 $A—A$ 展开剖视表达。
知识提示： 小端盖是典型的铸造件。

堵头草图绘制

堵头草图如图 2-3-13 所示。

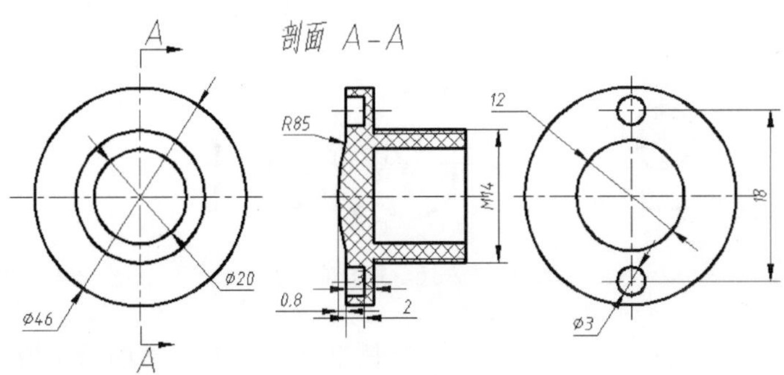

图 2-3-13　堵头草图

注意点： 螺纹孔及螺纹剖视。
知识提示： 堵头是典型的注塑件，通常在不添加着色剂的情况下，新料粒子的颜色一般是白色、半透明或透明。常用的透明材料有 PMMA，俗称亚克力，是透明性极好的材料，其表面硬度稍低，容易擦花，适于制作透明绝缘零件和强度一般的零件；PS 透光性仅次于 PMMA，适于制作绝缘透明件、装饰件及化学仪器、光学仪器等零件；PC 无色透明料，适于制作仪表小零件、绝缘透明件和耐冲击零件；ABS 这种材料比较贵，在装饰、包装等领域大有前途；PET 是用结晶体热塑性塑料聚酯制造的工程塑料型材，坚硬、刚度好、强度高、有韧性、磨擦系数小、尺寸稳定性高，广泛应用于电器、汽车工业。透明及半透明塑料粒子和透明及半透明塑件如图 2-3-14、图 2-3-15 所示。

(a)透明塑料粒子

(b)半透明塑料粒子

图 2-3-14　透明及半透明塑料粒子

(a)透明塑件　(b)半透明塑件

图 2-3-15　透明及半透明塑件

蜗杆草图绘制

蜗杆草图如图 2-3-16 所示。

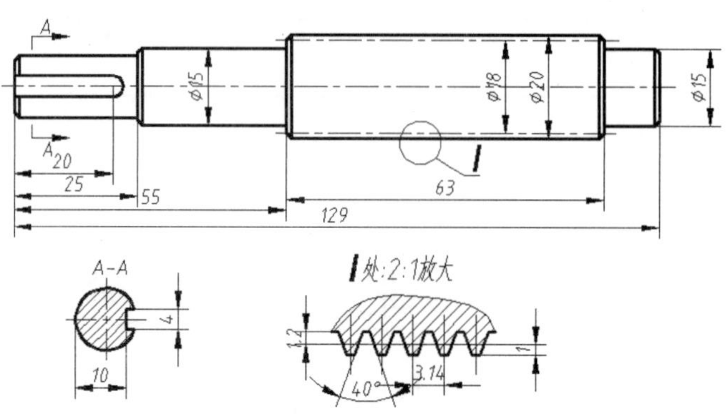

图 2-3-16　蜗杆草图

注意点：蜗杆的分度圆直径、齿顶圆直径、键槽剖视，各参数参照给定值。

知识提示：蜗杆是指具有一个或几个螺旋齿，并且与蜗轮啮合而组成交错轴齿轮副的齿轮。蜗杆由于运动时线速度高，需要较高的强度、硬度及耐磨性，通常采用中碳钢或中碳合金钢制造并经过淬火工艺，也可以采用低碳钢制造，然后表面渗碳淬火。蜗杆车刀刀片和蜗杆如图 2-3-17、图 2-3-18 所示。

图 2-3-17　蜗杆车刀刀片

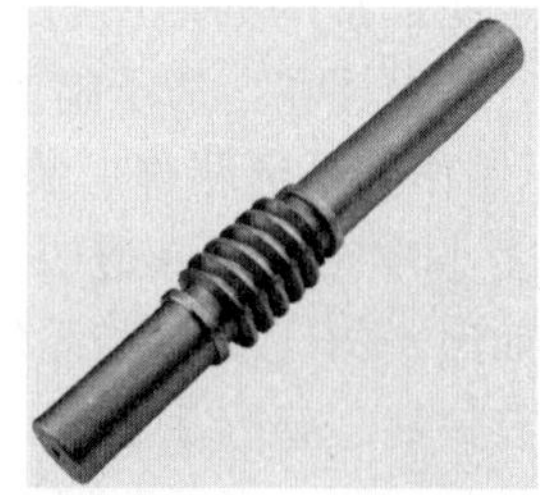

图 2-3-18　蜗杆

淬火处理

蜗轮草图绘制

蜗轮草图如图 2-3-19 所示。

注意点：蜗轮全剖，分内外圈两层。蜗轮几何参数、中心孔及键槽各参数参照给定值。

知识提示：蜗轮是一种特殊的斜齿轮，蜗轮蜗杆机构常用来传递两交错轴之间的运动和动力。蜗轮与蜗杆在其中间平面内相当于齿轮与齿条，蜗杆又与螺杆形状相似。蜗轮的齿轮减速比一般为 20∶1，有时甚至高达 300∶1 或更大。蜗轮（外圈）一般采用青铜、黄铜等昂贵的耐磨材料滚齿加工，与斜齿轮的加工方法一致；蜗轮的内圈可以采用廉价材料以节约制造成本，如铸铁等。蜗轮蜗杆传动、拉床、各型拉刀如图 2-3-20～图 2-3-22 所示。

齿轮制造

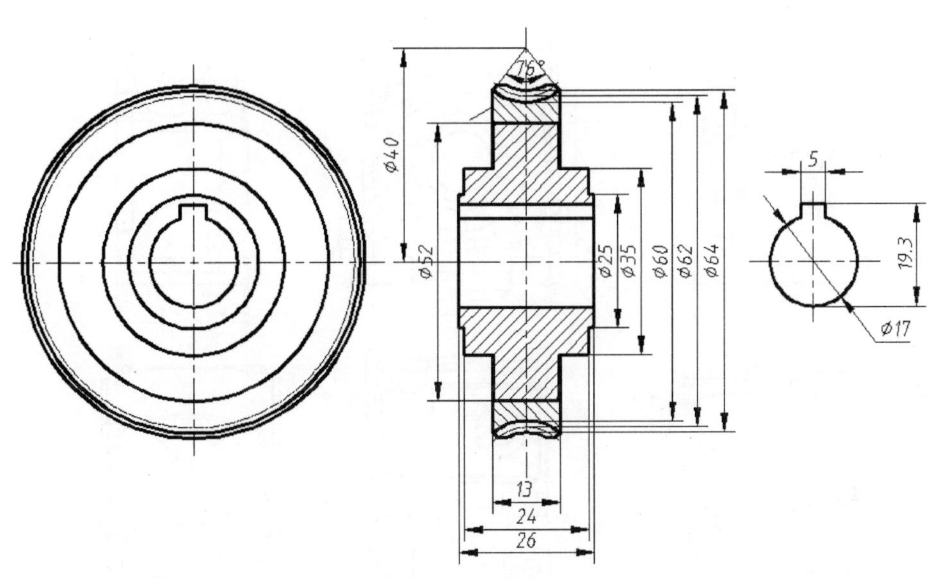

图 2-3-19　蜗轮草图

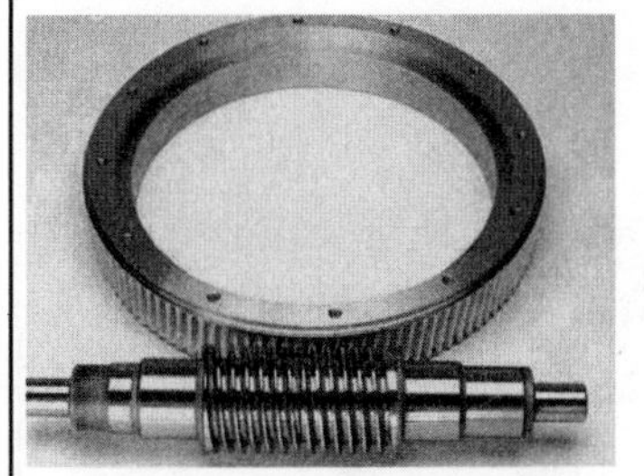

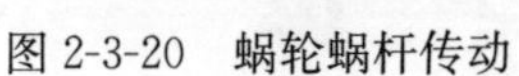
图 2-3-20　蜗轮蜗杆传动

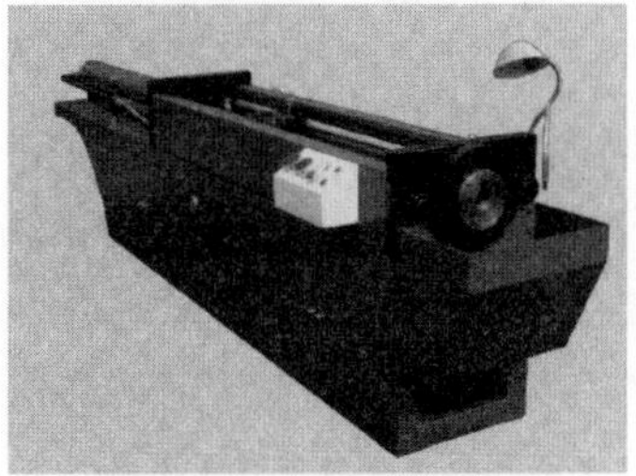
图 2-3-21　拉床

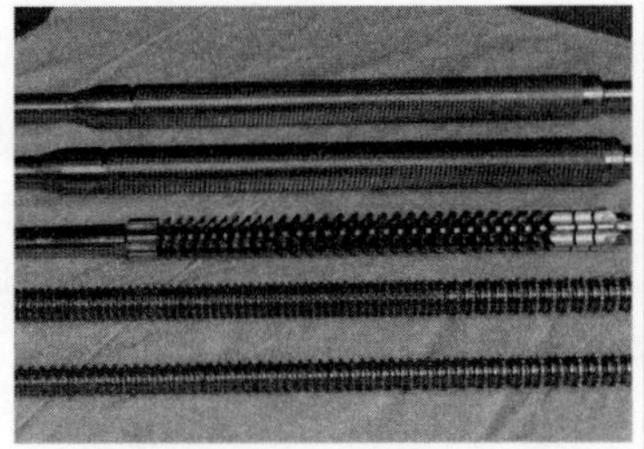
图 2-3-22　各型拉刀

键槽（异形孔）的加工一般采用拉削成型。拉削是指利用特制的拉刀逐齿依次从工件上切下很薄的金属层，使表面达到较高的尺寸精度和较低的粗糙度，是一种高效率的加工方法。

箱体草图绘制

箱体草图如图 2-3-23 所示。

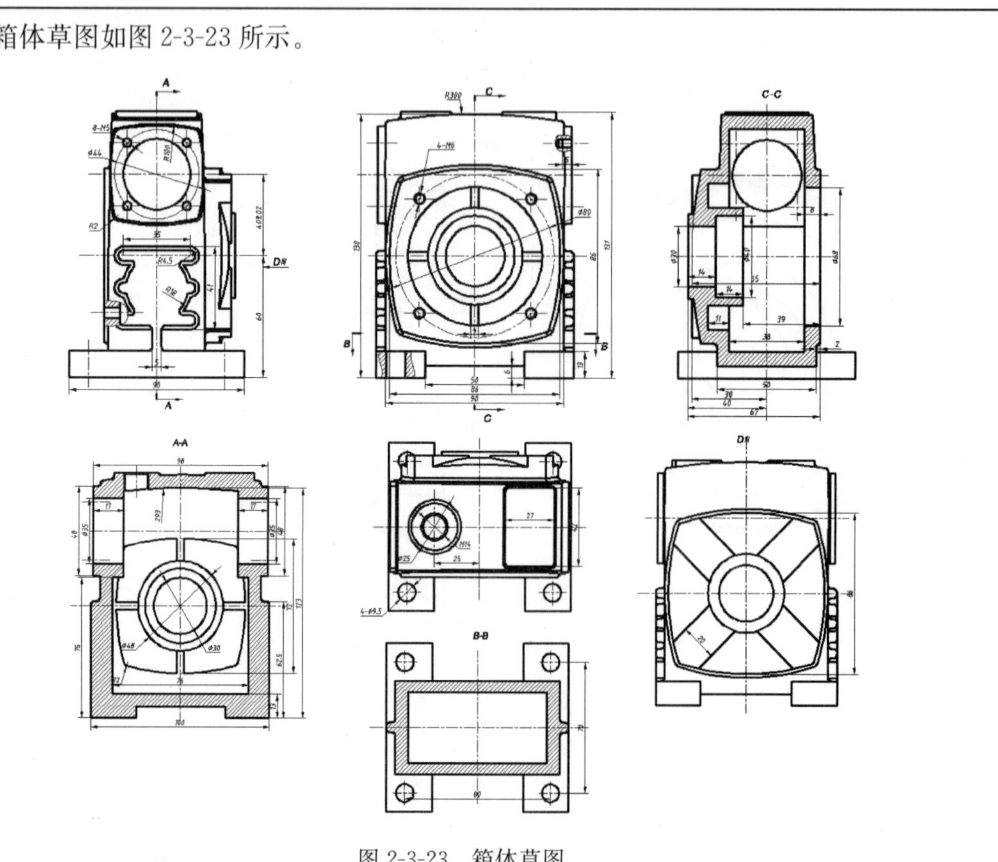

图 2-3-23　箱体草图

注意点：内部结构需多个剖视图才能表达清楚。

知识提示：箱体是复杂铸件，由于无法正常脱模，所以会采用失蜡铸造或拼装式砂型铸造。铸件浇注完毕后采用振动去型砂的方法。失蜡铸造可以成型复杂、镂空的铸件。失蜡铸造工艺流程、典型铸件如图 2-3-24、图 2-3-25 所示。箱体轴承安装孔一般采用镗削加工。

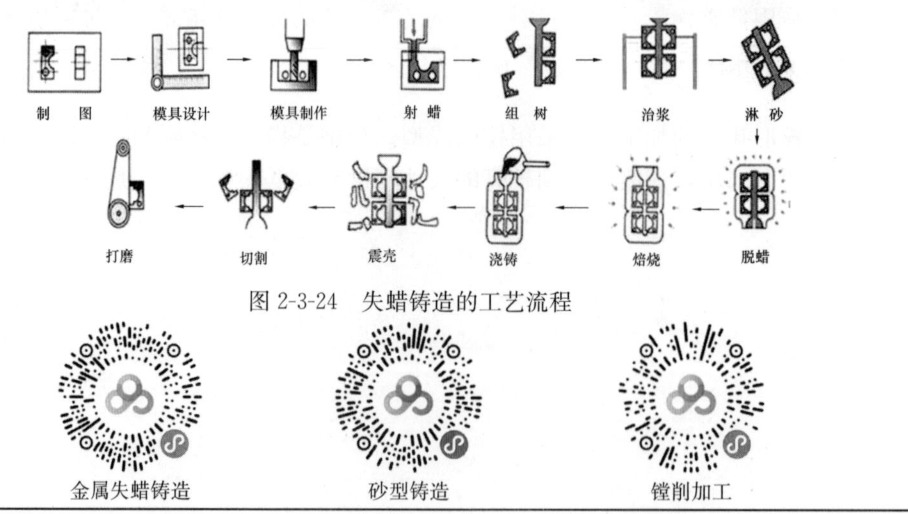

图 2-3-24　失蜡铸造的工艺流程

金属失蜡铸造　　砂型铸造　　镗削加工

图 2-3-25　失蜡铸造的典型铸件

蜗轮轴草图绘制

蜗轮轴草图如图 2-3-26 所示。

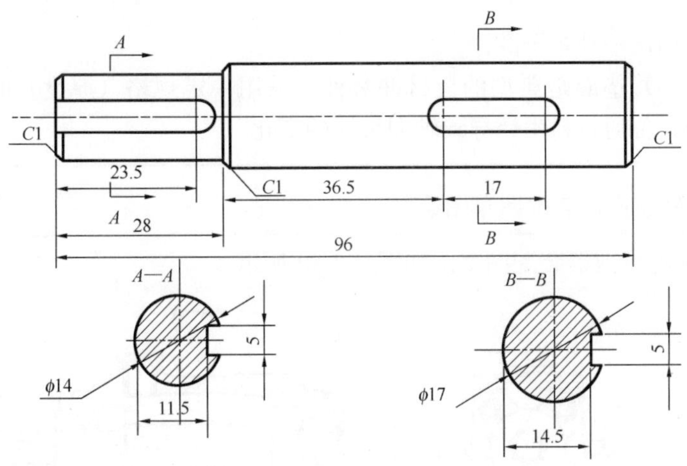

图 2-3-26　蜗轮轴草图

注意点：轴在键槽处需要断面剖视。

知识提示：蜗轮轴是典型的轴类零件，由于安装的需要，一般端部做倒角处理，与轴承配合的部分有特殊的尺寸公差要求。用于传动轴类零件经常会使用中碳钢、中碳合金钢制造，也可以采用低碳钢渗碳淬火。对于大型机械设备的传动轴还需要经过锻造处理。典型的轴类零件如图 2-3-27 所示。

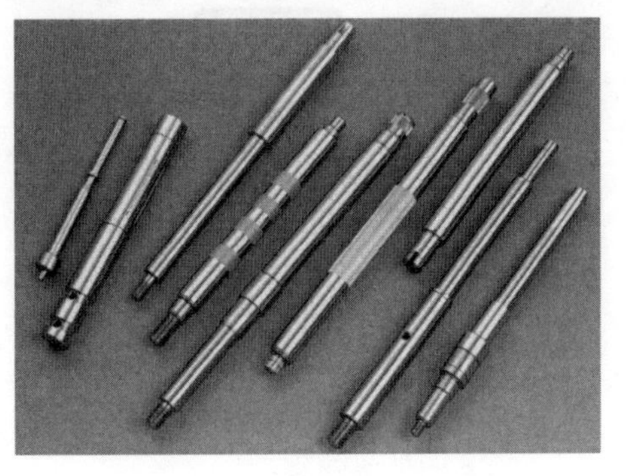

钢材锻造

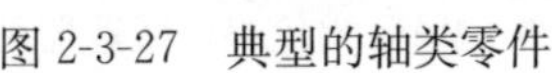
图 2-3-27　典型的轴类零件

大（小）垫圈草图绘制

大（小）垫圈草图如图 2-3-28 所示。

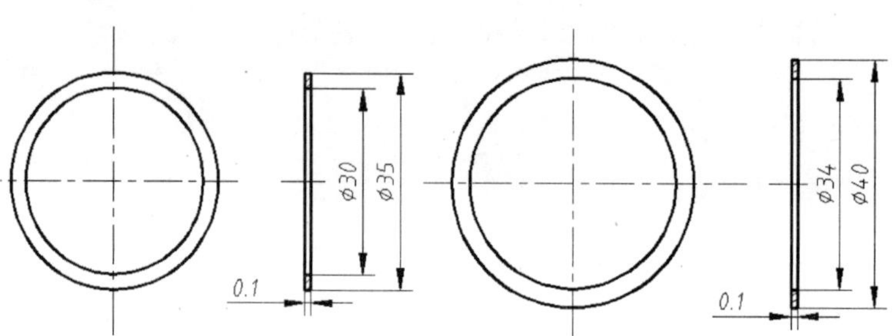

图 2-3-28　大（小）垫圈草图

注意点：多片使用调整轴系游隙。

知识提示：大（小）垫圈是典型的板材冲裁件。采用一定规格（厚度）的薄不锈钢板成型，主要是为防止普通材料生锈导致轴向尺寸的变化。

WPS 蜗轮蜗杆减速器装配图草图绘制

WPS 蜗轮蜗杆减速器装配图草图如图 2-3-29 所示。

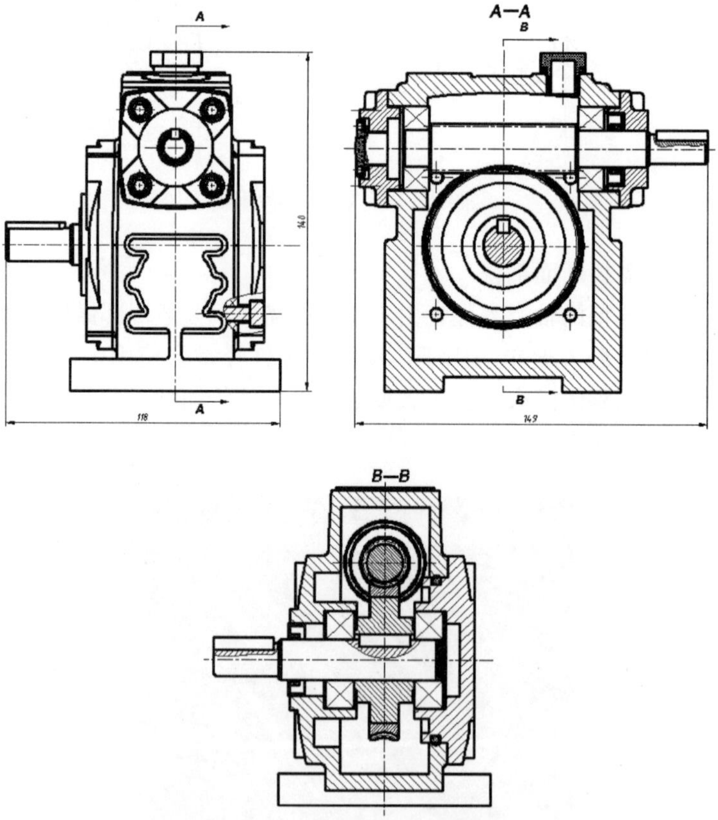

图 2-3-29　WPS 蜗轮蜗杆减速器装配草图

注意点：蜗轮蜗杆连接；轴系结构需要剖视。

知识提示：蜗轮蜗杆在传动时，会沿其轴向产生推力，因此安装轴承可选用角接触球轴承。蜗轮蜗杆在传动过程中采用浸油润滑，为防止油液外泄，在传动轴输入及输出的地方都安装有密封圈，一般的密封圈与轮胎一样，使用模具进行橡胶硫化制造工艺生产。

橡胶制品制造

任务 2　工单（4 课时）

确定各零件的制造方法。根据使用要求与制造工艺确定零件尺寸的精度（公差）等级。完成尺寸公差、形位公差、表面粗糙度标注；完成零件选材、标准件选用；确定零件表面处理方式。

示例：通气器尺寸公差、形位公差、粗糙度、选材及技术要求标注。

步骤 1：确定活动钳口加工方法，查表确定各加工方法的精度（公差）等级。

通气器	加工方法及步骤	精度（公差）等级		备注
	1. 注塑成型	MT2～MT6	取 MT6	保证前后面的平行
	提示：查附表 37《塑件公差数值表》、附表 38《一般塑件精度》，PP 的注塑精度一般是 MT2～MT6 级，未注公差可取 MT6			

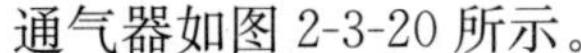

步骤 2：标注尺寸公差、形位公差及表面粗糙度。

通气器如图 2-3-20 所示。

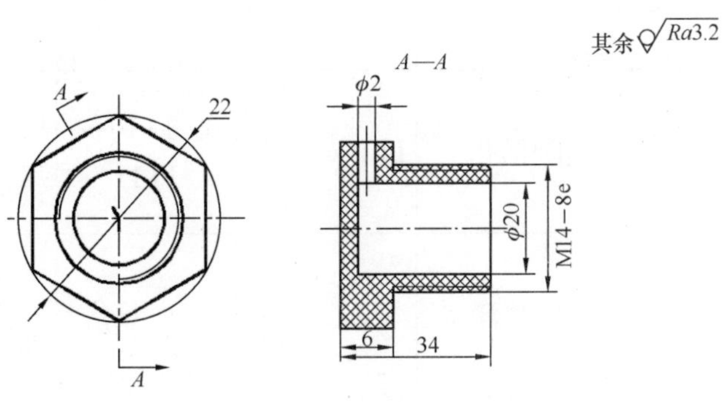

图 2-3-30　通气器

尺寸公差：

塑件公差参照 MT6。

形位公差：

通气器无形位公差要求。

粗糙度：

查附表 43《不同加工方法对应的粗糙度》再结合使用情况确定粗糙度值。这里要指出的是注塑方法获得的粗糙度是由注塑模具决定的，采用非去除材料方式获得粗糙度，表面要求较高，可选 $\circ\!\!\!\sqrt{Ra3.2}$。

选材：

查附表 12《常用工程塑料名称代号、特征及用途》，很多种高分子材料如 ABS、PP、PA 等都可以制造通气器。查附表 53《常用材料价格》比较价格因素可选 PP。

热处理及表面处理：

通气器无热处理要求，塑件着色一般是在注塑时添加着色剂（可根据客户提供潘通色卡配置颜色）。

技术要求：

（1）塑件无飞边；

（2）制件为红色；

（3）参照 MT6 级公差。

大端盖

<table>
<tr><th>大端盖</th><th>加工方法及步骤</th><th colspan="2">精度（公差）等级</th><th>备注</th></tr>
<tr><td rowspan="5"></td><td>1. 铸造及时效</td><td>IT16</td><td>取 IT16</td><td>普通铸造精度低，采用覆膜砂铸造精度较高</td></tr>
<tr><td>2. 车密封槽、轴承孔等</td><td>IT6～IT10</td><td>取 IT7～IT8</td><td>轴承孔取 IT7 级</td></tr>
<tr><td>3. 钻阶梯孔</td><td>IT10～IT13</td><td>取 IT10～IT11</td><td>专机</td></tr>
<tr><td>4. 表面喷漆</td><td></td><td></td><td>铸铁件喷涂底漆和面漆</td></tr>
<tr><td colspan="4">提示：查附表 33《O 型密封圈沟槽标准》、附表 60《向心轴承和外壳孔的配合》确定沟槽尺寸及轴承内孔公差</td></tr>
<tr><td colspan="5">大端盖如图 2-3-31 所示。</td></tr>
</table>

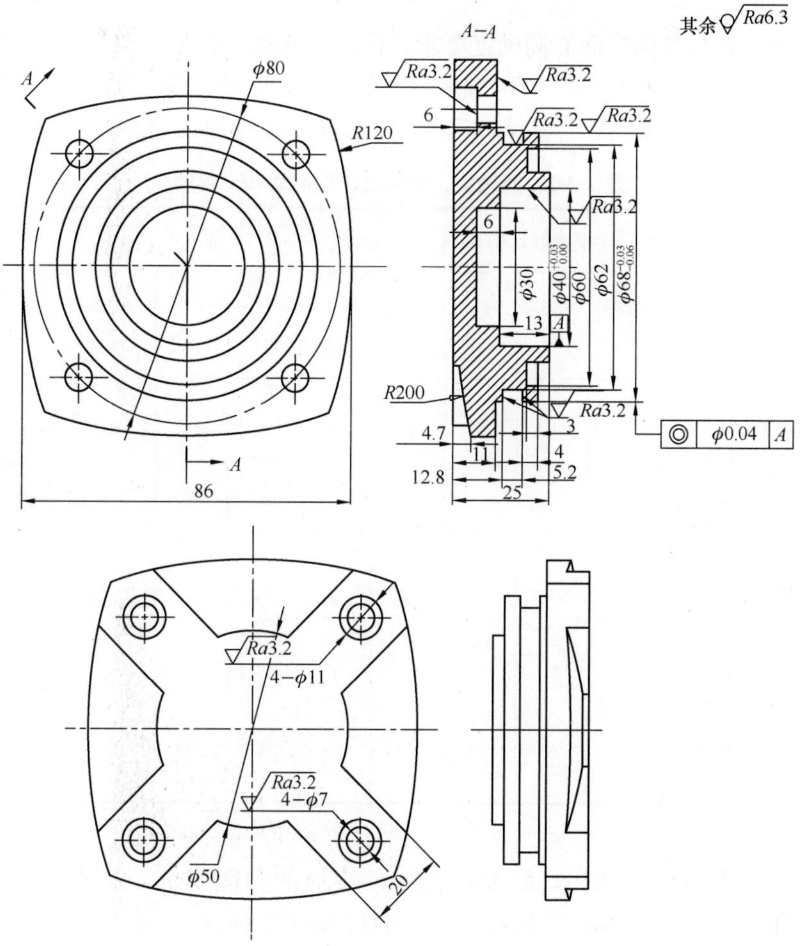

图 2-3-31　大端盖

尺寸公差：

（1）查附表 60《向心轴承和外壳孔的配合》，$\phi40$ 孔选 H7 公差；

（2）孔与轴配合查附表 36《公差等级与加工方法的关系》，选择 IT8 级公差。使用公差配合软件完成尺寸公差标注，如图 2-3-32 所示，基孔制配合的情况下 $\phi68$ 的外圆柱面公差。

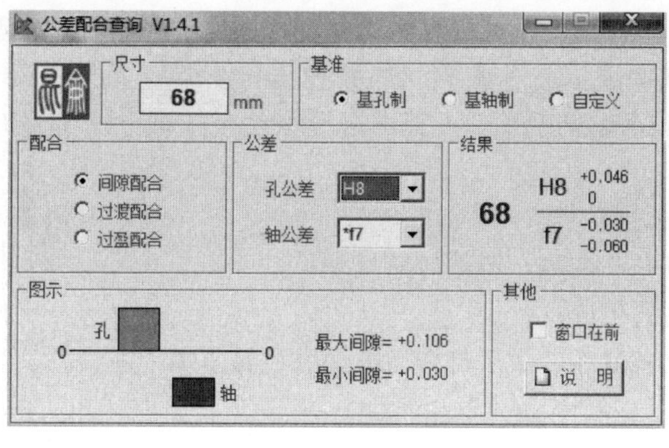

图 2-3-32　尺寸公差

形位公差：

大端盖轴承孔与外圆柱面有同轴度要求，保证减速器性能。以 $\phi40$ 孔为基准 A，外圆柱面加工精度为 IT8，查表 2-3-2《同轴度、对称度、圆跳动和全跳动》，确定同轴度；也可以将 $\phi68$ 外圆作为基准 A，标注 $\phi40$ 孔相对于基准 A 的同轴度。

表 2-3-2　同轴度、对称度、圆跳动和全跳动

精度等级	主要参数 d（D）、L、B（mm）											应用举例
	>3～6	>6～10	>10～18	>18～30	>30～50	>50～120	>120～250	>250～500	>500～800	>800～1250	>1250～2000	
5	3	4	5	6	8	10	12	15	20	25	30	5、6、7 级齿轮轴配合面，较高精度机床轴套；8、9 级齿轮轴配合面，普通精度高速轴；10、11 级齿轮轴配合面，水泵叶轮，离心泵泵件，摩托车活塞，自行车中轴；一般按照尺寸公差 12 级制造的零件
6	5	6	8	10	12	15	20	25	30	40	50	
7	8	10	12	15	20	25	30	40	50	60	80	
8	12	15	20	25	30	40	50	60	80	100	120	

粗糙度：

表面粗糙度参数值的选用，既要满足零件表面的功能要求，又要考虑经济性。查附表 43《不同加工方法对应的粗糙度》，有相互配合的面粗糙度要求较高，可选 $\sqrt{Ra\,3.2}$，其余部分为铸造形成的表面粗糙度，可选 $\circ\!\!\sqrt{Ra\,6.3}$。

选材：

根据任务 2 结果，一般选择适于铸造的材料，如灰铸铁、球墨铸铁等。查附表 3《灰铸铁》，可选牌号 HT200。

热处理及表面处理：

铸铁件通过铸造成型后，容易存在应力集中，因此需要做时效处理；同时铸铁件防锈需要喷涂防锈底漆和面漆。查附表 51《底漆种类和性能》、附表 52《其他涂料种类和性能》，底漆可选择铁红醇酸防锈漆，面漆可选择绿色氨基烘干锤纹漆，面漆颜色可根据客户要求参照潘通色卡。

技术要求：

（1）铸造后无气孔、夹渣，铸件时效处理；

（2）去毛刺，锐边倒钝；

（3）表面喷涂富锌底漆，烘干打磨后喷涂绿色氨基烘干锤纹漆。

小端盖（输入）

小端盖（输入）	加工方法及步骤	精度（公差）等级		备注
	1. 铸造及时效	IT16	取 IT16	普通铸造精度低，采用覆膜砂铸造精度较高
	2. 铣平面	IT7～IT10	取 IT10	
	3. 车圆柱面及内孔	IT6～IT10	取 IT7～IT8	
	4. 钻阶梯孔	IT10～IT13	取 IT10～IT11	
	6. 表面喷漆			铸铁件喷涂底漆和面漆
	提示：查附表 36《公差等级与加工方法的关系》，确定配合尺寸公差			

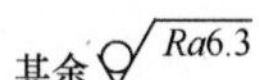

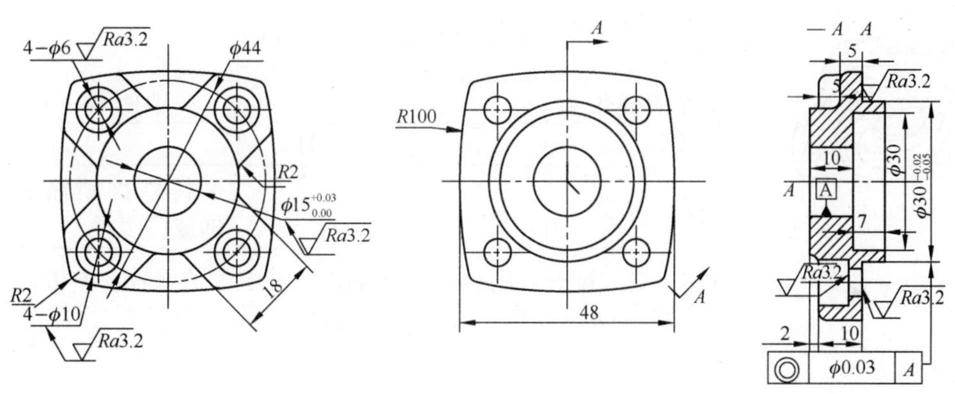

图 2-3-33　小端盖（输入）

尺寸公差：

孔与轴配合查附表 36《公差等级与加工方法的关系》，孔、轴配合公差选择 IT8 级，均采用基孔制配合。使用公差配合软件，完成尺寸公差标注。

形位公差：

$\phi15$ 孔与 $\phi35$ 圆柱面有同轴度要求，以 $\phi15$ 为基准 A，查附表 47《同轴度、对称度、圆跳动和全跳动》标注形位公差；也可以 $\phi35$ 作为基准 A，标注 $\phi15$ 相对的形位公差。

粗糙度：

表面粗糙度参数值的选用，既要满足零件表面的功能要求，又要考虑经济性。查附表 43《不同加工方法对应的粗糙度》，有相互配合的面其粗糙度要求较高，可选 $\sqrt{Ra3.2}$，其余部分为铸造形成的表面粗糙度，可选 $\sqrt{Ra6.3}$。

选材：

根据任务 2 结果，一般选择适于铸造的材料，如灰铸铁、球墨铸铁等。查附表 3《灰铸铁》，可选牌号 HT200。

热处理及表面处理：

铸铁件通过铸造成型后，容易存在应力集中，因此需要做时效处理；同时铸铁件防锈需要喷涂防锈底漆和面漆。查附表 51《底漆种类和性能》、附表 52《其他涂料种类和性能》，底漆可选择富锌底漆，面漆可选择绿色氨基烘干锤纹漆。

技术要求：

（1）铸造后无气孔、夹渣，铸件时效处理；

（2）去毛刺，锐边倒钝；

（3）表面喷涂铁红醇酸底漆，烘干打磨后喷涂绿色氨基烘干锤纹漆。

小端盖

小端盖	加工方法及步骤	精度（公差）等级		备注
	1. 铸造及时效	IT16	取 IT16	普通铸造精度低，采用覆膜砂铸造精度较高
	2. 铣平面	IT7～IT10	取 IT10	
	3. 车圆柱面及螺纹底孔	IT6～IT10	取 IT7～IT8	
	4. 钻阶梯孔			一般使用
	5. 攻丝		8H	
	6. 表面喷漆			铸铁件喷涂底漆和面漆
	提示：螺纹配合查附表 61《普通内、外螺纹的推荐公差带》，其他配合查附表 36《公差等级与加工方法的关系》，确定配合尺寸公差			

小端盖如图 2-3-34 所示。

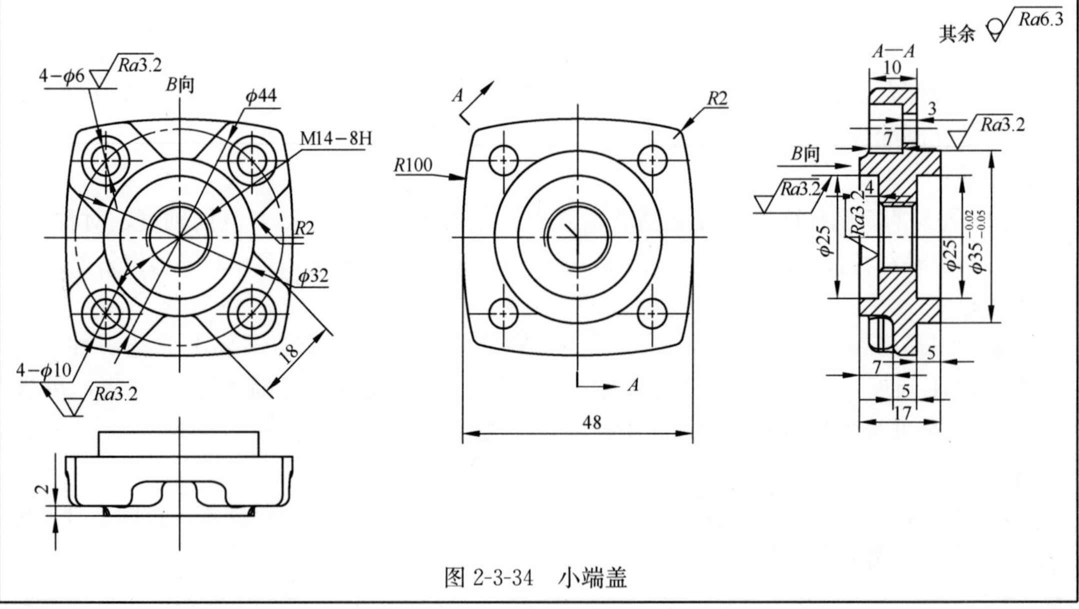

图 2-3-34　小端盖

尺寸公差：

（1）螺纹配合查附表 61《普通内、外螺纹的推荐公差带》，优先选用 H/g 配合，选择粗糙级即能满足使用要求，因此螺纹孔公差选择 8H。

（2）孔与轴配合查附表 36《公差等级与加工方法的关系》，选择 IT8 级，采用基孔制配合，使用公差配合软件，完成尺寸公差标注。

形位公差：

小端盖无形位公差要求。

粗糙度：

表面粗糙度参数值的选用，既要满足零件表面的功能要求，又要考虑经济性。查附表 43《不同加工方法对应的粗糙度》，有相互配合的面粗糙度要求较高，可选 $\sqrt{Ra3.2}$，其余部分为铸造形成的表面粗糙度，可选 $\sqrt{Ra6.3}$（○）。

选材：

根据任务 2 结果，一般选择适于铸造的材料，如灰铸铁、球墨铸铁等。查附表 3《灰铸铁》可选牌号 HT150。

热处理及表面处理：

铸铁件通过铸造成型后，容易存在应力集中，因此需要做时效处理。同时铸铁件防锈需要喷涂防锈底漆和面漆。查附表 51《底漆种类和性能》和附表 52《其他涂料种类和性能》，底漆选择铁红醇酸防锈漆，面漆选择绿色氨基烘干锤纹漆。

技术要求：

（1）铸造后无气孔、夹渣，铸件时效处理；

（2）去毛刺，锐边倒钝；

（3）表面喷涂富锌底漆，烘干打磨后喷涂绿色氨基烘干锤纹漆。

蜗轮

蜗轮	加工方法及步骤	精度（公差）等级		备注
	1. 内圈铸造	IT16	IT16	灰铸铁铸造
	2. 外圈铸造	IT6～IT10	取 IT10	锡青铜铸造包络铸铁内圈
	3. 车内孔外圆	IT6～IT10	取 IT8	
	4. 外圈滚齿	IT3～IT8	取 IT7	
	5. 拉削键槽	IT4～IT8	取 IT8	
	提示：螺纹配合查附表 36《公差等级与加工方法的关系》，确定精度等级			
蜗轮如图 2-3-35 所示。				

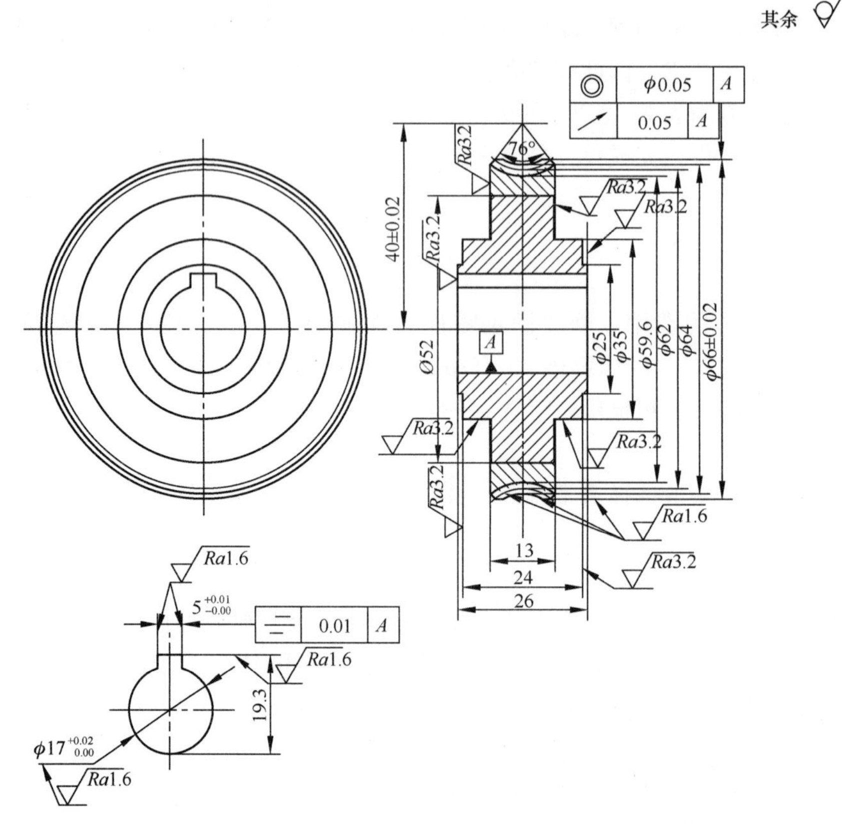

图 2-3-35　蜗轮

表 2-3-3　蜗轮参数

模数	m	1	蜗轮端面齿距	P	3.14
齿数	Z_2	62	螺旋角	β	arctan0.055
端面齿形角	α	20°	螺旋方向		右
齿顶高系数	Ha	1	精度等级		IT7

尺寸公差：

查附表 36《公差等级与加工方法的关系》，孔公差可选择 IT8 级，蜗轮可采用 IT7 级公差，均采用基孔制配合。使用公差配合软件，完成尺寸公差标注。蜗轮与内圈之间可以采用小过盈配合。

形位公差：

蜗轮外圈与内孔有同轴度要求，且外圈有圆跳动要求，查附表 47《同轴度、对称度、圆跳动和全跳动》，根据加工的精度等级标注对应的形位公差。

粗糙度：

表面粗糙度参数值的选用，既要满足零件表面的功能要求，又要考虑经济性。查附表 43《不同加工方法对应的粗糙度》，有相互配合且相对运动的面粗糙度要求较高，可选 $\sqrt{Ra1.6}$，其他有配合但无相对运动的面粗糙度略低，可选 $\sqrt{Ra3.2}$。

选材：

根据任务 2 结果，一般选择铸铁来制造内圈，查附表 3《灰铸铁》可选 HT200；外圈一般可选用青铜材料制造蜗轮，查附表 8《铸造铜合金、铸造铝合金》，可选锡青铜 ZCuSn10P1。

热处理及表面处理：

内圈做时效处理。

技术要求：

（1）内圈 HT200，外圈 ZCuSn10P1，外圈加热后装配；

（2）未注倒角 $C1$。

蜗杆

蜗杆	加工方法及步骤	精度（公差）等级		备注
	1. 车阶梯轴	IT6～IT10	取 IT6	
	2. 车蜗杆齿形	IT6～IT10	取 IT8～IT10	
	3. 铣键槽	IT7～IT10	取 IT7～IT8	
	4. 热处理			
	5. 磨削	IT4～IT8	取 IT5～IT8	与轴承配合面取 IT5 级
	提示：蜗杆一般要做调质处理，查附表 59《向心轴承和轴的配合—轴的公差带代号》确定与轴承配合的尺寸公差			

蜗杆如图 2-3-36 所示。

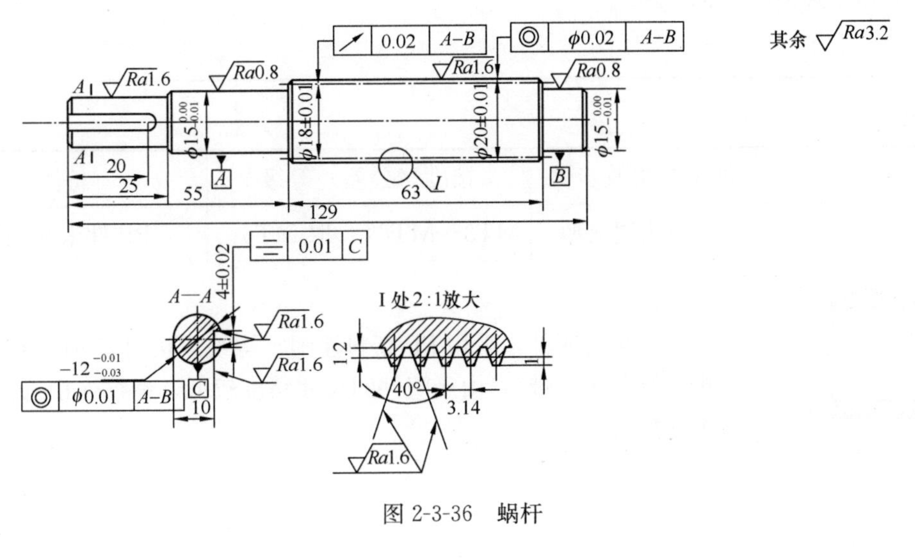

图 2-3-36　蜗杆

尺寸公差：

查附表 36《公差等级与加工方法的关系》，确定蜗杆加工精度为 IT7～IT8 级，查附表 59《向心轴承和轴的配合一轴的公差带代号》，选择轴与轴承配合处公差带为 $h5$，查附表 35《标准公差数值》，确定蜗杆分度圆与外圆柱面的尺寸公差（一般选择正负偏差）。其余使用公差配合软件，完成尺寸公差标注。

形位公差：

机械设备中的一些影响功能要求、配合性质、互换性等的重要零件，需要对其形位误差予以限制。蜗杆外圈相对圆柱面基准 A—B 有同轴度要求，自身有圆跳动要求，键槽相对外圆有对称度要求，根据零件加工精度，查附表 47《同轴度、对称度、圆跳动和全跳动》，完成形位公差标注。

粗糙度：

表面粗糙度参数值的选用，既要满足零件表面的功能要求，又要考虑经济性。查附表 43《不同加工方法对应的粗糙度》，与轴承内圈配合的面粗糙度要求较高，可选 $\sqrt{Ra0.8}$，其他配合且有相对运动的面粗糙度略低，可选 $\sqrt{Ra1.6}$，其余部分为铸造形成的表面粗糙度，可选 $\sqrt{Ra3.2}$。

选材：

根据任务 2 结果，一般选择中碳钢来制造轴类零件，查附表 2《普通（优质）碳素结构钢》，可选牌号 45 号钢，在一些重要场合，也可以选择中碳合金钢。

热处理及表面处理：

轴类零件一般做调质处理，但蜗轮与蜗杆传动中相对线速度较大，摩擦比较剧烈，蜗杆需要有更高的硬度，可采用“淬火＋低温回火”热处理工艺，硬度至 HRC36－42，这个硬度值具备较好的耐磨性。

技术要求：

（1）未注倒角 C1；

（2）热处理硬度 HRC36-42。

堵头

堵 头	加工方法及步骤	精度（公差）等级		备注
	1. 注塑成型	MT3～MT6	取 MT6	PP 件未注精度
	提示：半透明件，采用 PP 新料注塑。螺纹连接附表 61《普通内、外螺纹推荐公差带》，由于塑件的尺寸精度较低，螺纹连接选择较大间隙的配合。			
堵头如图 2-3-27 所示。				

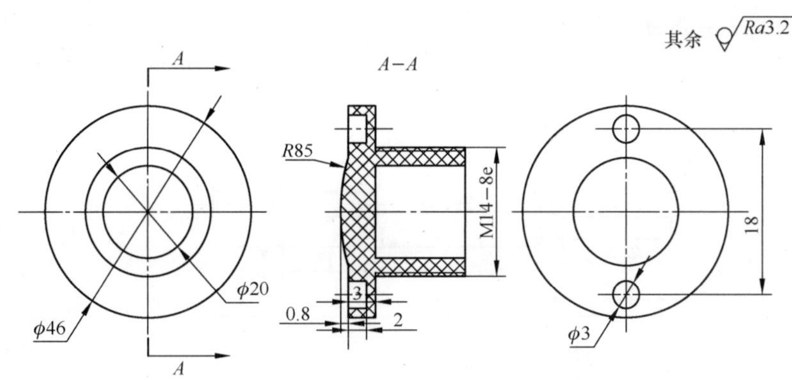

图 2-3-37　堵头

尺寸公差：

螺纹配合查附表 61《普通内、外螺纹的推荐公差带》，塑件尺寸精度控制难度较大，可选用 H/e 的较大间隙配合，精度选择粗糙级即能满足使用要求，因此螺杆公差选择 8e。

形位公差：

本零件无形位公差要求。

粗糙度：

表面粗糙度参数值的选用，既要满足零件表面的功能要求，又要考虑经济性。塑件的粗糙度由模具决定，零件做一般使用，此处选择 Ra3.2。

选材：

根据任务 2 结果，多种高分子材料都可以作为堵头的材料，查附表 12《常用工程塑料名称代号、特征及用途》和附表 53《常用材料价格》，综合各方面因素，可选用 PP。由于制件为半透明，因此注塑时选用新料。

热处理及表面处理：

无须热处理及表面处理。

技术要求：

（1）塑件无飞边；

（2）注塑后为半透明件。

蜗轮轴

蜗轮轴	加工方法及步骤	精度（公差）等级		备注
	1. 车削	IT6～IT10	取 IT10	外圆粗加工及半精加工
	2. 铣键槽	IT7～IT10	取 IT7～IT8	
	3. 热处理			
	4. 磨削	IT4～IT8	取 IT5～IT8	轴承配合面取 IT5 级
	提示：螺纹配合查附表 61《普通内、外螺纹的推荐公差带》			

蜗轮轴如图 2-3-38 所示。

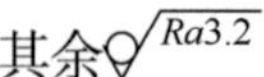

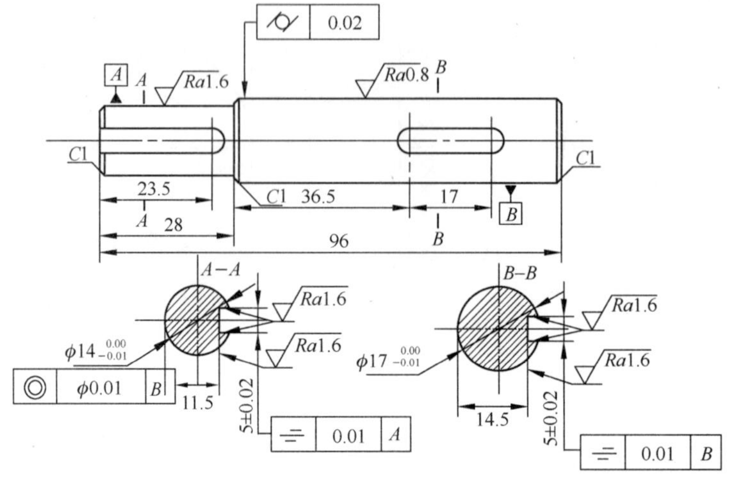

图 2-3-38　蜗轮轴

尺寸公差：

查附表 36《公差等级与加工方法的关系》确定轴的加工精度可选 IT7～IT8 级，但与轴承配合面取 IT5 级，查附表 59《向心轴承和轴的配合一轴的公差带代号》，选择轴与轴承配合处公差带为 h5。使用公差配合软件完成尺寸公差标注。

形位公差：

机械设备中的一些影响功能要求、配合性质、互换性等的重要零件，需要对其形位误差予以限制。蜗轮轴为阶梯轴，两个圆柱面有同轴度要求；同时大圆柱面与轴承内圈配合，有圆柱度要求；键槽相对外圆有对称度要求，查附表 47《同轴度、对称度、圆跳动和全跳动》和附表 48《圆度、圆柱度公差》，根据加工精度标注形位公差。

粗糙度：

表面粗糙度参数值的选用，既要满足零件表面的功能要求，又要考虑经济性。查附表 43《不同加工方法对应粗糙度》，与轴承内圈配合的面粗糙度要求较高，可选 $\sqrt{Ra0.8}$，其他有配合且有相对运动的面粗糙度略低，可选 $\sqrt{Ra1.6}$，其余部分为铸造形成的表面粗糙度，可选 $\sqrt{Ra3.2}$。

选材：

根据任务 2 结果，一般选择中碳钢来制造轴类零件，查附表 2《普通（优质）碳素结构钢》，可选牌号 45 号钢。

热处理及表面处理：

蜗轮轴作为典型的传动轴，可采用“淬火＋低温回火”热处理工艺，表面硬度为 HRC36-42。

技术要求：

热处理至硬度 HRC36-42。

大（小）垫圈

大（小）垫圈	加工方法及步骤	精度（公差）等级		备注
	薄板冲裁	ST1～ST11	取 ST3～ST4	0.1mm 厚 304 不锈钢薄板，垫圈作用为调节轴系装配中与箱体之间的游隙
	提示：配合查附表 62《冲压件尺寸公差》			

大（小）垫圈如图 2-3-39 所示。

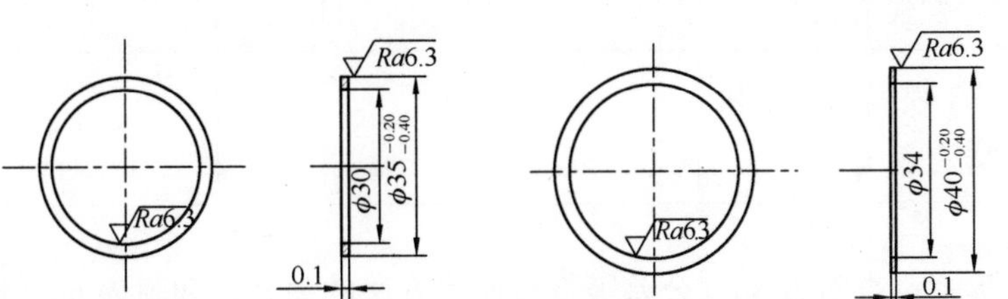

图 2-3-39 大（小）垫圈

尺寸公差：

大间隙配合，查附表 62《冲压件尺寸公差》，外圆可以选择冲压成形件 ST3～ST4 级，相当于 IT11～IT12 级。

形位公差：

大（小）垫圈无形位公差要求。

粗糙度：

表面粗糙度参数值的选用，既要满足零件表面的功能要求，又要考虑经济性。查附表 43《不同加工方法对应的粗糙度》，大（小）垫圈为冲压成型，其中板材为轧制（挤压）成型，考虑表面质量要求，可将其列为其余 $\sqrt{Ra3.2}$，外圈和内孔为冲裁成型，属于去除材料方式获得的粗糙度值，可选 $\sqrt{Ra3.2}$。

选材：

根据任务 2 结果，大（小）垫圈可以选用轧制工艺加工的不锈钢板，可选牌号为 304。

热处理及表面处理：

根据任务 2 结果，大（小）垫圈无须进行热处理。

技术要求：

（1）冲裁后去毛刺；

（2）多片叠加使用，以调整轴系游隙。

箱体

箱体	加工方法及步骤	精度（公差）等级		备注
	1. 铸造及时效	IT16	取 IT16	
	2. 铣削底面及端面	IT7～IT10	取 IT8～IT10	专用工装夹具
	3. 镗轴承安装孔	IT6～IT10	取 IT6～IT8	专用工装夹具
	4. 钻孔	IT10～IT13	取 IT10	专用工装夹具
	5. 螺纹孔攻丝		8H	
	6. 喷涂底漆和面漆			
	提示：查附表 36《公差等级与加工方法的关系》和附表 60《向心轴承和外壳孔的配合一孔公差带代号》等确定加工精度与公差			

箱体如图 2-3-40 所示。

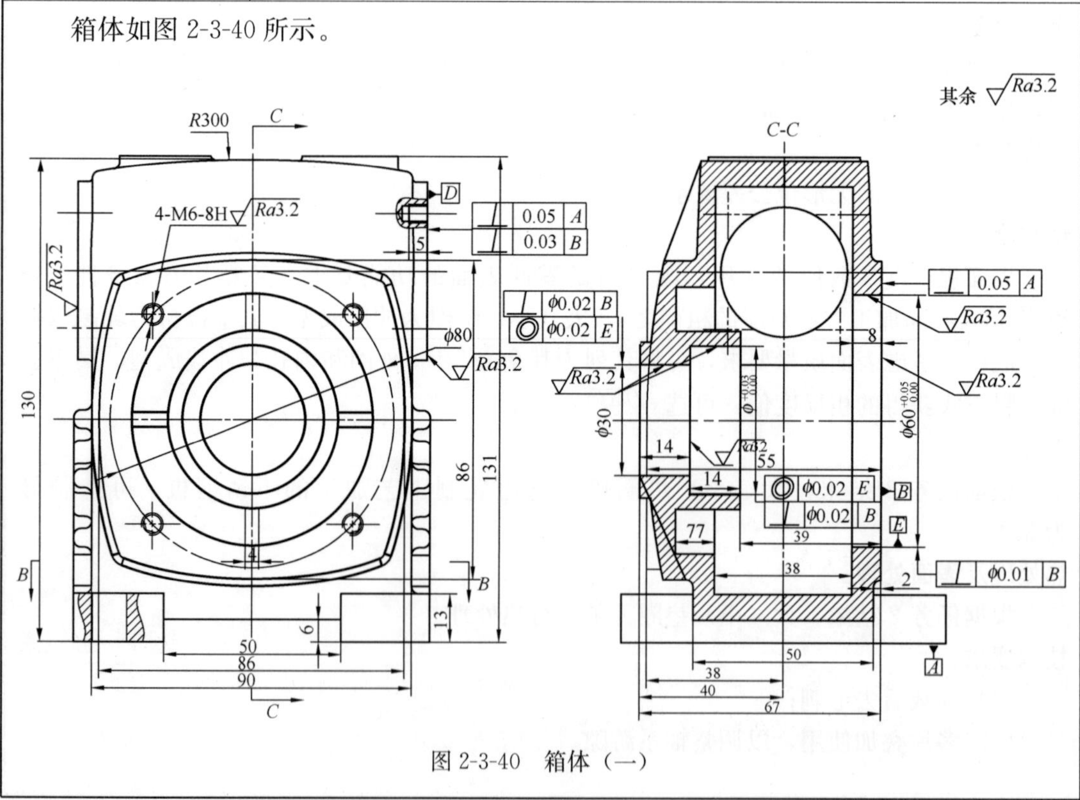

图 2-3-40　箱体（一）

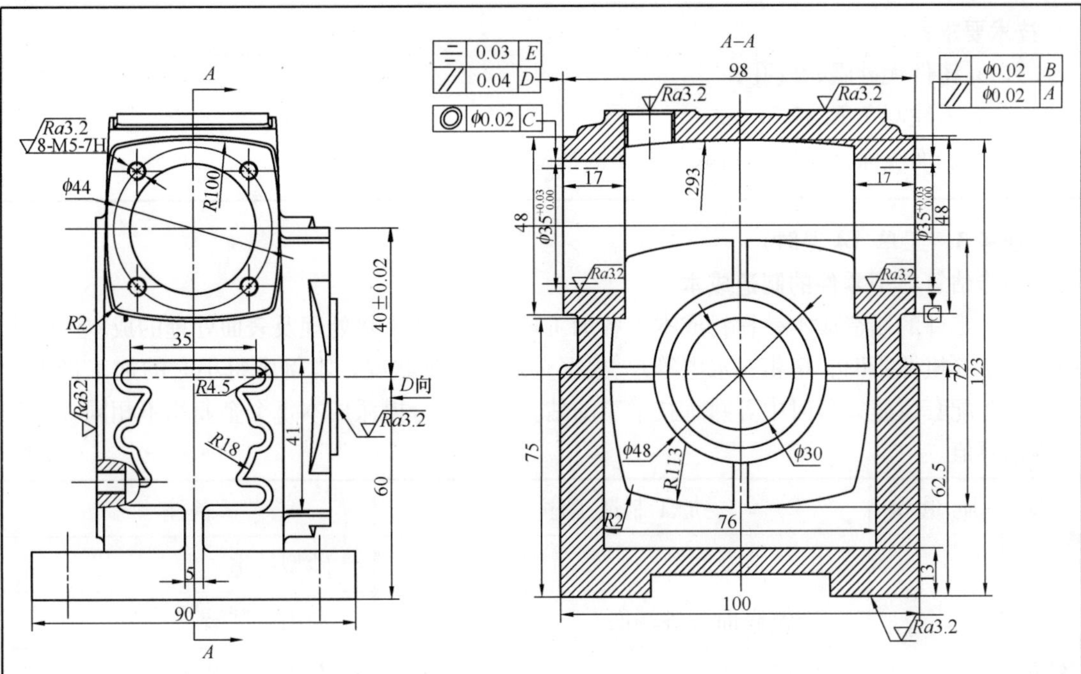

图 2-3-40　箱体（二）

尺寸公差：

查附表 36《公差等级与加工方法的关系》、附表 60《向心轴承和外壳孔的配合—孔公差带代号》和附表 35《标准公差数值》等确定加工精度与公差，注意蜗轮蜗杆的中心距一般为对称的上下偏差，与轴承相配合孔选用基轴制配合，公差带查表得到。

形位公差：

蜗轮蜗杆的安装孔、孔与端面有垂直度要求；安装孔与底面有平行度要求；安装孔之间有同轴度要求。查附表 36《公差等级与加工方法的关系》、附表 46《平行度、垂直度、倾斜度公差》和附表 47《同轴度、对称度、圆跳动和全跳动》，根据精度等级标注形位公差。

粗糙度：

表面粗糙度参数值的选用，既要满足零件表面的功能要求，又要考虑经济性。查附表 43《不同加工方法对应的粗糙度》，箱体为铸造成型，考虑表面质量要求，可将其列为其余 $\sqrt{Ra6.3}$，底面、安装孔粗糙度可选 $\sqrt{Ra3.2}$。

选材：

根据任务 2 结果，箱体类零件一般为铸造，采用铸铁或铸钢。查附表 3《灰铸铁》，可选 HT200，对于工况要求比较高的还可以采用球墨铸铁。

热处理及表面处理：

铸件一般为消除内应力需要进行人工时效处理；同时为了防锈及美观，铸件一般表面喷涂防锈漆。查附表 51《底漆种类和性能》和附表 52《其他涂料种类和性能》，可选择富锌底漆和绿色氨基烘干锤纹面漆。

技术要求：

（1）铸件无砂眼、气孔；

（2）未注圆角 $R2$-$R5$；

（3）表面喷涂富锌底漆和绿色烘干氨基锤纹防锈漆。

任务 3　工单（4 课时）

初步估算典型零件的制造成本。

一个零件的制造成本＝材料成本＋各加工环节的成本＋热处理及表面处理的成本＋综合摊派成本（机器折旧、房租、水电等）。根据企业的实际状况，本例中每小时的加工量为工装夹具等配套设施完善时中等熟练技术工的估算值。综合摊派成本每个企业均不相同，此处也为估算值。

零 件	质 量/g	加工制造工序	备注
箱体	2441.4	1. 铸造及时效	砂型铸造
		2. 铣底面及各端面	专用工装装夹
		3. 镗安装孔	专用工装装夹
		4. 钻孔及攻丝	专用工装装夹
		5. 表面喷漆	喷涂底漆及面漆

说明：已知铣工薪酬按照 18 元/h 计算，镗工薪酬按照 20 元/h 计算，钳工薪酬按照 16 元/h 计算。铣削加工效率为 2 个/h，镗削加工效率为 4 个/h，钻孔加工效率为 10 个/h，攻丝加工效率为 10 个/h，喷漆为 5 元/件，综合摊派成本为 2 元/件。在实际生产中以上各值每个企业各有差异，需要根据实际情况选择。

（1）材料成本 M：

箱体质量为 2441.4g，按照 90％利用率及材料价格来计算材料成本。灰铸铁价格按照 0.24 万元/t 计算。

$M=2441.4/1000\times2.4/0.9=6.51$（元）。

（2）铸造加工成本 T_1：

铸造加工约 7000 元/t（7 元/kg），此处铸造费用约为

$T_1=7\times2.4414=17.10$（元）。

（3）机械加工成本 K：

机械加工成本是最重要的成本，一般产品的设计要求在批量生产中尽可能减少机械加工等高费用环节。一般机械加工是在工装夹具完备的情况下，根据单位人工工资倒回来测算每道工序的成本。钳工、车工、铣工等机械加工费用按照工人的时薪计算，即：加工费用 $W=\sum Ki$，Ki 代表工序($i=1, 2, \cdots, n$)。

铣：$K_1=4.5$ 元，铣底面及各面（按照铣工时薪 18 元，每小时加工 4 个计算）。

镗：$K_2=4$ 元，镗各安装孔（按照镗工时薪 20 元，每小时加工 5 个计算）。

钻：$K_3=1.6$ 元（按照钳工时薪 16 元，每小时加工 10 个计算）。

攻丝：$K_4=1.6$ 元（按照钳工时薪 16 元，每小时加工 10 个计算）。

（4）处理及表面处理成本 S：

时效：$S_1=2.4414\times0.7=1.71$ 元（按照 700 元/t 计算）。

喷漆：$S_2=3$ 元（按照面积估算，喷涂富锌底漆和氨基烘干锤纹面漆）。

（5）综合摊派成本 F：

设企业综合摊派成本 $F=2$ 元/件。

（6）活动钳口制造成本 G：

$G=M+T_1+K_1+K_2+K_3+K_4+S_1+S_2+F=6.51+17.1+4.5+4+1.6+1.6+1.71+3+2=42.02$（元）。

任务 4　工单（14 课时）

使用三维绘图软件完成零件三维建模，虚拟装配，检查干涉情况；使用二维绘图软件完成零件图及装配图绘制，符合国家标准，图纸能够满足企业批量生产的要求。

此处采用 Pro/E 进行三维建模。各学校可以根据实际情况选用三维绘图软件进行三维建模。

示例：箱体三维建模

三维建模步骤：

（1）新建文件。打开［新建］对话框，新建名称“xiangti”的零件；取消选中［使用默认模板］，选择公制模板“mmns _ prt _ solid”，然后单击［确定］按钮。

（2）根据箱体零件图纸，创建实体特征。

① 单击基础特征工具栏的按钮，在打开的操控板上单击［放置］按钮，打开“草图绘制”参数面板；单击［定义…］按钮，打开［草图绘制］对话框；选取 FRONT 基准平面作为草图绘制平面。接着单击［草图绘制］按钮，使用系统默认的参数放置草图绘制平面，进入二维草图绘制模式。

② 根据零件图纸完成草图绘制。单击✔按钮，设置对称拉伸，长度为 90。

③ 单击按钮，预览设计结果，确定无误后，单击按钮，完成第一个拉伸实体特征的创建。拉伸底座如图 2-3-41 所示。

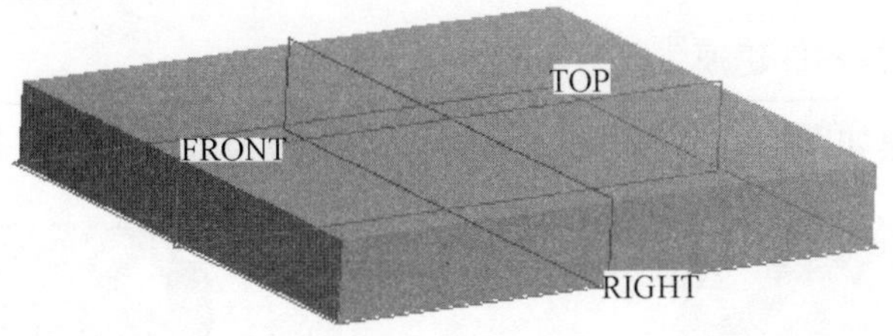

图 2-3-41　拉伸底座

④ 选择 FRONT 基准面，根据零件图纸，进行箱体的主体部分建模（操作过程略）。拉伸箱体如图 2-3-42 所示。

（3）进行箱体端盖支撑实体特征创建操作（操作过程略）。完善实体特征，如图 2-3-43 所示。

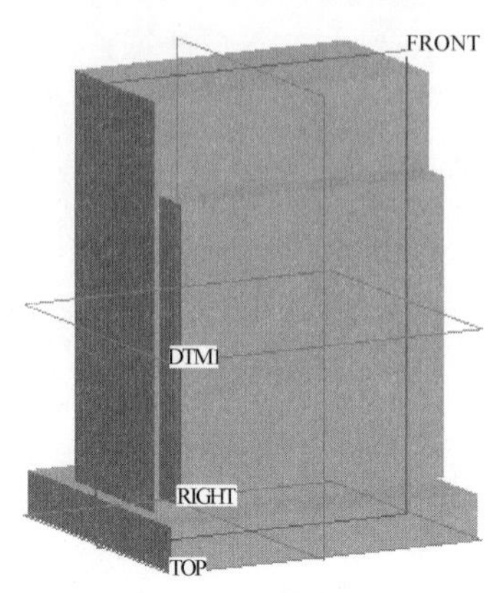

图 2-3-42　拉伸箱体

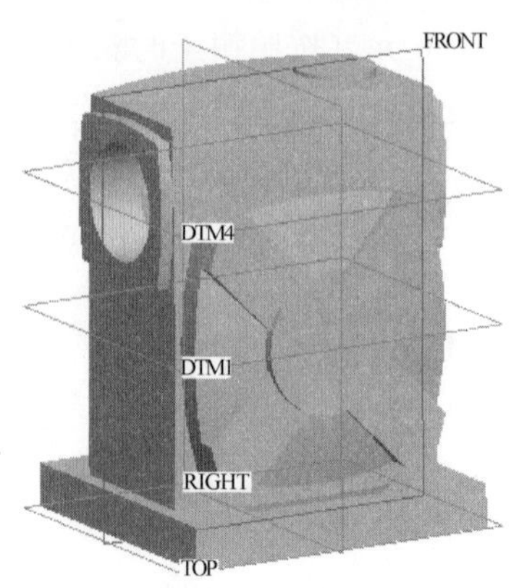

图 2-3-43　完善实体特征

（4）进行螺纹孔、通气孔的实体创建，并完成相应的倒圆角操作。完成三维建模过程（操作过程略）。内部及孔特征如图 2-3-44 所示。

图 2-3-44　内部及孔特征

（5）在菜单栏选择［文件］下拉菜单，单击［保存］选项，或者直接在常用工具栏单击［保存］按钮，及时保存文件。

蜗轮蜗杆减速器各零件建模（部分零件略）

小端盖（输入）建模如图 2-3-45 所示。	小端盖建模如图 2-3-46 所示。
 图 2-3-45　小端盖（输入）建模	 图 2-3-46　小端盖建模

<table>
<tr><td>蜗轮轴建模如图 2-3-47 所示。
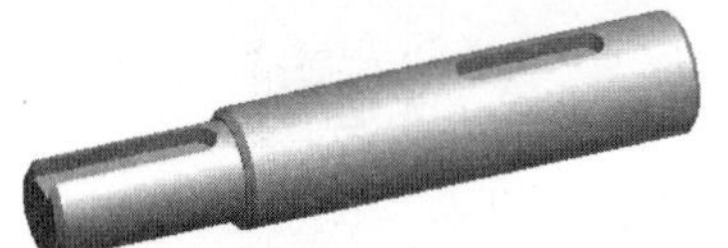
图 2-3-47　蜗轮轴建模</td><td>蜗杆建模如图 2-3-48 所示。

图 2-3-48　蜗杆建模</td></tr>
<tr><td>大端盖建模如图 2-3-49 所示。
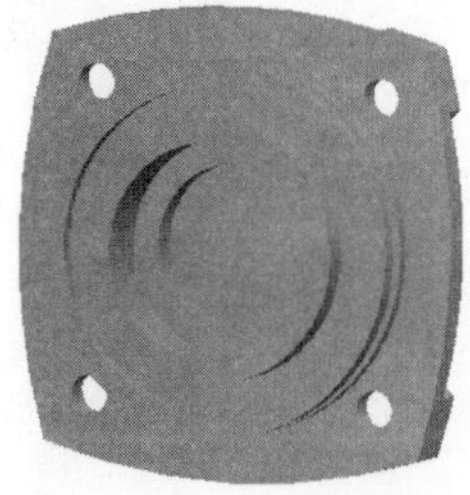
图 2-3-49　大端盖建模</td><td>蜗轮建模如图 2-3-50 所示。

图 2-3-50　蜗轮建模</td></tr>
<tr><td>通气器建模如图 2-3-51 所示。

图 2-3-51　通气器建模</td><td>堵头建模如图 2-3-52 所示。

图 2-3-52　堵头建模</td></tr>
<tr><td colspan="2">装配图如图 2-3-53 所示。

图 2-3-53　装配图</td></tr>
</table>

工程图绘制

要求：

（1）工程图零件名称正确，尺寸公差、形位公差标注正确，无遗漏；

（2）工程图表面粗糙度选择合理；

（3）工程图材料、零件数量正确；

（4）技术要求标注正确；

（5）零件图图号正确；

（6）装配图明细栏正确。

WPS40 减速器

项目四　平行双缸斯特林发动机综合创新训练

项目实施要求：

根据所提供的图 2-4-1 平行双缸斯特林发动机示意图和技术参数，完成以下任务：

(1) 学生以 4 人为一组，用 1 周时间完成斯特林发动机的结构设计，零件的数量可根据具体情况增减，包括三维建模文件及标准工程图纸。

(2) 学生以 4 人为一组，用 2 周时间根据完成的工程图，在实训教师指导下完成斯特林发动机的零件加工和整机装配调试。

平行双缸斯特林发动机示意图如图 2-4-1 所示。

知识与技能目标：

(1) 能够读懂机构简图、拆分出典型机构及关键零件。

(2) 能够根据零件的制造工艺进行合理的机械结构设计。

(3) 了解并掌握密封结构的设计，包括密封圈选型、密封沟槽设计方法。

(4) 了解并掌握典型的机械加工方法，能够根据零件编写机械加工工艺。

(5) 熟练掌握二维、三维绘图软件，能够正确标注零件图与装配图的技术要求、明细栏，符合国家标准。

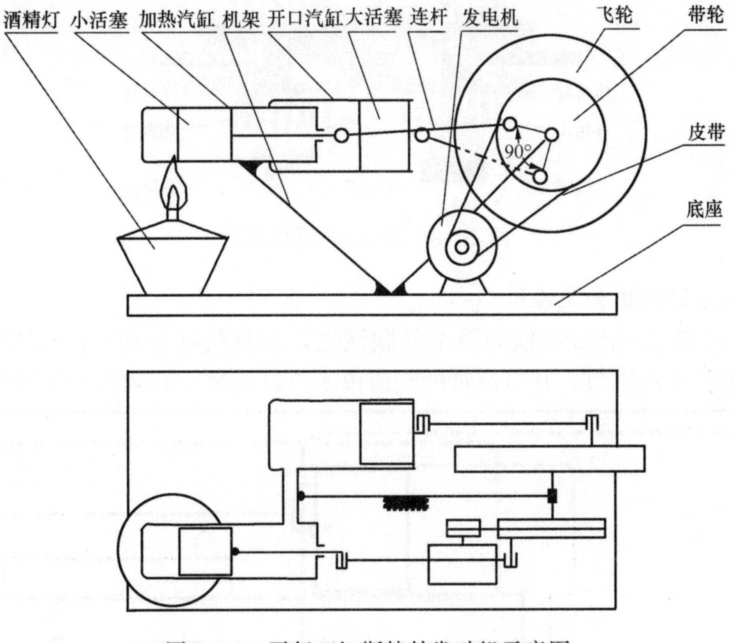

图 2-4-1　平行双缸斯特林发动机示意图

技术参数：发动机尺寸不超过 200mm×100mm×100mm，加热汽缸直径为 10～15mm，开口汽缸直径 12～15mm，大、小活塞行程 10～20mm，飞轮直径为 40～60mm，皮带轮直径为 20～30mm，两活塞运动相位相差为 90°。

一、斯特林发动机原理

斯特林发动机（Stirling Engine）是伦敦的牧师罗伯特斯特林（Robert Stirling）于

1816 年发明的，所以命名为“斯特林发动机”。斯特林发动机是独特的热机，它实际上的效率几乎等于理论最大效率，称为卡诺循环效率。斯特林发动机是通过气体受热膨胀、遇冷压缩而产生动力的。这是一种外燃发动机，使燃料连续地燃烧，蒸发的膨胀氢气（或氦）作为动力气体使活塞运动，膨胀气体在冷气室冷却，反复地进行这样的循环过程。燃料在汽缸外的燃烧室内连续燃烧，通过加热器传给工质，工质不直接参与燃烧，也不更换。活塞式外燃机工作原理和斯特林发动机原理如图 2-4-2、图 2-4-3 所示。

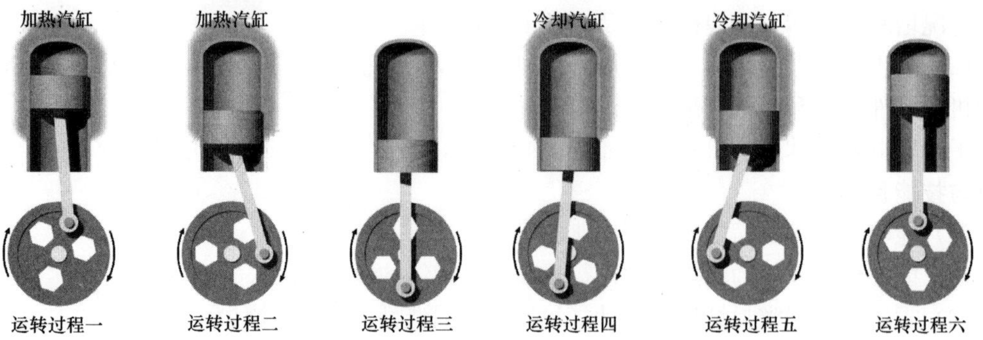

图 2-4-2　活塞式外燃机工作原理

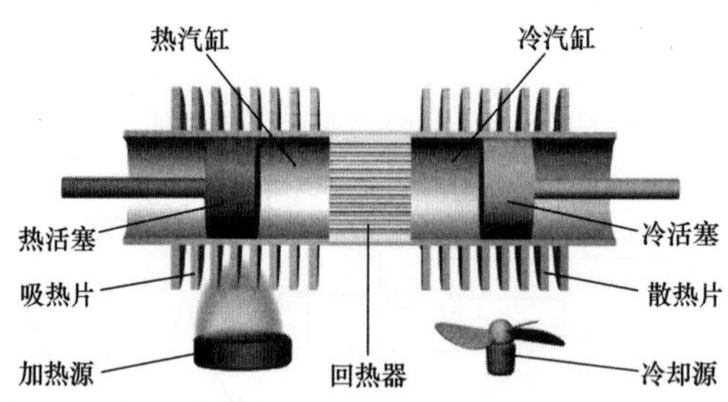

图 2-4-3　斯特林发动机原理

二、斯特林发动机拆分及设计

由图 2-4-4 可知最左边虚线框为两个并联汽缸，加热汽缸与开口汽缸之间由气道连接，加热汽缸的气道位于汽缸口，开口汽缸的气道位于汽缸尾部。右侧两个虚线框部分为两个平

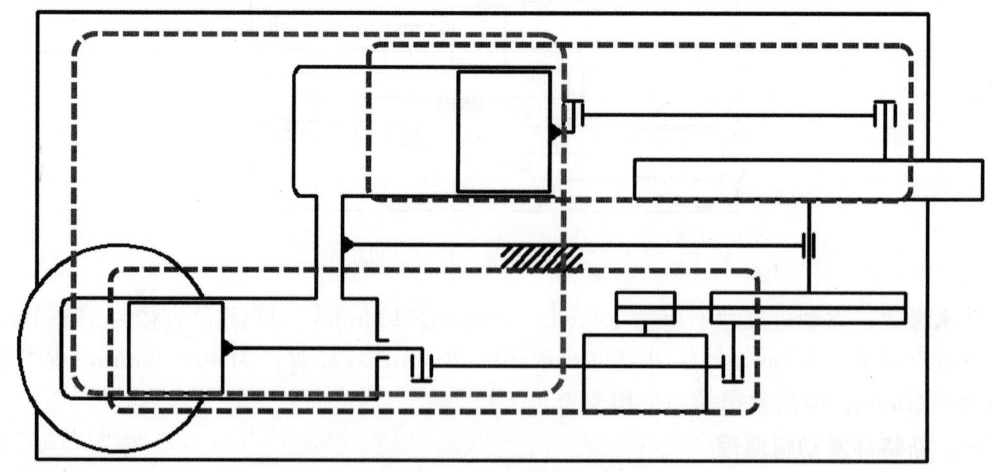

图 2-4-4　斯特林发动机拆分

行的曲柄滑块机构，两个汽缸活塞分别与连杆、带轮与飞轮之间构成两个平行的曲柄滑块机构。两曲柄滑块机构的曲柄与连杆的铰链处相对于回转中心的夹角为 90°。

1. 曲柄滑块机构设计

对心曲柄滑块机构如图 2-4-5 所示。

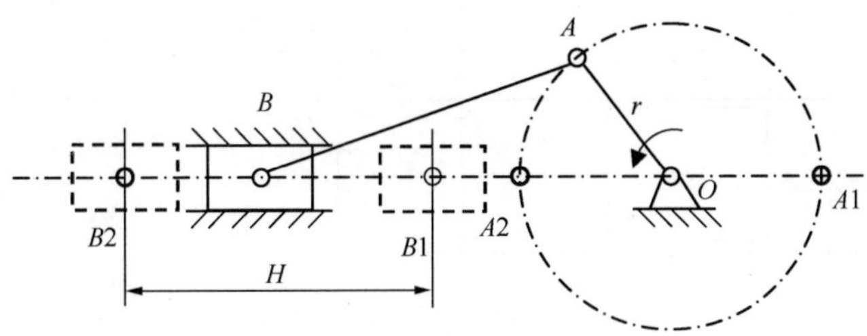

图 2-4-5　对心曲柄滑块机构

$$\left.\begin{aligned} l_{OB1} &= l_{AB} - r \\ l_{OB2} &= l_{AB} + r \\ H &= l_{OB2} - l_{OB1} \end{aligned}\right\}$$

$$r = H/2$$

取活塞行程 H=12mm，则 r=6mm。

2. 连接汽缸设计

汽缸与汽缸之间需要连接器连接，连接器的设计要结构简单，便于装夹与机械加工，同时要保证整个气路的密封。其方案一如图 2-4-6 所示。

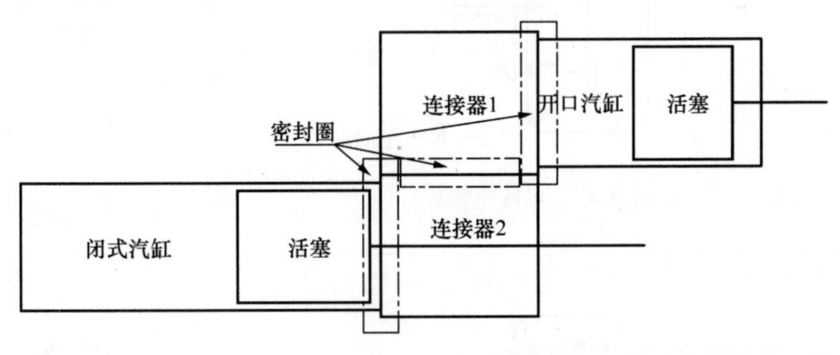

图 2-4-6　方案一

方案一采用双连接器设计，连接器 1 与开口汽缸的尾部连接，考虑到闭式汽缸需要加热，连接器 2 与闭式汽缸的前端连接，远离热源，保证密封圈处不会过热。连接器 2 同时固定在机架上，作为机架的一部分。连接器 1 与开口汽缸、连接器 2 与闭式汽缸及两个连接器之间保证密封。

方案二如图 2-4-7 所示。

方案二采用 3 个连接器设计，其中增加了连接器 3。连接器 1 与开口汽缸之间可以是螺纹连接，连接器 2 与闭式汽缸之间也可以采用螺纹连接。连接器 1、2、3 之间可以用螺栓连接，连接器 3 可以被看作机架。这个方案虽然增加了零件的数量，但是零件的结构更为简

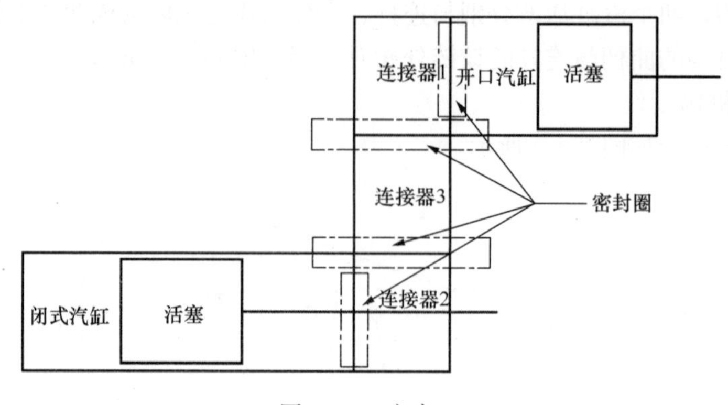

图 2-4-7　方案二

洁。根据方案二的具体化设计如图 2-4-8 所示。

3. 密封圈选型及沟槽设计

密封圈可以选择图 2-4-9 所示的 O 型密封圈，安装后相邻零件不存在相对运动，属于静密封。

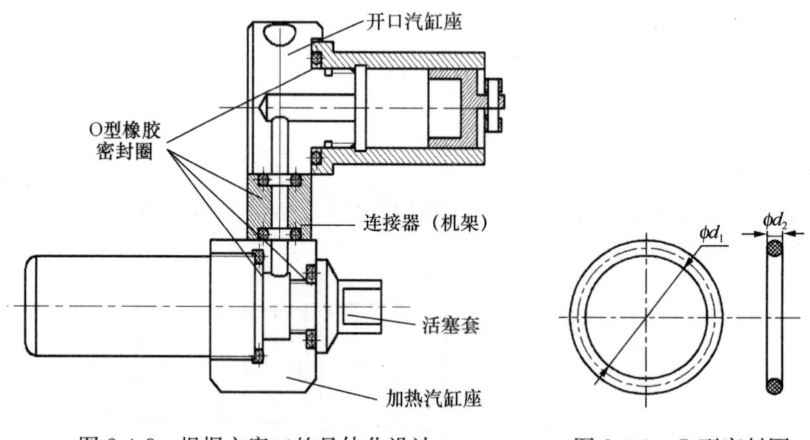

图 2-4-8　根据方案二的具体化设计　　　　图 2-4-9　O 型密封圈

闭式汽缸结构如图 2-4-10 所示。

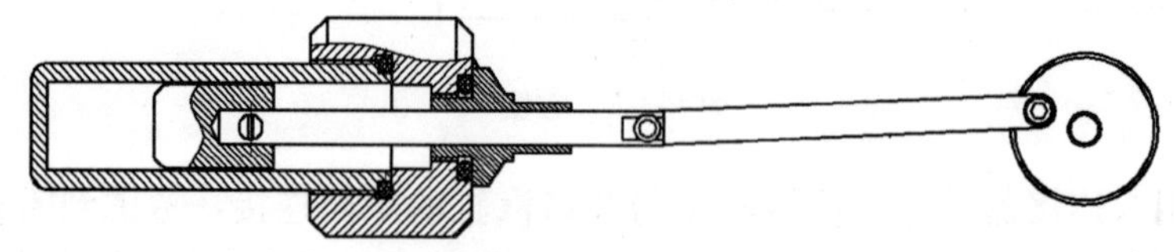

图 2-4-10　闭式汽缸结构

闭式汽缸的结构如图 2-4-11 所示，要保证气路的密闭性，密封圈必须有一定程度的变形。关于沟槽尺寸的计算，以图 2-4-11 中的 B 处为例，查附表 33《O 型密封圈沟槽标准》，确定静密封情况下的沟槽尺寸计算。这里选择内径为 $d_1=12.5\text{mm}$，线径 $d=1.8\text{mm}$ 的 O 型密封圈。所查沟槽尺寸如虚线框所示。

O 型密封圈沟槽标准如表 2-4-1 所示。

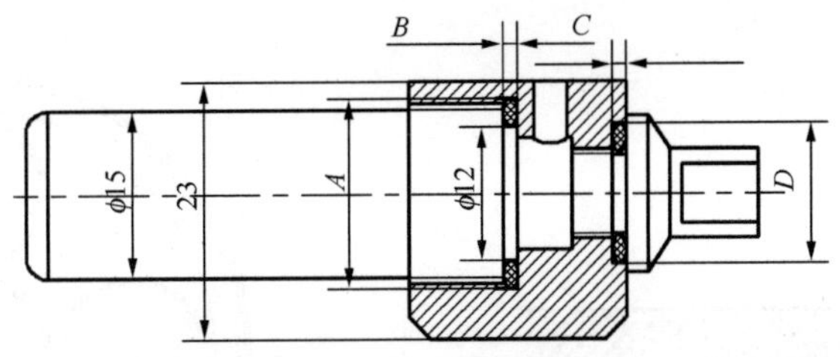

图 2-4-11　密封圈安装图

表 2-4-1　O 型密封圈沟槽标准

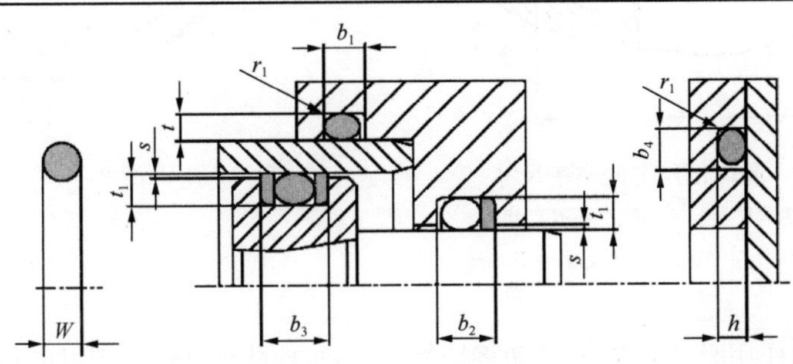

截面直径 W	径向安装					轴向安装		半径
	沟槽深度		沟槽宽度			沟槽深度	沟槽宽度	
	动密封 $t_1+0.05$	静密封 $t+0.05$	$b_1+0.2$	$b_2+0.2$	$b_3+0.2$	$h+0.05$	$b_4+0.2$	r_1
0.50	—	0.35	0.80	—	—	0.35	0.80	0.20
0.74	—	0.50	1.00	—	—	0.50	1.00	0.20
1.00 1.02	—	0.70	1.40	—	—	0.70	1.40	0.20
1.20	—	0.85	1.70	—	—	0.85	1.70	0.20
1.25 1.27	—	0.90	1.70	—	—	0.90	1.80	0.20
1.30	—	0.95	1.80	—	—	0.95	1.80	0.20
1.42	—	1.05	1.90	—	—	1.05	2.00	0.30
1.50 1.52	1.25	1.10	2.00	3.00	4.00	1.10	2.10	0.30
1.60 1.63	1.30	1.20	2.10	3.10	4.10	1.20	2.20	0.30
1.78 1.80	1.45	1.30	2.40	3.80	5.20	1.30	2.60	0.40
1.83	1.50	1.35	2.50	3.90	5.30	1.35	2.60	0.40
1.90	1.55	1.40	2.60	4.00	5.40	1.40	2.70	0.40

受内部压力的沟槽尺寸如图 2-4-12 所示。

同样地，各处的密封圈沟槽尺寸可按照上述方法确定。

4. 飞轮-带轮设计

飞轮是一个储能零件，在转动过程中克服曲柄滑块机构的死点，因此飞轮的设计转动惯量越大越好。飞轮除中间需要与轴配合安装的部分区域，主要质量应集中在边缘区域，其他区域在保证结构强度的情况下尽可能减少材料。飞轮如图 2-4-13 所示。

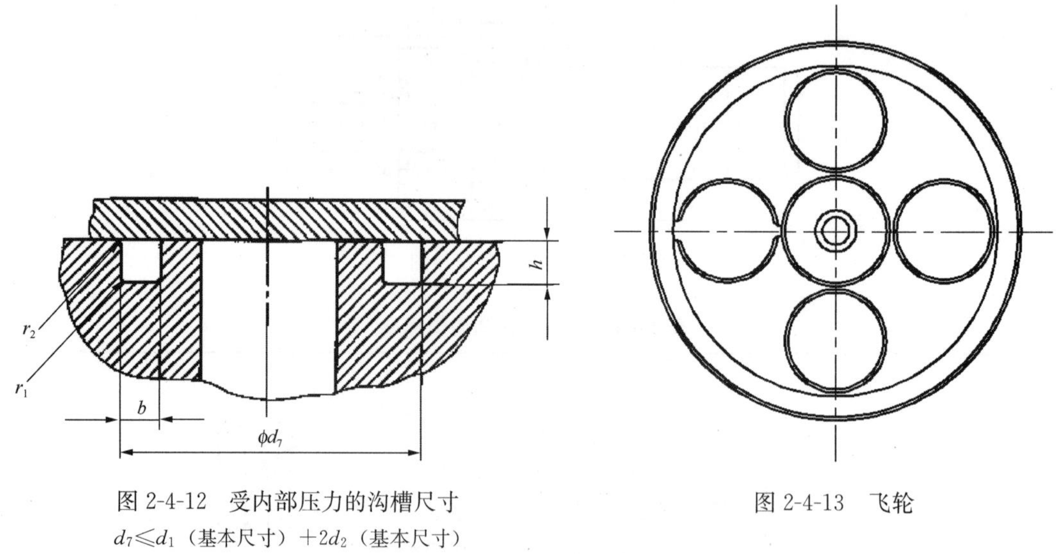

图 2-4-12 受内部压力的沟槽尺寸

$d_7 \leqslant d_1$（基本尺寸）$+2d_2$（基本尺寸）

$d_7 \leqslant 12.5+2\times1.8=16.1$，可取 $d_7=16$mm

图 2-4-13 飞轮

带轮在其中的作用是通过带的传动将斯特林发动机的动力输出到发电机，由发电机转动实现 LED 灯的发光。考虑到驱动发电机的力较小，以及较小的安装空间，如表 2-4-2 所示，选择可以随时接驳的圆带（PU 材质）会比较方便。带传动分类如表 2-4-2 所示。

表 2-4-2 带传动分类

分类	示意图	特点
平带		结构简单，传动距离大
V 带	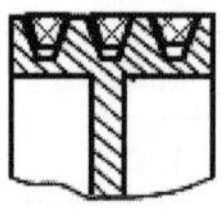	两侧面为工作面，承载能力大，传动效率高
多楔带	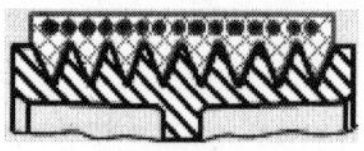	相当于平带和 V 带的组合，运转平稳，传动效率高，传动比大，带速可达 40m/s
同步带	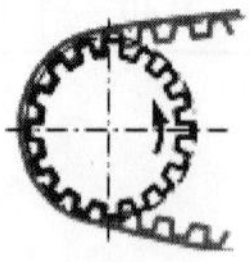	无相对滑动，保证准确的传动比，传动效率高
圆带		结构简单，牵引能力小，用于仪器、家用机械等

飞轮与带轮安装在同一转动轴上，这里要考虑轴系结构的设计，包括轴承的安装、飞轮与带轮的圆周向及轴向固定等一系列问题。飞轮及带轮安装如图 2-4-14 所示。

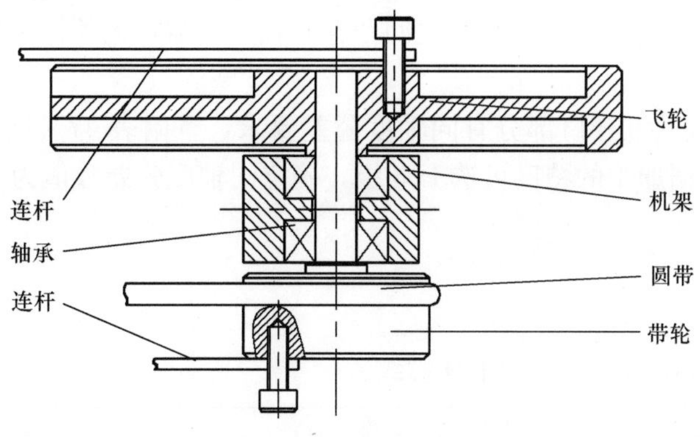

图 2-4-14　飞轮及带轮安装

任务 1　工单（20 课时）

<table>
<tr><td>绘制零件图，完成尺寸公差、形位公差及表面粗糙度标准；完成各零件选材，标准件、常用件查询；根据零件及选材情况确定热处理方式及表面硬度指标。</td></tr>
<tr><td>闭式汽缸如图 2-4-15 所示。
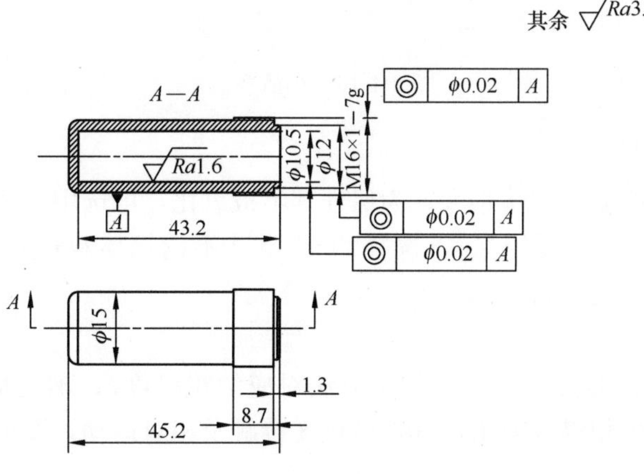

图 2-4-15　闭式汽缸
材料：
闭式汽缸工作状态的温度起伏很大，为保证在空气中不被氧化，可选用不锈钢材料。查附表 5《常用不锈钢牌号的主要用途》，选择 0Cr18Ni9 不锈钢棒料进行改制，也可采用其他导热性较好、不易生锈或氧化的材料，如玻璃管等。
粗糙度：
采用车削加工，查附表 43《不同加工方法对应的粗糙度》，确定加工的粗糙度范围。其他外表面除了螺纹外没有配合要求，粗糙度要求相对较低，内表面与活塞之间因安装可能会产生摩擦，粗糙度要求相对较高。</td></tr>
</table>

尺寸公差：

查附表 61《普通内、外螺纹的推荐公差带》，选择合适的螺纹公差，螺纹配合公差带优先选 H/g 或 G/h 配合，内孔与活塞之间留存有较大间隙，无须标注尺寸公差。

形位公差：

外圆柱面与闭式汽缸开口部分有同轴度公差要求，查附表 47《同轴度、对称度、圆跳动和全跳动》，根据加工的精度可选 IT8 级，确定同轴度公差数值为 0.02。

热处理：

无须热处理。

注意点：

因密封需要，采用 M16×1 的细牙螺纹。

小活塞如图 2-4-16 所示。

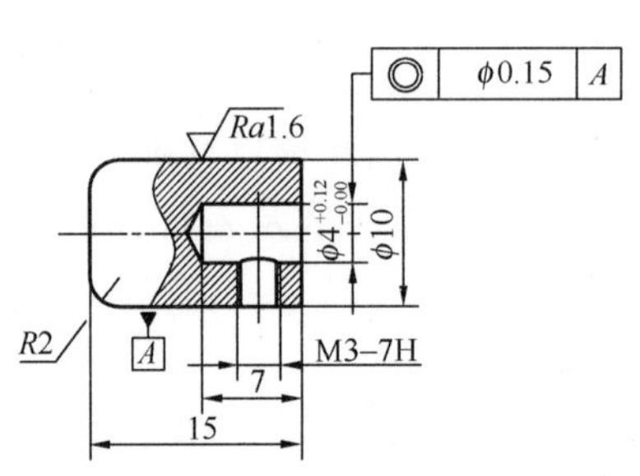

图 2-4-16　小活塞

材料：

小活塞工作状态的温度起伏很大，为保证其不被氧化，可选用不锈钢材料制造，查附表 5《常用不锈钢牌号的主要用途》，选择 0Cr18Ni9 不锈钢棒料进行改制，也可采用黄铜、铝合金等不易生锈的材料。

粗糙度：

采用车削加工，查附表 43《不同加工方法对应的粗糙度》，确定加工的粗糙度范围，小活塞外表面有较高的粗糙度要求，其他区域无接触及相对运动，要求一般。

尺寸公差：

与活塞杆配合的内孔有尺寸公差要求，根据钻孔的精度 IT12 级，查询公差软件确定孔公差。

形位公差：

内孔相对外圆有同轴度公差要求，查附表 47《同轴度、对称度、圆跳动和全跳动》，根据加工的精度可选 IT12 级，确定同轴度公差数值为 0.15。

热处理：

无须热处理。

闭式汽缸座如图 2-4-17 所示。

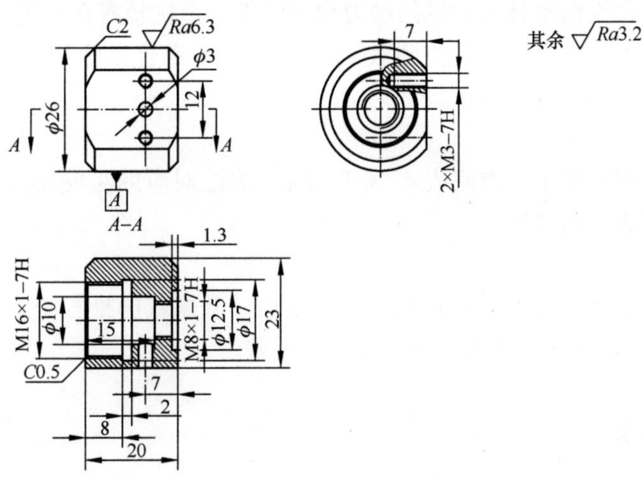

图 2-4-17　闭式汽缸座

材料：

闭式汽缸座的作用是固定汽缸，工作时由于热传导，有较高的温度，可采用硬铝材料加工，查附表 11《常用变形铝合金牌号、化学成分、力学性能及用途》，可选择 2A11 (LY11)。

粗糙度：

采用车削、铣削加工，查附表 43《不同加工方法对应的粗糙度》，确定加工的粗糙度范围。闭式汽缸座螺纹孔区域有较高的粗糙度要求，其他区域无接触及相对运动，要求一般。

尺寸公差：

此处只涉及螺纹公差，查附表 61《普通内、外螺纹的推荐公差带》，螺纹孔公差可选择 IT7 级，作为一般使用。

形位公差：

无形位公差要求。

热处理：

无须热处理。

带轮如图 2-4-18 所示。

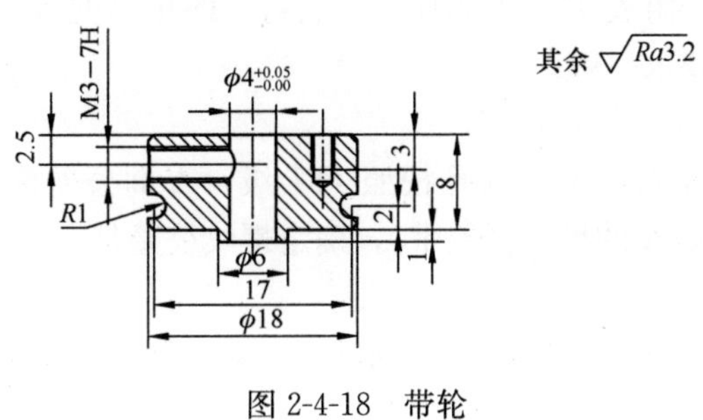

图 2-4-18　带轮

材料：

带轮的作用是作为斯特林发动机的动力输出零件。带轮暴露在空气中，需要有一定的防锈性能，可采用硬铝材料加工，查附表 11《常用变形铝合金牌号、化学成分、力学性能及用途》，可选择 2A11（LY11）。

粗糙度：

采用车削，钻攻丝加工，查附表 43《不同加工方法对应的粗糙度》，按照加工方法类型及精度要求确定表面粗糙度。

尺寸公差：

与轴配合的孔及螺纹公差，查附表 61《普通内、外螺纹的推荐公差带》，确定螺纹公差，钻孔精度选择 IT10 级，查公差表确定尺寸公差。

形位公差：

无形位公差要求。

热处理：

无须热处理。

开口汽缸如图 2-4-19 所示。

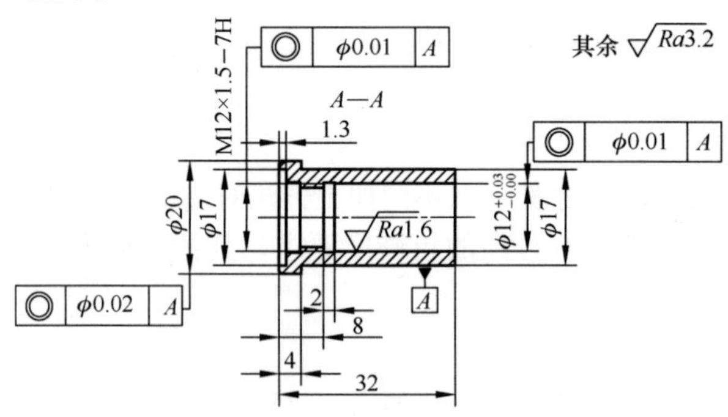

图 2-4-19 开口汽缸

材料：

开口汽缸工作状态的温度起伏很大，为保证在空气中不被氧化，可选用不锈钢材料。查附表 5《常用不锈钢牌号的主要用途》，选择 0Cr18Ni9 不锈钢棒料进行改制，也可采用其他导热性较好，不易生锈或氧化的材料，如玻璃管等。

粗糙度：

采用车削及攻丝，查附表 43《不同加工方法对应的粗糙度》，除内表面、内螺纹粗糙度要求较高，其他地方要求一般。

尺寸公差：

与活塞配合的公差要求，车削内孔按照 IT7 级，查询公差配合软件得到尺寸公差，查附表 61《普通内、外螺纹的推荐公差带》，确定螺纹公差带。

形位公差：

按照车削 IT7 级的精度，查附表 47《同轴度、对称度、圆跳动和全跳动》，确定同轴度公差。

热处理：

无须热处理。

开口汽缸座如图 2-4-20 所示。

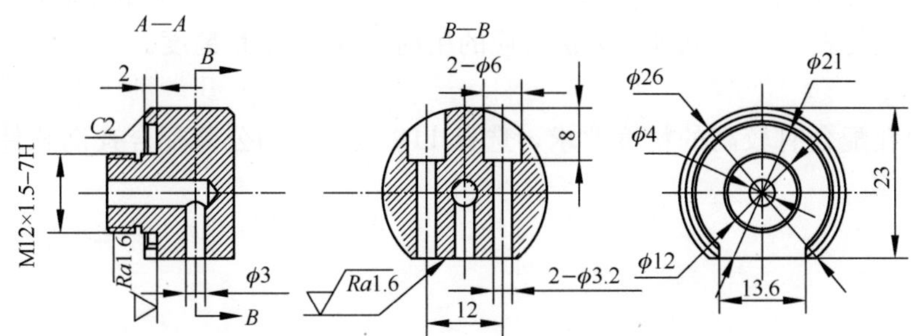

图 2-4-20　开口汽缸座

材料：

开口汽缸座工作温度变化不大，为保证在空气中不被氧化锈蚀，可选用易于加工的防锈材料，查附表 11《常用变形铝合金牌号、化学成分、力学性能及用途》，选择 2A11（LY11）。

粗糙度：

采用车削、铣削加工，查附表 43《不同加工方法对应的粗糙度》，除紧配的底部平面粗糙度要求较高外，其他地方可以选择一般的粗糙度。

尺寸公差：

查附表 6《普通内、外螺纹的推荐公差带》，确定螺纹公差带。

形位公差：

无形位公差要求。

热处理：

无须热处理。

活塞杆如图 2-4-21 所示。

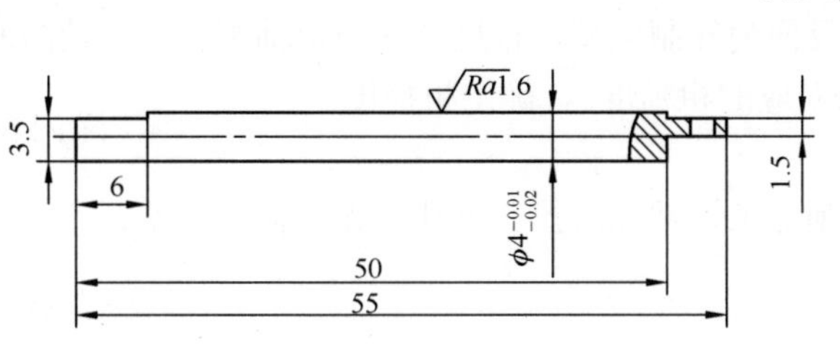

图 2-4-21　活塞杆

材料：

活塞杆工作于闭式汽缸内，工作时的温度较高，为防止氧化后的配合出现问题，可选用不锈钢材料。查附表 5《常用不锈钢牌号的主要用途》，选择 0Cr18Ni9 不锈钢棒料进行改制。

粗糙度：

活塞杆外圆与活塞套配合，外圆采用磨削加工有较高的粗糙度要求，另外铣削加工的平面粗糙度要求一般。查附表 43《不同加工方法对应的粗糙度》，确定粗糙度。

尺寸公差：

活塞杆与活塞套内孔配合有较高的精度要求，选择 IT8 级，采用公差配合查询软件得到尺寸公差。

形位公差：

无形位公差要求。

热处理：

无须热处理。

连杆如图 2-4-22 所示。

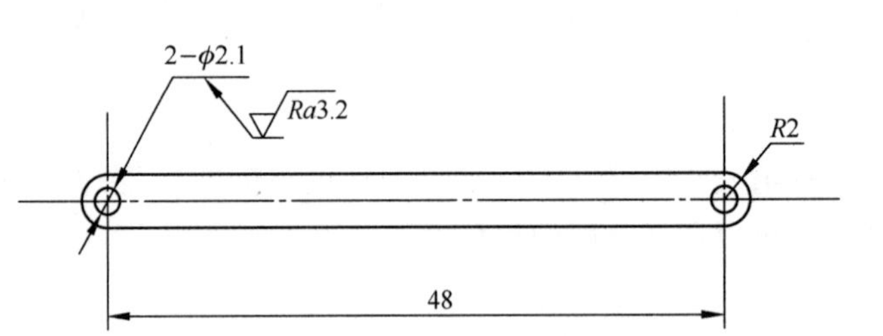

图 2-4-22　连杆

材料：

连杆用于连接活塞杆和大活塞，具有一定的刚性要求，为防止氧化后的配合出现问题，可选用不锈钢材料。查附表 5《常用不锈钢牌号的主要用途》，选择 0Cr18Ni9 不锈钢板进行改制。

粗糙度：

采用板材改制，正反面为轧制成型，首尾圆孔与销轴配合，有较高的粗糙度要求。查附表 43《不同加工方法对应的粗糙度》，确定粗糙度。

尺寸公差：

首尾圆孔可采用钻削加工，钻孔后扩一下孔，无须标注公差。

形位公差：

无形位公差要求。

热处理：

无须热处理。

飞轮如图 2-4-23 所示。

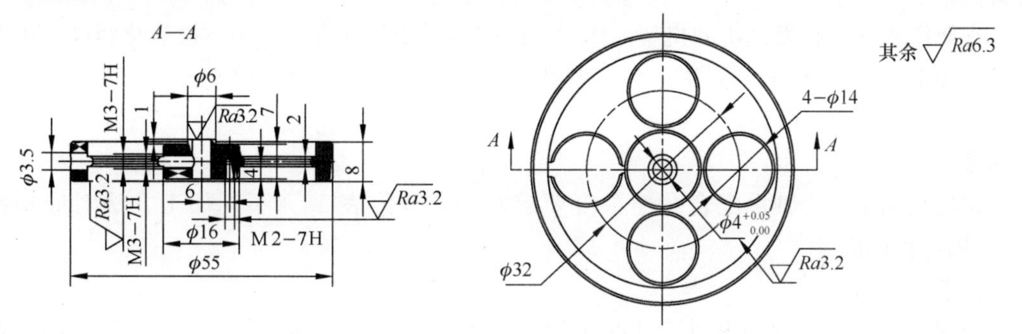

图 2-4-23　飞轮

材料：

飞轮作为储能原件，加工工序较多，为保证在空气中不被氧化锈蚀，可选用易于加工的防锈材料，查附表 11《常用变形铝合金牌号、化学成分、力学性能及用途》，选择 2A11（LY11）。

粗糙度：

采用铣削加工，查附表 43《不同加工方法对应的粗糙度》，确定粗糙度，配合面粗糙度要求较高，其他非配合面粗糙度要求较低。

尺寸公差：

与传动轴配合孔有尺寸公差要求，按照 IT8 级精度，查询公差配合软件确定尺寸公差，查附表 61《普通内、外螺纹的推荐公差带》，确定螺纹公差带。

形位公差：

无形位公差要求。

热处理：

无须热处理。

支架如图 2-4-24 所示。

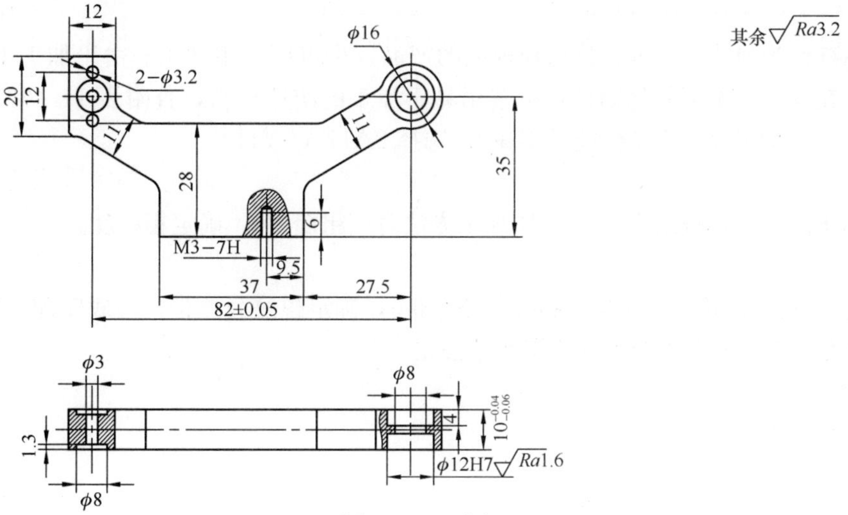

图 2-4-24　支架

材料：

支架作为斯特林发动机的机架，加工工序较多，为保证在空气中不被氧化锈蚀，可选用易于加工的防锈材料，查附表 11《常用变形铝合金牌号、化学成分、力学性能及用途》，选择 2A11（LY11）。

粗糙度：

采用铣削加工，轴承配合孔粗糙度要求较高，查附表 43《不同加工方法对应粗糙度》，确定粗糙度。

尺寸公差：

查附表 60《向心轴承和外壳孔的配合—孔公差带代号》，确定孔公差；查附表 61《普通内、外螺纹的推荐公差带》，确定螺纹公差带。

形位公差：

无形位公差要求。

热处理：

无须热处理。

酒精灯组件如图 2-4-25 所示。

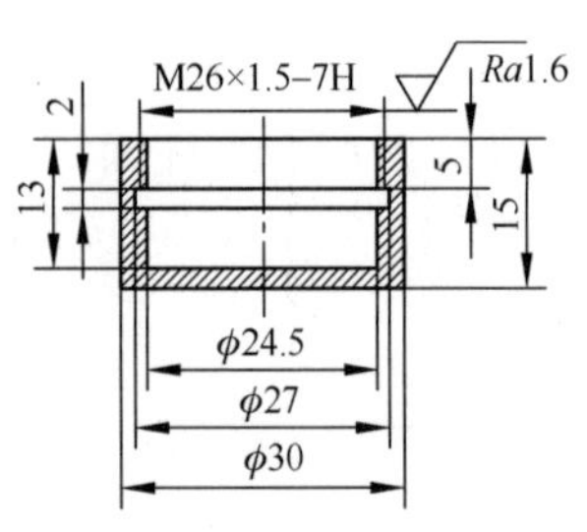

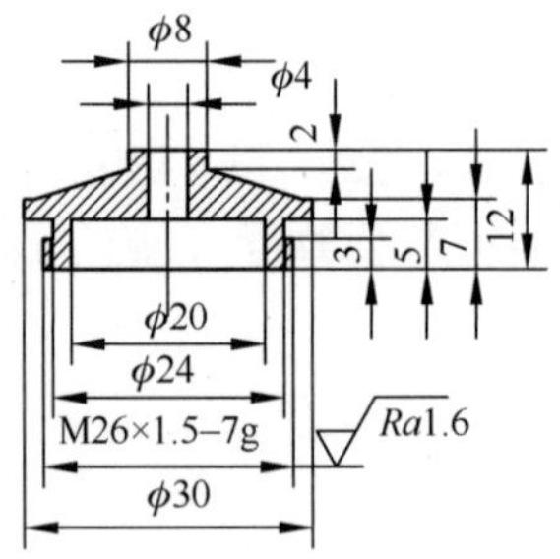

其余 Ra3.2

图 2-4-25　酒精灯组件

材料：

酒精灯作为加热源，可直接选择现成的产品，也可以自主加工。由于加工工序较多，且为保证在空气中不被氧化锈蚀，可选用易于加工的防锈材料，查附表 11《常用变形铝合金牌号、化学成分、力学性能及用途》，选择 2A11（LY11）。

粗糙度：

采用车削加工，查附表 43《不同加工方法对应粗糙度》，确定粗糙度。

尺寸公差：

查附表 61《普通内、外螺纹的推荐公差带》，确定螺纹公差带，与底座配合尺寸选择 IT8 级精度，查询公差配合软件确定尺寸公差。

形位公差：

无形位公差要求。

热处理：

无须热处理。

发电机座如图 2-4-26 所示。

其余 $\sqrt{Ra6.3}$

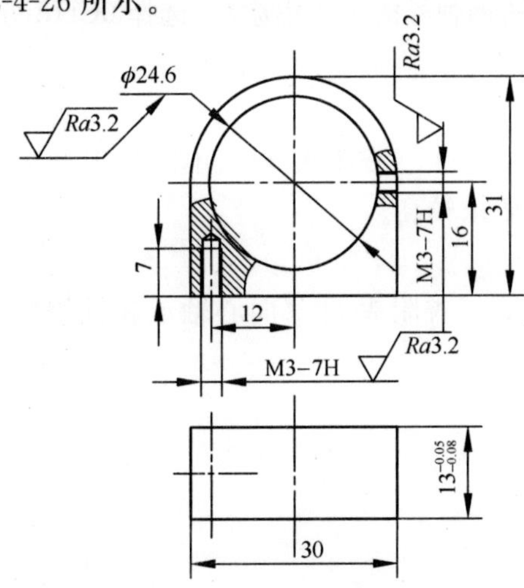

图 2-4-26　发电机座

材料：

发电机座作为固定发电机的机架，可选用易于加工的防锈材料，查附表 11《常用变形铝合金牌号、化学成分、力学性能及用途》，选择 2A11（LY11）。

粗糙度：

采用铣削、钻孔、攻丝的方法加工，查附表 43《不同加工方法对应的粗糙度》，确定粗糙度，配合面的粗糙度要求较高。

尺寸公差：

与底座配合处有公差要求，按照 IT8 级精度，查询公差软件确定尺寸公差。

形位公差：

无形位公差要求。

热处理：

无须热处理。

传动轴如图 2-4-27 所示。

其余 $\sqrt{Ra3.2}$

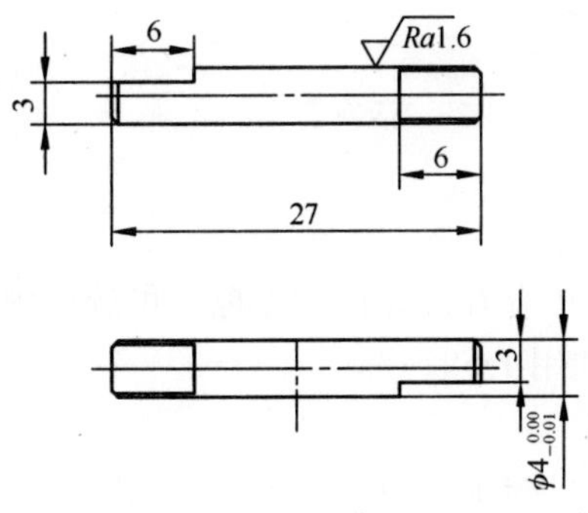

图 2-4-27　传动轴

材料：

传动轴与轴承配合，且两端分别连接飞轮与带轮，为防止氧化后的配合出现问题，可选用不锈钢材料。查附表 5《常用不锈钢牌号的主要用途》，选择 0Cr18Ni9 不锈钢棒料进行改制。

粗糙度：

采用磨削加工，两端平面采用铣削加工。查附表 43《不同加工方法对应的粗糙度》，确定粗糙度，与轴承配合面的粗糙度要求较高。

尺寸公差：

外圆面磨削加工后与轴承内孔配合。查附表 59《向心轴承和轴的配合—轴的公差带代号》，确定轴的公差带。

形位公差：

无形位公差要求。

热处理：

无须热处理。

活塞套如图 2-4-28 所示。

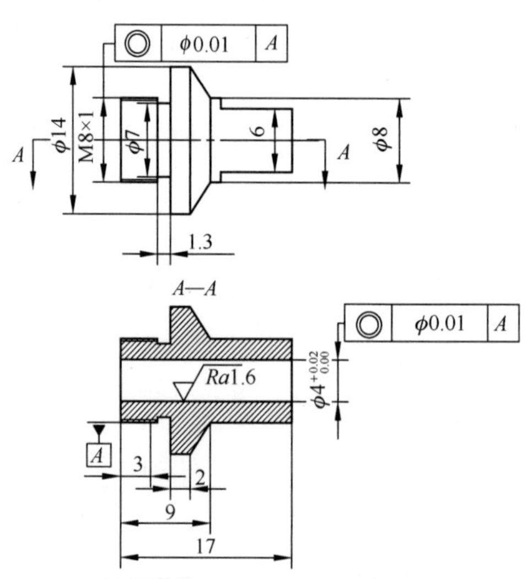

图 2-4-28　活塞套

材料：

活塞套与活塞杆配合，工作过程中存在高频次的摩擦，可选用耐磨性较好的材料。查附表 9《常用铜合金性能及用途》，选用 H59。

粗糙度：

采用车削与铣削加工，查附表 43《不同加工方法对应的粗糙度》，确定粗糙度，活塞杆配合面的粗糙度要求较高。

尺寸公差：

与活塞杆配合处有公差要求，采用 IT8 级精度，查询公差配合软件确定尺寸公差。

形位公差：

外螺纹与内孔有同轴度要求，查附表 47《同轴度、对称度、圆跳动和全跳动》，根据加工精度等级，确定同轴度公差。

热处理：

无须热处理。

大活塞如图 2-4-29 所示。

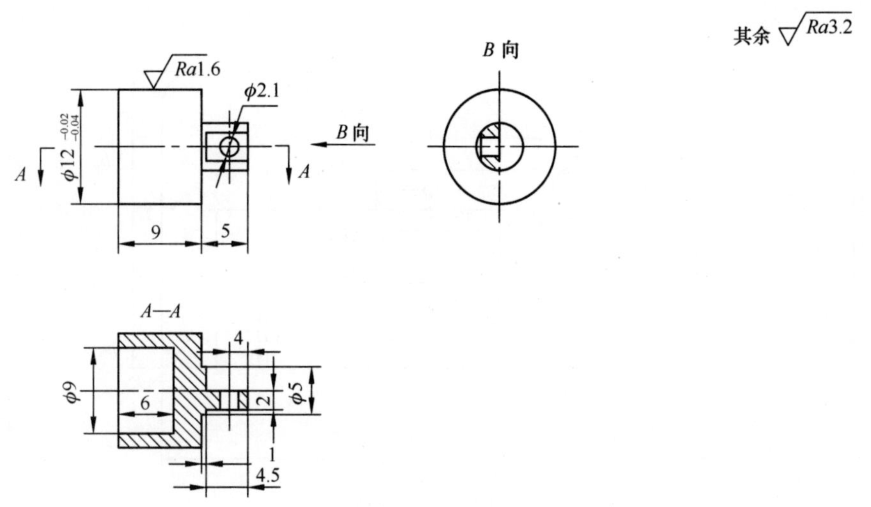

图 2-4-29　大活塞

材料：

大活塞与开口汽缸配合，工作过程中存在高频次的摩擦，可选用耐磨性较好的材料。查附表 9《常用铜合金性能及用途》，可选用 H59。

粗糙度：

采用车削、铣削加工，与开口汽缸配合的外圆面粗糙度要求较高。查附表 43《不同加工方法对应的粗糙度》确定粗糙度。

尺寸公差：

与开口汽缸配合面处公差要求较高，选择 IT7 级精度，查询公差配合软件确定尺寸公差。

形位公差：

无形位公差要求。

热处理：

无须热处理。

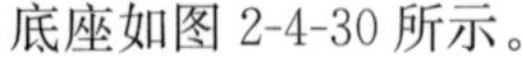

底座如图 2-4-30 所示。

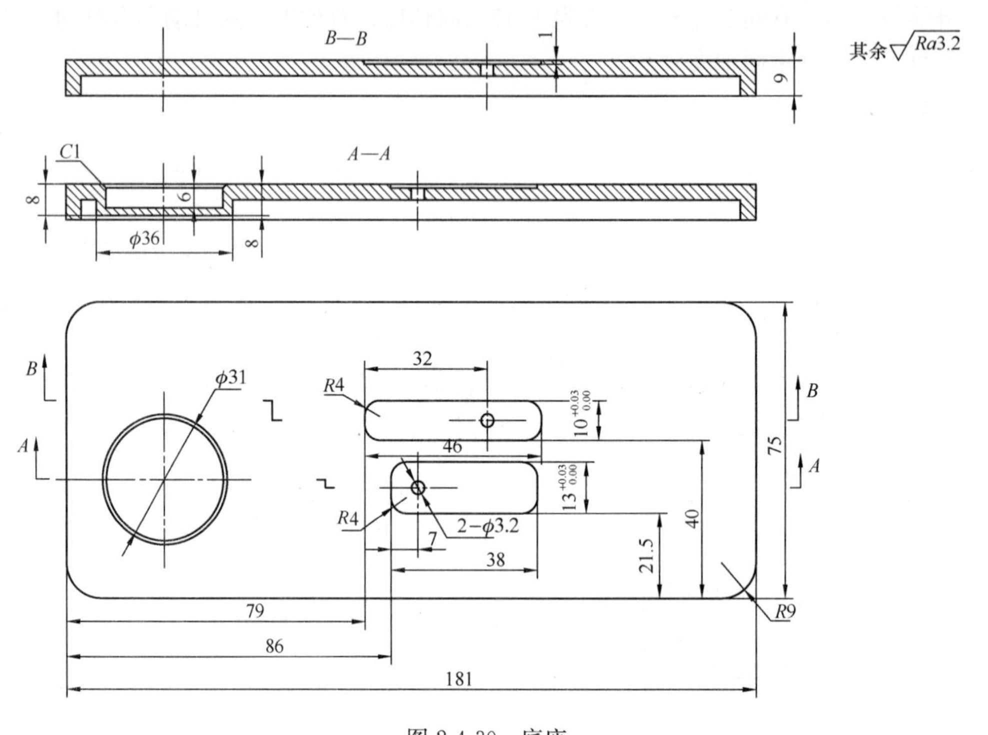

图 2-4-30　底座

材料：

底座作为固定发电机座及支架的原件，除防锈外无特殊要求，可选用易于加工的防锈材料，查附表 11《常用变形铝合金牌号、化学成分、力学性能及用途》，选择 2A11（LY11）。

粗糙度：

采用铣削加工，查附表 43《不同加工方法对应粗糙度》，确定粗糙度。

尺寸公差：

与电机座、支架配合处有公差要求，按照 IT8 级精度，查询公差配合软件确定尺寸公差。

形位公差：

无形位公差要求。

热处理：

无须热处理。

任务 2　工单（10 课时）

<table>
<tr><td>根据零件草图，完成三维建模，虚拟装配。</td></tr>
<tr><td>（零件建模过程略）
总装图如图 2-4-31 所示。
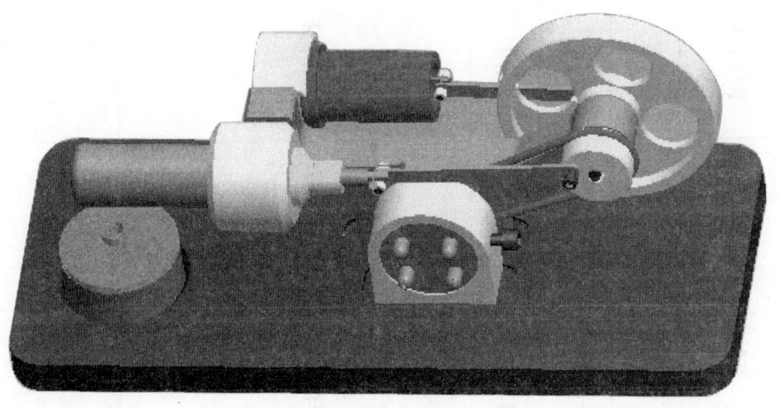
图 2-4-31　总装图</td></tr>
</table>

任务 3　工单（60 课时）

<table>
<tr><td>根据标准工程图文件完成零配件加工图纸及机械加工工艺过程卡片。
建议：制作时以小组为单位，采取分工协作的方式完成。</td></tr>
<tr><td>
斯特林发动机</td></tr>
</table>

斯特林发动机零件机械加工工艺过程卡片

金华职业技术学院 机电工程学院		产品型号	Stlfdj-00	零件图号	Stlfdj-1
		产品名称	斯特林发动机	零件名称	带轮
材料	2A11	毛坯种类	圆棒	毛坯外形尺寸	ϕ25×15
备注					

工序号	工序名称	工序内容	车间	工段	设备	工时	备注
10	下料	锯切直径为 20、长度为 12 的 2A11 的棒料	下料车间		锯床	0.1	
20	车端面 粗车 精车 精车 车槽	采用三爪卡盘装夹，车端面见平 车端面见平，粗车外圆留余量 调头车端面见平，精车外圆至 ϕ18、长度为 9 精车 ϕ6，高度 1 凸台 车外圆表面半径 1 圆弧槽	数控车削车间		数控车床	0.6	
30	钻孔 钻孔 攻丝	先钻 ϕ4 的底孔，最后用 ϕ4H7 的铰刀铰孔 在铣床上钻出 ϕ2.5 的底孔 用 M3 的丝锥攻丝	钳工车间		钻床 钳工工作台	0.2	
编制		审核		批准		共 1 页	第 1 页

斯特林发动机零件机械加工工艺过程卡片

<table>
<tr><td colspan="3" rowspan="2">金华职业技术学院
机电工程学院</td><td>产品型号</td><td>Stlfdj-00</td><td>零件图号</td><td colspan="2">Stlfdj-2</td></tr>
<tr><td>产品名称</td><td>斯特林发动机</td><td>零件名称</td><td colspan="2">飞轮</td></tr>
<tr><td>材料</td><td>2A11</td><td>毛坯种类</td><td>棒料</td><td>毛坯外形尺寸</td><td>$\phi60$</td><td>备注</td><td></td></tr>
<tr><td>工序号</td><td>工序名称</td><td>工序内容</td><td>车间</td><td>工段</td><td>设备</td><td>工时</td><td>备注</td></tr>
<tr><td>10</td><td>下料</td><td>切割直径为 60、长度为 10 的 2A11 的棒料</td><td>下料车间</td><td></td><td>锯床</td><td>0.1</td><td></td></tr>
<tr><td>20</td><td>粗车
精车</td><td>车端面见平，车 $\phi55$ 长度为 9 的外圆
车削 $\phi6$ 凸台，达图纸要求</td><td>数控车削车间</td><td></td><td>数控车床</td><td>0.5</td><td></td></tr>
<tr><td>30</td><td>钻孔
铣削</td><td>先钻侧面 $\phi3.5$ 的孔
按尺寸铣出外形，达图纸要求</td><td>数控铣削车间</td><td></td><td>数控铣床</td><td>1</td><td></td></tr>
<tr><td>40</td><td>钻孔
攻丝</td><td>分别钻 $\phi4$ 和 $\phi1.6$ 的孔，用 $\phi4H7$ 铰刀铰中心孔
用丝锥攻 M3 及 M2 螺纹孔丝</td><td>钳工车间</td><td></td><td>钻床
钳工工作台</td><td>0.3</td><td></td></tr>
<tr><td></td><td></td><td></td><td></td><td></td><td></td><td></td><td></td></tr>
<tr><td>编　制</td><td></td><td>审　核</td><td></td><td>批　准</td><td></td><td>共 1 页</td><td>第 1 页</td></tr>
</table>

斯特林发动机零件机械加工工艺过程卡片

金华职业技术学院 机电工程学院			产品型号	Stlfdj-00		零件图号	Stlfdj-4
			产品名称	斯特林发动机		零件名称	支架
材料	2A11	毛坯种类	板材	毛坯外形尺寸	40×100	备注	
工序号	工序名称	工序内容	车间	工段	设备	工时	备注
10	下料	切割长 100 宽 50 厚 12 的料	下料车间		锯床	0.2	
20	线切割	按照图纸要求切割出支架毛坯外形	模具车间		线切割机床	1.0	
30	钻孔 粗铣 精铣	装夹在铣床上，钻出 $\phi2.5$ 的底孔 铣正反两面 按照图纸铣出 $\phi3$、$\phi8$、$\phi10$、$\phi3.2$、$\phi12$ 的孔，保证公差	数控铣削车间		数控铣床	0.8	
40	攻丝	用丝锥攻 M3 螺纹孔	钳工车间		钳工工作台	0.1	
编　制		审　核		批　准		共 1 页	第 1 页

斯特林发动机零件机械加工工艺过程卡片

金华职业技术学院 机电工程学院		产品型号	Stlfdj-00		零件图号	Stlfdj-5	
		产品名称	斯特林发动机		零件名称	底座	
材料	2A11	毛坯种类	板料	毛坯外形尺寸	15×200	备注	
工序号	工序名称	工序内容	车间	工段	设备	工时	备注
10	下料	切割厚度 10、长 200 宽 80 的料	下料车间		锯床	0.1	
20	铣削 铣削 铣削 铣削	铣 ϕ31 深 6mm 的孔 铣出 46×10×1 的槽 铣出 38×13×1 的槽 反面铣削保证尺寸	数控铣削车间		数控铣床	1.5	
30	钻孔 钻孔	在 46×10 的槽里钻孔 ϕ3，扩至 ϕ3.2 在 38×13 的槽里钻孔 ϕ3，扩至 ϕ3.2	钳工车间		钻床	0.3	
编制		审核		批准		共 1 页	第 1 页

斯特林发动机零件机械加工工艺过程卡片

<table>
<tr><td colspan="3" rowspan="2">金华职业技术学院
机电工程学院</td><td colspan="2">产品型号</td><td>Stlfdj-00</td><td>零件图号</td><td colspan="2">Stlfdj-6</td></tr>
<tr><td colspan="2">产品名称</td><td>斯特林发动机</td><td>零件名称</td><td colspan="2">发电机座</td></tr>
<tr><td colspan="2">材料</td><td>2A11</td><td>毛坯种类</td><td>板料</td><td>毛坯外形尺寸</td><td>35×32×15</td><td>备注</td><td></td></tr>
<tr><td>工序号</td><td>工序名称</td><td>工序内容</td><td colspan="2">车间</td><td>工段</td><td>设备</td><td>工时</td><td>备注</td></tr>
<tr><td>10</td><td>下料</td><td>切割尺寸为 35×32×15 的 2A11 的板料</td><td colspan="2">下料车间</td><td></td><td>锯床</td><td>0.2</td><td></td></tr>
<tr><td>20</td><td>铣削
铣削</td><td>装夹工件，铣 ϕ24.6 的通孔，并铣出外圆弧
换面，铣削平面</td><td colspan="2">数控铣削车间</td><td></td><td>数控铣床</td><td>0.8</td><td></td></tr>
<tr><td>30</td><td>钻孔
攻丝</td><td>钻 ϕ2.5 的孔
用丝锥攻 M3 的螺纹孔</td><td colspan="2">钳工车间</td><td></td><td>钻床</td><td>0.3</td><td></td></tr>
<tr><td></td><td></td><td></td><td colspan="2"></td><td></td><td></td><td></td><td></td></tr>
<tr><td></td><td></td><td></td><td colspan="2"></td><td></td><td></td><td></td><td></td></tr>
<tr><td>编制</td><td></td><td>审核</td><td></td><td>批准</td><td></td><td>共 1 页</td><td colspan="2">第 1 页</td></tr>
</table>

斯特林发动机零件机械加工工艺过程卡片

金华职业技术学院 机电工程学院			产品型号		Stlfdj-00	零件图号	Stlfdj-7
			产品名称		斯特林发动机	零件名称	大活塞
材料	H59	毛坯种类	圆棒	毛坯外形尺寸	$\phi15\times20$	备注	

工序号	工序名称	工序内容	车间	工段	设备	工时	备注
10	下料	切割直径为 15、长度为 20 的 H59 棒料	下料车间		锯床	0.1	
20	粗车	粗车外圆留精加工余量	数控车削车间		数控车床	0.2	
30	铣削 钻中心孔	铣削加工，留一定余量 钻 $\phi2$ 的中心孔	数控铣削车间		数控铣床	0.3	
40	钻孔	扩 $\phi2$ 的孔至 $\phi2.1$	钳工		钻床	0.1	
50	无心磨	磨削外圆达公差要求	磨削车间		无心磨床	0.5	

编　　制		审　　核		批　　准		共 1 页	第 1 页

斯特林发动机零件机械加工工艺过程卡片

金华职业技术学院 机电工程学院		产品型号	Stlfdj-00		零件图号	Stlfdj-10	
		产品名称	斯特林发动机		零件名称	连杆	
材料	0Cr18Ni9	毛坯种类	板料	毛坯外形尺寸	6×60×1	备注	
工序号	工序名称	工序内容	车间	工段	设备	工时	备注
10	穿孔	穿 2 个钼丝孔	下料车间		锯床	0.3	
20	线切割	线切割孔及其轮廓	模具车间		线切割机床	1	
编制		审核		批准		共 1 页	第 1 页

斯特林发动机零件机械加工工艺过程卡片

金华职业技术学院 机电工程学院			产品型号	Stlfdj-00	零件图号	Stlfdj-11	
			产品名称	斯特林发动机	零件名称	活塞杆	
材料	0Cr18Ni9	毛坯种类	棒料	毛坯外形尺寸	$\phi4\times55$	备注	
工序号	工序名称	工序内容	车间	工段	设备	工时	备注
10	下料	切割直径为 4、长度为 60 的 0Cr18Ni9 的棒料	下料车间		锯床	0.2	
20	铣削 铣削	铣长 5 的两个平面 在另一端铣长 6 的一个平面	数控铣削车间		数控铣床	0.8	
30	钻孔	参照图纸，在长度为 5 的平面上钻扩 $\phi2.1$ 的孔	钳工车间		钻床	0.3	
编　制		审　核		批　准		共 1 页	第 1 页

斯特林发动机零件机械加工工艺过程卡片

金华职业技术学院 机电工程学院			产品型号	Stlfdj-00	零件图号	Stlfdj-12	
			产品名称	斯特林发动机	零件名称	活塞套	
材料	H59	毛坯种类	棒料	毛坯外形尺寸	$\phi16\times25$	备注	
工序号	工序名称	工序内容	车间	工段	设备	工时	备注
10	下料	切割直径为 16、长度为 25 的 H59 棒料	下料车间		锯床	0.2	
20	车削 车削	车端面见平，车 $\phi14$ 外圆 车 $\phi8$ 外圆、$\phi7$ 槽及 $\phi14$ 锥面	数控车削车间		数控车床	2	
30	钻孔 铰	钻 $\phi4$ 的通孔 $\phi4H7$ 铰刀铰孔，保证公差	钳工车间		钻床 钳工工作台	0.5	
40	铣削	铣上下平面，保证尺寸 6	数控铣削车间		数控铣床	0.2	
50	套丝	套丝 M8×1	钳工车间		钳工工作台	0.1	
编制		审核		批准		共 1 页	第 1 页

斯特林发动机零件机械加工工艺过程卡片

金华职业技术学院 机电工程学院			产品型号	Stlfdj-00		零件图号	Stlfdj-13
			产品名称	斯特林发动机		零件名称	小活塞
材料	2A11	毛坯种类	棒料	毛坯外形尺寸	$\phi 12\times 20$	备注	
工序号	工序名称	工序内容	车间	工段	设备	工时	备注
10	下料	切割直径为 12、长度为 20 的铝材的棒料	下料车间		锯床		
20	车削 车削 钻孔 铰孔	车端面见平，粗车外圆 精车外圆 $\phi 10$ 和 $R2$ 圆角 钻 $\phi 4\times 7$ 的孔 $\phi 4$H7 铰刀铰孔	数控车削车间		数控车床	2	
30	钻孔 攻丝	钻 $\phi 2.5$ 的孔 用丝锥攻 M3 的螺纹孔	钳工车间		钻床 钳工工作台	0.5	
编制		审核		批准		共 1 页	第 1 页

斯特林发动机零件机械加工工艺过程卡片

金华职业技术学院 机电工程学院		产品型号	Stlfdj-00		零件图号	Stlfdj-14、stlfdj-15	
		产品名称	斯特林发动机		零件名称	酒精灯组	
材料	2A11	毛坯种类	圆棒	毛坯外形尺寸	$\phi35\times60$	备注	
工序号	工序名称	工序内容	车间	工段	设备	工时	备注
10	下料	切割 $\phi35$、长度为 60 的铝材的棒料	下料车间		锯床	0.1	
20	车削	灯座车削下料 $\phi35\times25$，车端面见平，车外圆至 $\phi30$，车内孔及退刀槽	数控车削车间		数控车床	1	
	车削	车内螺纹 M26，螺距为 1.5	数控车削车间		数控车床		
	车削	割断，保证长度 15	数控车削车间		数控车床		
	车削	灯盖车外圆 $\phi30$，车外圆 $\phi26$ 及 $\phi24$ 退刀槽、内孔 $\phi20$	数控车削车间		数控车床		
	车削	钻内孔 $\phi4$	数控车削车间		数控车床		
	车削	车外螺纹 M26×1.5	数控车削车间		数控车床		
	车削	车锥面及 $\phi8$ 凸台并割断	数控车削车间		数控车床		
编制		审核		批准		共 1 页	第 1 页

斯特林发动机零件机械加工工艺过程卡片

<table>
<tr><td colspan="3" rowspan="2">金华职业技术学院
机电工程学院</td><td>产品型号</td><td>Stlfdj-00</td><td>零件图号</td><td colspan="2">Stlfdj-16</td></tr>
<tr><td>产品名称</td><td>斯特林发动机</td><td>零件名称</td><td colspan="2">闭式汽缸</td></tr>
<tr><td>材料</td><td>0Cr18Ni9</td><td>毛坯种类</td><td>圆棒</td><td>毛坯外形尺寸</td><td>ϕ18×50</td><td>备注</td><td></td></tr>
<tr><td>工序号</td><td>工序名称</td><td>工序内容</td><td>车间</td><td>工段</td><td>设备</td><td>工时</td><td>备注</td></tr>
<tr><td>10</td><td>下料</td><td>切割 ϕ18、长度为 50 的 0Cr18Ni9 的棒料</td><td>下料车间</td><td></td><td>锯床</td><td>0.2</td><td></td></tr>
<tr><td>20</td><td>车削
车削
钻孔
车削</td><td>车端面见平，粗车出零件外形留 0.5 余量
精车外圆 ϕ15、ϕ16 达图纸要求
用麻花钻钻 ϕ8 的孔
精车 ϕ10.5 内孔，深度 43.2</td><td>数控车削车间</td><td></td><td>数控车床</td><td>1</td><td></td></tr>
<tr><td>30</td><td>车削</td><td>车 M16×1 的外螺纹</td><td>数控车削车间</td><td></td><td>数控车床</td><td>0.3</td><td></td></tr>
<tr><td>编　制</td><td></td><td>审　核</td><td></td><td>批　准</td><td></td><td>共 1 页</td><td>第 1 页</td></tr>
</table>

斯特林发动机零件机械加工工艺过程卡片

<table>
<tr><td colspan="3" rowspan="2">金华职业技术学院
机电工程学院</td><td>产品型号</td><td colspan="2">Stlfdj-00</td><td>零件图号</td><td colspan="2">Stlfdj-17</td></tr>
<tr><td>产品名称</td><td colspan="2">斯特林发动机</td><td>零件名称</td><td colspan="2">闭式汽缸座</td></tr>
<tr><td colspan="2">材料</td><td>2A11　毛坯种类　圆棒</td><td>毛坯外形尺寸</td><td colspan="2">ϕ28×30</td><td>备注</td><td colspan="2"></td></tr>
<tr><td>工序号</td><td>工序名称</td><td>工序内容</td><td>车间</td><td colspan="2">工段</td><td>设备</td><td>工时</td><td>备注</td></tr>
<tr><td>10</td><td>下料</td><td>切割 ϕ28、长度为 26 的 2A11 的棒料</td><td>下料车间</td><td colspan="2"></td><td>锯床</td><td>0.2</td><td></td></tr>
<tr><td>20</td><td>车削
车削
钻孔
车削</td><td>车端面见平，车外圆 ϕ26
精车内孔 ϕ15.1 及环槽，达图纸要求
精车 ϕ10 及 ϕ17 退刀槽
掉头车 ϕ12.5×1.3</td><td>数控车削车间</td><td colspan="2"></td><td>数控车床</td><td>1</td><td></td></tr>
<tr><td>30</td><td>铣削
钻削</td><td>铣平面
钻 ϕ3 通孔及 ϕ2.5 底孔</td><td>数控铣削车间</td><td colspan="2"></td><td>数控车床</td><td>0.5</td><td></td></tr>
<tr><td>40</td><td>钳工</td><td>攻丝 M16×1、M8×1 螺纹
攻丝 M3 螺纹</td><td>钳工车间</td><td colspan="2"></td><td>钳工工作台</td><td>0.5</td><td></td></tr>
<tr><td></td><td></td><td></td><td></td><td colspan="2"></td><td></td><td></td><td></td></tr>
<tr><td colspan="2">编　制</td><td>审　核</td><td>批　准</td><td colspan="2"></td><td>共 1 页</td><td colspan="2">第 1 页</td></tr>
</table>

斯特林发动机零件机械加工工艺过程卡片

<table>
<tr><td colspan="3" rowspan="2">金华职业技术学院
机电工程学院</td><td>产品型号</td><td>Stlfdj-00</td><td>零件图号</td><td colspan="2">Stlfdj-18</td></tr>
<tr><td>产品名称</td><td>斯特林发动机</td><td>零件名称</td><td colspan="2">开口汽缸座</td></tr>
<tr><td>材料</td><td>2A11</td><td>毛坯种类 ｜ 圆棒</td><td>毛坯外形尺寸</td><td>ϕ28×50</td><td>备注</td><td colspan="2"></td></tr>
<tr><td>工序号</td><td>工序名称</td><td>工序内容</td><td>车间</td><td>工段</td><td>设备</td><td>工时</td><td>备注</td></tr>
<tr><td>10</td><td>下料</td><td>切割 ϕ28、长度为 50 的 2A11 的棒料</td><td>下料车间</td><td></td><td>锯床</td><td>0.2</td><td></td></tr>
<tr><td>20</td><td>车削
车削
车削
钻孔
车削</td><td>车端面见平，粗车出零件外形留 0.5 余量
精车外圆达图纸要求
用槽刀车出 1×1 的槽
用麻花钻钻 ϕ4 的中心孔
切断下零件下料</td><td>数控车削车间</td><td></td><td>数控车床</td><td>1</td><td></td></tr>
<tr><td>30</td><td>铣削
钻孔</td><td>铣平面达图纸要求
钻两个 ϕ3 的通孔，1 个 ϕ3 盲孔，用 ϕ6 的铣刀铣两个 ϕ6 的孔，深度为 8</td><td>数控铣削车间</td><td></td><td>数控铣床</td><td>0.5</td><td></td></tr>
<tr><td>40</td><td>套丝</td><td>套丝 M12×1.5</td><td>钳工车间</td><td></td><td>钳工工作台</td><td>0.5</td><td></td></tr>
<tr><td colspan="2">编　制</td><td>审　核 ｜ 批　准</td><td colspan="2"></td><td>共 1 页</td><td colspan="2">第 1 页</td></tr>
</table>

斯特林发动机零件机械加工工艺过程卡片

金华职业技术学院 机电工程学院			产品型号	Stlfdj-00		零件图号	Stlfdj-19
			产品名称	斯特林发动机		零件名称	开口汽缸
材料	0Cr18Ni9	毛坯种类：圆棒	毛坯外形尺寸	ϕ22×50		备注	
工序号	工序名称	工序内容	车间	工段		设备	工时 / 备注
10	下料	切割 ϕ22、长度为 50 的铜 0Cr18Ni9 的棒料	下料车间			锯床	0.2
20	车削 车削 钻孔 车削	车端面见平，粗车外圆至 ϕ20 留 0.5 余量 精车外圆达图纸要求精车内孔、退刀槽达图纸要求 切断零件	数控车削车间			数控车床	1.5
30	攻丝	攻丝 M12×1.5	钳工车间			丝锥	0.2
编制		审核		批准		共 1 页	第 1 页

斯特林发动机零件机械加工过程工艺卡片

金华职业技术学院 机电工程学院			产品型号	Stlfdj-00		零件图号	Stlfdj-20	
			产品名称	斯特林发动机		零件名称	传动轴	
材料	0Gr18Ni9	毛坯种类	圆棒	毛坯外形尺寸	ϕ4×30	备注		
工序号	工序名称	工序内容		车间	工段	设备	工时	备注
10	下料	切割 ϕ4 长度为 30 的 0Gr18Ni9 的棒料		下料车间		锯床	0.2	
20	铣削	用砂轮机磨削两端面达图纸要求 铣削两边平面深 3，长 6，保证两平面夹角 90°		数控铣削车间		数控铣床	0.5	
30	磨削	磨削外圆满足公差要求		钳工车间		外圆磨床	0.1	
40								
50								
60								
70								
编　制		审　核		批　准		共 1 页	第 1 页	

附录　机械设计常用标准及资料

附表 1　热处理工艺代号（摘自 GB/T 12603—2005）

工艺	代号	工艺	代号
退火	511	盐水淬火	513-B
去应力退火	511-St	淬火和回火	514
球化退火	511-Sp	调质	515
正火	512	渗碳	531
淬火	513	渗氮	533
空冷淬火	513-A	氮碳共渗	534

附表 2　普通（优质）碳素结构钢（摘自 GB/T 700—2006、GB/T 699—2015）

普通碳素结构钢	
牌号	应用举例
Q195	强度低，塑性高，主要用来制作铁丝、铆钉、薄铁皮；水壶、水桶、铁皮烟囱、罐头，也可作为农业机械的一些焊接件
Q215	多轧制成板材、型材（圆、方、扁、工、槽、角等）及异型材以及制造焊接钢管，主要用于厂房、桥梁、船舶等建筑结构和一般输送流体用管道。此类钢一般不经热处理直接使用，与 10～15 号钢相当
Q235	又称作 A3 钢，由于含碳适中，综合性能较好，强度、塑性和焊接等性能得到较好配合，用途最广泛，适用于制造各类强度不高的结构件、焊接件，与 15～20 号钢相当
Q255	具有较好的强度、塑性和韧性，较好的焊接性能和冷、热压力加工性能，用于制造要求强度不太高的零件，如螺栓、键、摇杆、轴、拉杆和钢结构用各种型钢、钢板等，与 25～30 号钢相当
Q275	又称为 A5 钢，具有较高的强度、较好的塑性和切削加工性能，一定的焊接性能，小型零件可以淬火强化，如用于制造要求强度较高的零件，如齿轮、轴、链轮、键、螺栓、螺母、农机用型钢、输送链和链节，如用于建筑桥梁工程上制作比较重要的机械构件，可代替优质碳素钢材使用，与 35～40 号钢相当
优质碳素结构钢	
牌号	应用举例
08F	用于需塑性好的零件，如管子、垫片、垫圈；芯部强度要求不高的渗碳和氰化零件，如套筒、短轴、挡块、支架、靠模、离合器盘
10	用于制造拉杆、卡头、钢管垫片、垫圈、铆钉。这种钢无回火脆性，焊接性好，用来制造焊接零件
15	用于受力不大韧性要求较高的零件、渗碳零件、紧固件、冲模锻件及不需要热处理的低负荷零件，如螺栓、螺钉、拉条、法兰盘及化工贮器、蒸汽锅炉
20	用于不经受很大应力而要求很大韧性的机械零件，如杠杆、轴套、螺钉、起重钩等，也用于制造压力＜MPa、温度＜450℃、在非腐蚀介质中使用的零件，如管子、导管等。还可用于表面硬度高而芯部强度要求不大的渗碳与氰化零件

续表

优质碳素结构钢	
牌号	应用举例
25	用于制造焊接设备，以及经锻造、热冲压和机械加工的不承受高应力的零件，如轴、辊子、联轴器、垫圈、螺栓、螺钉及螺母
35	用于制造曲轴、转轴、轴销、杠杆、连杆、横梁、链轮、圆盘、套筒钩环、垫圈、螺钉、螺母。这种钢多在正火和调质状态下使用，一般不作焊接
40	用于制造辊子、轴、曲柄销、活塞杆、圆盘
45	用于制造齿轮、齿条、链轮、轴、键、销、蒸汽透平机的叶轮、压缩机及泵的零件、轧辊等。可代替渗碳钢铸齿轮、轴、活塞销等，但要经高频或火焰表面淬火
50	用于制造齿轮、拉杆、轧辊、轴、圆盘
55	用于制造齿轮、连杆、轮圈、轮缘、扁弹簧及轧辊等
60	用于制造轧辊、轴、轮箍、弹簧圈、弹簧、弹簧垫圈、离合器、凸轮、钢绳等
20Mn	用于制造凸轮轴、齿轮、联轴器、铰链、拖杆等
30Mn	用于制造螺栓、螺母、螺钉、杠杆及刹车踏板等
40Mn	制造耐疲劳负荷的零件，如轴、万向联轴器、曲轴、连杆及在高应力下工作的螺栓、螺母等
50Mn	用于制造耐磨性要求很高，在高负荷作用下的热处理零件，如齿轮、齿轮轴、摩擦盘、凸轮和截面面积在 $80mm^2$ 以下的心轴等
60Mn	适于制造弹簧、弹簧垫圈，弹簧环和片以及冷拔钢丝（≤7mm）和发条

附表 3　灰铸铁（摘自 GB/T 9439—2010）

牌号	铸件壁厚/mm		最小抗拉强度 σ_b/MPa	硬度 HB	应用举例
HT100	5	10	130	110～166	盖、外罩、油盘、手轮、手把、支架等
	10	20	100	93～140	
	20	30	90	87～131	
	30	50	80	82～122	
HT150	5	10	175	137～205	端盖、汽轮泵体、轴承座、阀壳、管子及管路附件、手轮、一般机床底座、床身及其他复杂零件、滑座、工作台等
	10	20	145	119～179	
	20	30	130	110～166	
	30	50	120	141～157	
HT200	5	10	220	157～236	汽缸、齿轮、底架、机体、飞轮、齿条、衬筒、一般机床铸有导轨的床身及中等压力（8MPa 以下 O 型油缸、液压泵和阀的壳体等）
	10	20	195	148～222	
	20	30	170	134～200	
	30	50	160	128～192	

续表

牌号	铸件壁厚/mm		最小抗拉强度 σ_b/MPa	硬度 HB	应用举例
HT250	5.0	10	270	175～262	阀壳、油缸、汽缸、联轴器、机体、齿轮、齿轮箱外壳、飞轮、衬筒、凸轮轴承座
	10	20	240	164～246	
	20	30	220	157～236	
	30	50	200	150～225	
HT300	10	20	290	182～272	齿轮、凸轮、车床卡盘、剪床、压力机的机身、导板、六角自动车床及其他重负荷机床铸有导轨的床身、高压油缸、液压泵和滑阀的壳体等
	20	30	250	168～251	
	30	50	230	161～241	
HT350	10	20	340	199～299	
	20	30	290	182～272	
	30	50	260	171～257	

注：灰铸硬度，由经验关系式计算，即 $\sigma_b \geqslant 196$MPa 时，HB=RH（100+0.438σ_b）；

当 $\sigma_b < 196$MPa 时，HB=RH(44+0.724σ_b)，RH 一般取 0.80～1.20。

附表 4　合金结构钢（摘自 GB/T 3077—2015）

牌号	应用举例
20Mn2	代替 20Cr 钢制作渗碳的小齿轮、小轴、低要求的活塞销、十字销头、汽门顶杆、变速箱操纵杆等，亦可作调质件、冷镦件和铆焊件
35Mn2	用于制造重型和中型机械中的连杆、心轴、半轴、曲轴、冷镦螺栓等
45Mn2	用作在较高应力与磨损条件下的零件，如万向接头轴、车轴、连杆盖、摩擦盘、蜗杆、齿轮、齿轮轴等调质或正火零件，制作直径<60mm 的零件时可代替 40Cr 钢
35SiMn	在调质状态下用于制造中速、中等符合的零件，或在淬火、回火状态下用作高负荷面冲压不大的零件，也可用作截面较大及需表面淬火的零件
42SiMn	主要用作表面淬火钢，在高频淬火及中温回火状态下用于制造中速和中等负荷的齿轮零件；在调质后高频淬火、低温回火状态下用于制造表面要求高硬度、较高耐磨性的较大截面零件，如主轴、轴、齿轮等，也可在淬火后低、中温回火状态下用于制造中速、高负荷的零件，如齿轮、主轴、液压泵转子、滑块等，可代替 40CrNi 钢
20MnVB	可作 20CrMnTi 的代替钢，用于制造模数较大、负荷较重的中小渗碳零件，如重型机床上的齿轮和轴，汽车上的后桥主动、从动齿轮等
40MnVB	代替 40Cr 或 42CrMo 制造汽车、拖拉机和机床上的重要调质件，如轴、齿轮等
15Cr	主要用来制造工作速度较高、截面不大但芯部强度及韧性要求较高，表面承受磨损的零件，如齿轮、凸轮、滑阀、活塞、衬套等
20Cr	用来制造芯部强度要求较高、工作表面承受磨损、截面在 30mm 以下、形状复杂而负荷不大的渗碳零件，如机床变速箱齿轮、齿轮轴、凸轮、蜗杆、活塞销、爪形离合器等。也可在调质状态下使用，制造工作速度较大并承受中等冲击负荷的零件

续表

牌号	应用举例
40Cr	这是一种最常用的合金调质结构钢，用于制造承受中等负荷和中等速度工作条件下的机械零件，如汽车的转向节、后半轴及机床上的齿轮、轴、蜗杆、花键轴、顶尖套等；也可经调质并高频表面淬火后用于制造具有高的表面硬度及耐磨性而无很大冲击的零件，如齿轮、套筒、轴、主轴、曲轴、心轴、销子、连杆螺钉、进气阀等；也可经淬火、中温或低温回火，制造承受重负荷的零件；又适于制造并进行碳氮共渗处理的各种传动零件，如直径较大和要求低温韧性好的齿轮和轴
20CrNi	用于制造高负荷下工作的大型重要渗碳零件，如齿轮、键、对轴、活塞销、花键轴等；也可用作具有高冲击韧性的调质零件
40CrNi	调质状态下使用，用来制造截面尺寸较大的热状态下锻造和冲压的重要零件，如轴、齿轮连杆、曲轴、螺钉、圆盘等
20CrMnMo	用作截面较大的重要渗碳件，如齿轮轴、曲轴等，可代替 12Cr2Ni4 的代用钢
38CrMoAl	为高级氮化钢，主要用于具有高耐磨性、高疲劳强度、热处理后尺寸精确的氮化零件，或各种受冲击负荷不大而耐磨性高的氮化零件，如镗杆、磨床主轴、自动车床主轴、蜗杆、精密丝杆、精密齿轮、高压阀门、阀杆、量规、样板、辊子、仿模、汽缸套、压缩机活塞杆、汽轮机上的调速器、转动套、固定套、橡胶及塑料挤压机上的各种耐磨件等
40CrNi	调质状态下使用，用来制造截面尺寸较大的热状态下锻造和冲压的重要零件，如轴、齿轮连杆、曲轴、螺钉、圆盘等
20CrMnTi	是 18CrMnTi 的代用钢，广泛用作渗碳零件，在汽车、拖拉机工业用于界面在 30mm 以下，承受高速、中或重负荷以及受冲击、摩擦的重要渗碳零件，如齿轮、轴、齿圈、齿轮轴、滑动轴承的主轴、十字头、爪形离合器、蜗杆等
40CrNiMoA	用作要求韧性好、强度高及大尺寸的重要调质件，如重型机械中高负荷的轴类、直径大于 250mm 的汽轮机轴、直升飞机的旋翼轴、蜗轮喷气发动机的蜗轮轴、叶片、高负荷的传动件、曲轴紧固件、齿轮等；也可用于操作温度超过 400℃的转子轴和叶片等，还可进行渗碳处理后用来制作特殊性能要求的重要零件，在低温回火后或等温淬火后可作超高强度钢使用

附表 5　常用不锈钢牌号的主要用途（摘自 GB/T 20878—2007）

材质	日本牌号	美国牌号	类型	用途
1Cr18Ni9Ti	SUS321	321	奥氏体型	使用最广泛，适用于食品、化工、医药、原子能工业
0Cr25Ni20	SUS310S	310S	奥氏体型	炉用材料
1Cr18Ni9	SUS302	302	奥氏体型	经冷加工有高的强度，建筑用装饰部件
0Cr18Ni9	SUS304	304	奥氏体型	作为不锈钢耐热钢使用最广泛，食品用设备，一般化工设备、原子能工业用
00Cr19Ni10	SUS304L	304L	奥氏体型	用于抗晶间腐蚀性要求高的化学、煤炭、石油产业的野外露天机器、建材、耐热零件及热处理有困难的零件
0Cr17Ni14Mo2		316	奥氏体型	适用在海水和其他介质中，主要作耐点蚀材料、照相、食品工业、沿海地区设施、绳索、CD 杆、螺栓、螺母
00Cr17Ni14Mo2	SUS316L	316L	奥氏体型	为 0Cr17Ni14Mo2 超低碳钢，用于对抗晶间腐蚀性有特别要求的产品
1Cr18Ni12Mo2Ti			奥氏体型	用于抗硫酸、磷酸、甲酸、乙酸的设备，有良好的耐晶间腐蚀性

续表

材质	日本牌号	美国牌号	类型	用途
0Cr18Ni12Mo2Ti			奥氏体型	同上
0Cr18Ni10Ti			奥氏体型	添加 Ti 提高耐晶腐蚀，不推荐作装饰部件
0Cr16Ni14			奥氏体型	无磁不锈钢，作电子元件
0-1Cr20Ni14Si2			奥氏体型	具有较高的高温度强度及抗氧化性，对含硫气氛较敏感，在 600～800℃有析出相的脆化倾向，适用于制作承受应力的各种炉用构件
1Cr17Ni7	SUS301	301	奥氏体型	适用于高强度构件，火车客车车厢用材料
00Cr18Ni5Mo3Si2			奥氏体型＋铁素体型	耐应力腐蚀破裂性能良好，具有较高的强度，适用于含氯离子的环境，用于炼油、化肥、造纸、石油、化工等工业，制造热交换器冷凝器等
0Cr17（Ti）			铁素体型	用于洗衣机内桶冲压件，装饰用
00Cr12Ti			铁素体型	用于汽车消音器，装饰用
0Cr13Al	SUS405	405	铁素体型	从高温下冷却不产生显著硬化，汽轮机材料，淬火用部件，复合钢材
1Cr17	SUS430	430	铁素体型	耐蚀性良好的通用钢种，建筑内装饰用，重油燃烧器部件，用于家庭用具、家用电器部件
0Cr13	SUS410S	410S	铁素体型	作较高韧性及受冲击负荷的零件，如汽轮机片、结构架、螺栓、螺帽等
1Cr13	SUS410	410	马氏体型	具有良好的耐蚀性、机械加工性，用作一般用途、刀刃机械零件、石油精炼装置、螺栓、螺帽、泵杆、餐具等
2Cr13	SUS420J1	420	马氏体型	淬火状态下硬度高，耐蚀性良好，作汽轮机叶片、餐具（刀）

附表 6　冷轧钢板和钢带（摘自 GB/T 708—2019）　mm

厚度	0.20，0.25，0.30，0.35，0.40，0.45，0.55，0.60，0.65，0.70，0.75，0.80，0.90，1.0，1.1，1.2，1.3，1.4，1.5，1.6，1.7，1.8，2.0，2.2，2.5，2.8，3.0，3.2，3.5，3.8，3.9，4.0，4.2，4.5，4.8，5.0

注：1. 本标准适用于宽度≥600mm，厚度为 0.2～5mm 的冷轧钢板和厚度不大于 3mm 的冷轧钢带。

2. 宽度系列为 600，700，（710），750，800，850，900，950，1000，1100，1250，1400，（1420），1500～2000（100 进位）。

附表 7　热轧圆钢和方钢（摘自 GB/T 702—2017）　mm

圆钢直径	5.5	6	6.5	7	8	9	10	*11	12	13	14	15	16	17
	18	19	20	21	22	*23	24	25	26	*27	*28	*29	30	*31
	32	*33	34	*35	36	38	40	42	45	48	50	53	*55	56
方钢边长	*58	60	63	*65	*68	70	75	80	85	90	95	100	105	110
	115	120	125	130	140	150	160	170	180	190	200	220	250	

注：1. 本标准适用于直径为 5.5～250mm 的热轧圆钢和边长为 5.5～200mm 的热轧方钢。

2. 各种直径优质钢的长度为 2～6m；普通钢的长度当直径或边长小于 25mm 时为 4～10m。

3. 表中带 * 者不推荐使用。

附表 8　铸造铜合金（摘自 GB 1176—2013）、**铸造铝合金**（摘自 GB/T 1173—2013）

合金牌号	合金名称 （或代号）	铸造 方法	合金 状态	机械性能（不低于）				应用举例
				抗拉强度 R_m	屈服强度 $R_{p0.2}$	伸长率 A	布氏硬度 HB	
				MPa	MPa	%		
铸造铜合金								
ZCuSn5Pb5Zn5	5-5-5 锡青铜			2100 250	90 100	13	590 635	较高负荷、中速下工作的耐磨耐蚀件，如轴瓦衬套、缸套及蜗轮等
ZCuSn10Pb1	10-1 锡青铜			320 310 330 360	130 170 170 170	3 2 4 6	785 885 885 885	高负荷（20MPa 以下）和高滑动速度（8m/s）下工作的耐磨件，如连杆、衬套、轴瓦、蜗轮等
ZCuSn10Pb5	10-5 锡青铜	S、J Li、La		195 245		10	685	耐蚀、耐酸件及破碎机衬套、轴瓦等
ZCuPb17Sn4Zn4	17-4-4 铅青铜	S、J Li、La		150 175		5 7	540 590	一般耐磨件、轴承等
ZCuAl10Fe3	10-3 铝青铜	S J		490 540 540	180 200 200	13 15 15	980 1080 1080	要求强度高、耐磨耐蚀的零件，如轴套、螺母、蜗轮、齿轮等
ZCuAl10Fe3Mn2	10-3-2 铝青铜	S J		490 540		15 20	1080 1175	
ZCuZn38	38 黄铜	S、J Li、La		295		30	590 685	一般结构件和耐蚀件，如法兰、阀座、螺母等
ZCuZn40Pb2	40-2 铅黄铜	S J		220 280	120	15 20	785 885	一般用途的耐磨、耐蚀件，如轴套、齿轮等
ZCuZn38Mn2Pb2	38-2-2 锰黄铜	S J		245 345		10 18	685 785	一般用途的结构件，如套筒、衬套、轴瓦、滑块等
ZCuZn16Si4	硅黄铜	S J		345 390		15 20	885 980	接触海水工作的管配件以及水泵、叶轮等

续表

合金牌号	合金名称（或代号）	铸造方法	合金状态	机械性能（不低于）				应用举例
				抗拉强度 R_m	屈服强度 $R_{p0.2}$	伸长率 A	布氏硬度 HB	
				MPa	MPa	%		
铸造铝合金								
ZAlSi12	ZL102 铝硅合金	SB、JB J SB、JB J	F F T_2 T_2	143 153 133 143		4 2 4 3	50	汽缸活塞以及高温工作的承受冲击载荷的复杂薄壁零件
ZAlSi19Mg	ZL104 铝硅合金	S、J J SB J、JB	F T_1 T_6 T_6	143 192 222 231		2 1.5 2 2	50 70 70 70	形状复杂的高温静载荷或受冲击作用的大型零件，如扇风机叶片、水冷汽缸头
ZAlMg5Si1	ZL303 铝镁合金	S、J	F	143		1	55	高耐蚀性或在高温下工作的零件
ZAlZn11Si7	ZL401 铝锌合金	S J	T_1	192 241		2 1.5	80 90	铸造性能较好，可不热处理，用于形状复杂的大型薄壁零件，耐蚀性差

附表 9　常用铜合金性能及用途（摘自 GB/T 11086—2013、GB/T 1176—2013）

品种	牌号	用途
纯铜	T2	主要用作导电、导热、耐蚀器材，如电线、电缆、导电螺钉、爆破用雷管、化工用蒸发器、贮藏器及各种管道等
	紫铜	主要用于制作发电机、母线、电缆、开关装置、变压器等电工器材及热交换器、管道、太阳能加热装置的平板集热器等导热器材
磷脱氧铜	TP1	主要用于各种供油、供水的管道、深冲件和焊接件等
	TP2	主要用于冷凝器、燃气加热器和燃油烧嘴用管，蒸发器、热交换器、火车箱零件等
无氧铜	TU1	用于制作母线、波导管、引入线、阳极、真空密封、晶体管元件、玻璃-金属密封、同轴电缆、速度调制电子管、微波管等
	TU2	用于制作电真空仪器仪表用零件、汇流排、导电条、波导管、同轴电缆、真空密封件、真空管、晶体管部件等
银铜	TAg0.1	用于制作母线、导线、电触点、无线电零件、线圈、开关、整流器片、汽车垫圈和水箱、化工设备、印刷辊筒、印刷电路用箔材等
黄铜	H96	应用于散热管及片、波导管、冷凝管、导电零件等
	H90	应用于各种给排水管、电阻帽、水箱带、双金属片及奖章奖牌、艺术品等

续表

品种	牌号	用途
黄铜	H85	建筑方面：蚀刻件、装饰、挡风条； 电工方面：导管、螺旋套管、插座； 工业方面：冷凝器及热交换管、挠性软管、酸洗筐、泵用管道、汽车水箱型芯； 五金制品方面：孔眼、紧固件、灭火器； 卫生管理工程方面：管道管、丁形弯管、进户管道、放泄弯管； 其他：徽章、粉匣、服饰、刻度盘、饰刻制品、口红盒、铭牌、标签等
	H70	建筑方面：格架； 汽车工业方面：汽车水箱型芯及油箱； 电气方面：绝缘珠串、闪光灯壳体、反射器、灯用配件、管套、螺旋套管； 五金制品：孔限、紧固件、销钉、铰链、锁、铆钉、弹簧、冲压件、管子、蚀刻件； 军用品：军火组件，尤其是弹壳； 卫生管道工程：附件、配件； 工业方面：泵和动力缸、缸件内衬
	H68	用于汽车端子、分立元器件、散热器外壳、插接件、各种复杂的冷冲压件和深冲件、波导管、波纹管等
	H65	应用于子弹外壳、建筑用格架、汽车水箱型芯及油箱、反射器、闪光灯壳体、灯用配件、螺旋套管、管套、绝缘珠串、链条、孔眼、紧固件、保护垫圈、镂花模板、管道附件、沉降过滤器、电线、销钉、铆钉、螺钉、小弹簧、造纸管等
	H63	应用于各种浅冲压件、制糖机械及船舶部件等
	H62	应用于导管、夹线板、环形件、热交换器零件、制糖机械、船舶、造纸机械等零部件、乐器等
	HSn88-1	用于制作吊窗链、端子、熔丝夹、弹簧垫圈、接触弹簧、电气接插件用轧制带材、异型棒材和薄板材
	HSn88-2	用于制作电气开关弹簧、端子、接插件、熔丝夹、笔夹、挡风条用轧制带材、异型棒材和薄板材
锌白铜	BZn10-25	用于金属构件、铆钉、螺钉、拉链、光学仪器零件、蚀刻件、中空制件、铭牌、电镀异型棒材等
	BZn12-24	用于制造拉链、照相机与光学仪器零件、蚀刻基板、铭牌等
	BZn15-20	用于照相机零件、光学设备、蚀刻基板、首饰合金等
	BZn18-18	用于制造铆钉、螺钉、餐具、桁架线、拉链、光学仪器、照相机零件如芯棒、样板等，镀银底板、服饰、蚀刻基板、中空件、铭牌、收音机刻度盘等
	BZn18-20	用于液晶体振荡元件外壳、晶体壳体、电位器用滑动片、医疗机械、建筑、管乐器等
	BZn18-26	广泛地用于电子行业，还有弹簧、马达、连接器、眼镜、探针等的制造业中
青铜	QSn4.0-0.3 （常规）	建筑：桥梁支承板； 金属构件：脱粒辊筒纹杆、波纹管、离合器摩擦片、连插件、隔膜、熔丝夹、紧固件、防松垫圈、弹簧、开关零件、端子； 工业：化工设备构件、多孔薄板、纺织机械等
	QSn4.0-0.3 （特殊）	用于弹簧和精密仪器零件等

续表

品种	牌号	用途
青铜	QSn4.0-0.3（特殊）	主要用于制作压力计弹簧用的各种尺寸的管材等
	QSn6.5-0.1	用于制作弹簧和导电性好的弹簧接触片、精密仪器中的耐磨零件和抗磁零件，如齿轮、电刷盒、振动片、接触器、精密铸造仪表小型特殊零件等
	QSn6.5-0.4	用于制造金属网、耐磨零件及弹性元件等
	QSn8.0-0.3	用于抗磨垫圈、轴承、蜗轮、弹簧等
铍青铜	QBe2	要求高强度、高滞弹性、抗疲劳和抗蠕变时，该合金应用于各种弹簧、金属软管、夹子、垫圈、扣环； 要求高强度或高抗磨，同时又要求良好的导电或低磁性时，应用于航天航空导航仪表、无火花工具、撞针、衬套、阀泵、轴、机械部件等； 要求高强度、良好的耐蚀性和导电性，该合金应用于电机弹簧片、接触电桥、螺栓、螺钉等
	QBe1.7	应用于波纹管、布尔登管、隔膜、保险夹丝、紧固件、防松垫圈、弹簧、开关和继电器元件、电器和电子元件、挡圈、滚销、阀、泵、花键轴、轧机部件、焊接设备、无火花安全工具等

附表 10　压铸铝合金特点及应用举例（摘自 GB/T 15115—2009）

合金系	牌号	代号	合金特点	应用举例
Al-Si 系	YZlSi12	YL102	共晶铝硅合金。具有较好的抗热裂性能和很好的气密性，以及很好的流动性，不能热处理强化，抗拉强度低	用于承受低负荷、形状复杂的薄壁铸件，如各种仪壳体、汽车机匣、牙科设备、活塞等
Al-Si-Mg 系	YZAlSi10Mg	YL101	亚共晶铝硅合金。较好的抗腐蚀性能，较高的冲击韧性和屈服强度，但铸造性能稍差	汽车车轮罩、摩托车曲轴箱、自行车车轮、船外机螺旋桨等
	YZAlSi10	YL104		
Al-Si-Cu 系	YZAlSi9Cu4	YL112	具有好的铸造性能和力学性能，很好的流动性、气密性和抗热裂性，较好的力学性能、切削加工性、抛光性和铸造性能	常用作齿轮箱、空冷汽缸头、发报机机座、割草机罩子、启动刹车、汽车发动机零件，摩托车缓冲器、发动机零件及箱体，农机具用箱体、缸盖和缸体，3C 产品壳体，电动工具、缝纫机零件、渔具、煤气用具、电梯零件等。YL112 的典型用途为带轮、活塞和汽缸头等
	YZAlSiCu3	YL113	过共晶铝硅合金。具有特别好的流动性、中等的气密性和好的抗热裂性，特别是具有高的耐磨性和低的热膨胀系数	主要用于发动机机体、刹车块、带轮、泵和其他要求耐磨的零件
	YZAlSi7Cu5Mg	YL117		
Al-Mg 系	YZAlMg5Si1	YL302	耐蚀性能强，冲击韧性高，伸长率差，铸造性能差	汽车变速器和油泵壳体，摩托车的衬垫和车架的连接器，农机具的连杆、船外机螺旋桨、钓鱼杆及其卷线筒等零件

附表 11　常用变形铝合金牌号、化学成分、力学性能及用途（GB/T 3190—2008）

类别	牌号（旧牌号）	化学成分/%								热处理状态	力学性能			用途举例
		Si	Fe	Cu	Mn	Mg	Zn	Ti			σ_b MPa	δ %	HB	
防锈铝合金	5A05（LF5）	0.5	0.5	0.10	0.3～0.6	4.8～5.5	0.20			退火	280	20	70	中载零件、焊接油箱、油管、铆钉等
	3A21（LF21）	0.6	0.7	0.20	1.0～1.6	0.05	0.10	0.15			130	20	30	焊接油箱、油管、铆钉等轻载零件及制品
硬铝合金	2A01（LY1）	0.50	0.50	2.2～3.0	0.20	0.2～0.5	0.10	0.15		淬火＋自然时效	300	24	70	工作温度不超过100℃的中强铆钉
	2A11（LY11）	0.7	0.7	3.8～4.8	0.4～0.8	0.4～0.8	0.30	0.15	Ni 0.10 Fe＋Ni 0.7		420	18	100	中强零件，如骨架、螺旋桨叶片、铆钉
	2A12（LY12）	0.50	0.50	3.8～4.9	0.3～0.9	1.2～1.8	0.30	0.15	Ni 0.10 Fe＋Ni 0.7		470	17	105	高强，150℃以下工作零件，如梁、铆钉
超硬铝合金	7A04（LC4）	0.50	0.50	1.4～2.0	0.2～0.6	1.8～2.8	5.0～7.0	0.10	Cr0.1～0.25	淬火＋人工时效	600	12	150	主要受力构件，如飞机大梁、起落架
	7A09（LC9）	0.50	0.50	1.2～2.0	0.15	2.0～3.0	5.1～6.1	0.10	Cr0.16～0.30		680	7	190	同上
锻铝合金	2A50（LD5）	0.7～1.2	0.7	1.8～2.6	0.4～0.8	0.4～0.8	0.30	0.15	Ni 0.10 Fe＋Ni 0.7	淬火＋人工时效	420	13	105	形状复杂中等强度的锻件及模锻件
	2A70（LD7）	0.35	0.9～1.5	1.9～2.5	0.20	1.4～1.8	0.30	0.02～0.1	Ni 0.9～1.5		415	13	120	高温下工作的复杂锻件、内燃机活塞
	2A14（LD10）	0.6～1.2	0.7	3.9～4.8	0.4～1.0	0.4～0.8	0.30	0.15	Ni 0.10		480	19	135	承受高载荷的锻件和模锻件

附表 12　常用工程塑料名称代号、特性及用途

名称（代号）	主要特性	用途举例
热塑性塑料		
聚乙烯（PE）	高压聚乙烯柔软、透明、无毒；低压聚乙烯刚硬、耐磨、耐蚀，电绝缘性较好	高压聚乙烯：薄膜、软管、塑料瓶；低压聚乙烯：化工设备、管道、承载不高的齿轮、轴承等
聚丙烯（PP）	强度、硬度、弹性均高于聚乙烯，密度小，耐热性良好，电绝缘性能和耐蚀性能优良，韧性差，不耐磨，易老化	法兰、齿轮、风扇叶轮、泵叶轮、把手、电视机（收录机）壳体以及化工管道、容器、医疗器械等
聚氯乙烯（PVC）	较高的强度和较好的耐蚀性。软质聚氯乙烯，其伸长率高，制品柔软，耐蚀性和电绝缘性良好	废气排污排毒塔、气体液体输送管，离心泵、通风机、接头；软质 PVC：薄膜、雨衣、耐酸碱软管、电缆包皮、绝缘层等
聚苯乙烯（PS）	耐蚀性、电绝缘性、透明性好，强度、刚度较大，耐热性、耐磨性不高，抗冲击性差，易燃、易脆裂	纱管、纱绽、线轴；仪表零件、设备外壳；储槽、管道、弯头；灯罩、透明窗；电工绝缘材料等
ABS 塑料	较高强度和冲击韧度，良好的耐磨性和耐热性，较高的化学稳定性和绝缘性，易成型，机械加工性好，耐高、低温性能差，易燃，不透明	齿轮、轴承、仪表盘壳、冰箱衬里以及各种容器、管道、飞机舱内装饰板、窗框、隔声板等，也可制作小轿车车身及挡泥板、扶手、热空气调节导管等汽车零件
聚酰胺（PA）（尼龙或锦纶）	强度、韧性、耐磨性、耐蚀性、吸振性、自润滑性良好，成型性好，无毒、无味。蠕变值较大，导热性较差，吸水性高，成型收缩率大	尼龙 610、66、6 等，制造小型零件（齿轮、蜗轮等）；芳香尼龙制作高温下耐磨的零件，绝缘材料和宇宙服等。应注意，尼龙吸水后性能及尺寸发生很大变化
聚碳酸酯（PC）	抗拉、抗弯强度高，冲击韧度及抗蠕变性能好，耐热性、耐寒性及尺寸稳定性较高，透明度高，吸水性小，良好的绝缘性和加工成型性，化学稳定性差	垫圈、垫片、套管、电容器等绝缘件；仪表外壳、护罩；航空及宇航工业中制造信号灯、挡风玻璃，座舱罩、帽盔等
聚四氟乙烯（塑料王）（PTFE）	优异的耐化学腐蚀性，优良的耐高、低温性能，摩擦因数小，吸水性小，硬度、强度低，抗压强度不高，成本较高	减摩密封零件、化工耐蚀零件与热交换器以及高频或潮湿条件下的绝缘材料，如化工管道、电气设备、腐蚀介质过滤器等
聚甲基丙烯酸甲酯（有机玻璃）（PMMA）	透光率 92%，相对密度为玻璃的一半，强度、韧性较高，耐紫外线、防大气老化，易成型，硬度不高，不耐磨，易溶于有机溶剂，耐热性、导热性差，膨胀系数大	飞机座舱盖、炮塔观察孔盖、仪表灯罩及光学镜片，防弹玻璃、电视和雷达标图的屏幕、汽车风挡、仪器设备的防护罩等

续表

热固性塑料		
酚醛塑料（PE）	一定的强度和硬度，较高的耐磨性、耐热性，良好的绝缘性和耐蚀性，刚度大，吸湿性低，变形小，成型工艺简单，价格低廉。缺点是质脆，不耐碱	插头、开关、电话机、仪表盒、汽车刹车片、内燃机曲轴、皮带轮、纺织机和仪表中的无声齿轮、化工用耐酸泵、日用用具等
环氧塑料（EP）	比强度高，韧性较好，耐热、耐寒、耐蚀、绝缘、防水、防潮、防霉，良好的成型工艺性和尺寸稳定性。有毒，价格高	塑料模具、精密量具、灌封电器、配制飞机漆、油船漆、罐头涂料、印刷线路等

附表 13　常用橡胶种类、性能及用途

生胶类型	代号	使用温度/℃	性能特点	主要用途
天然橡胶	NR	−50～80	机械强度高，回弹性好，耐磨、抗撕裂	用于汽车制动系统刹车皮碗和皮圈等
三元乙丙橡胶	EPDM	−50～150	耐热、耐寒、耐臭氧	电线护套、汽车挡风条、门窗嵌条及密封条
氯丁橡胶	CR	−40～130	耐自然老化，在热空气中耐老化好	用于制作薄膜制品、夹布制品、真空密封制品
丁腈橡胶	NBR	−40～100	良好的耐油性（120℃）耐磨性及耐老化性	大量用于油封、O 型圈、夹布制品及各种耐油制品
硅橡胶	MVQ	−65～230	耐热、耐寒、耐压缩永久变形极佳	用于耐低温和耐高温使用的 O 型圈、油封，特别适用于高温高速旋转轴油封
聚氨酯橡胶	AU	−20～80	耐热、耐磨性好、机械强度高	主要用于液压机械中活塞杆和缸密封
氟橡胶	FPM	−20～200	耐油、耐热、耐化学药品性能极佳	用于制作油封、O 型圈及耐化学品的密封制品
丁苯橡胶	SBR	−45～100	性能接近天然橡胶，抗老化、耐热性优于天然橡胶	替代天然橡胶制作轮胎、胶板、胶管、胶鞋等
顺丁橡胶	BR	−70～100	与天然橡胶相仿，耐磨性能突出，耐曲挠性好	与天然胶并用制作刹车皮碗和皮圈
丁基橡胶	IIR	−50～125	耐热，耐自然老化，对动植物油、磷酸酯系不燃性液压油、水和化学药品具有良好的抵抗作用，还具有优良的气密性	用于制作耐热、耐酸碱、耐磷酸酯不燃性液压油的密封制品和煤气垫圈，真空用密封圈及制作密封条等
聚丙烯酯橡胶	ACM	−20～170	具有优良的耐热油老化性能，特别在加有极压添加剂的双曲线齿轮油中具有独特的抗耐性能；耐水和耐寒性差	大量用于耐高温油，高速油封，如：汽车曲轴前后油封；还用于橡胶护套，垫圈等密封制品，以及含极压添加剂的齿轮油中使用的密封制品

附表 14　角接触球轴承（摘自 GB/T 292—2007）　mm

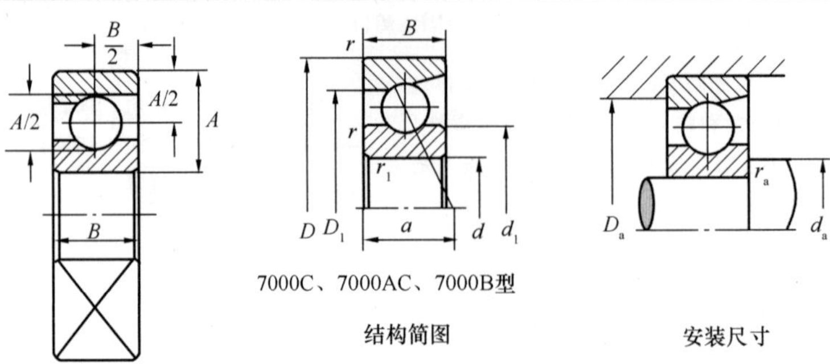

7000C、7000AC、7000B型

结构简图　　安装尺寸

新轴承代号		外形尺寸/mm								
7000C 型	7000AC 型	d	D	B	d_1 ≈	D_1 ≈	α 7000C	α 7000AC	r min	r_1 min
轻窄系列										
7202C	7202AC	15	35	11	21.6	29.4	8.9	11.4	0.6	0.15
7203C	7203AC	17	40	12	24.8	33.4	9.9	12.8	0.6	0.3
7204C	7204AC	20	47	14	29.3	39.7	11.5	14.9	1	0.3
7205C	7205AC	25	52	15	33.8	44.2	12.7	16.4	1	0.3
7206C	7206AC	30	62	16	40.8	52.2	14.2	18.7	1	0.3
7207C	7207AC	35	72	17	46.8	60.2	15.7	21	1.1	0.6
7208C	7208AC	40	80	18	52.8	67.2	17	23	1.1	0.6
7209C	7209AC	45	85	19	58.8	73.2	18.2	24.7	1.1	0.6
7210C	7210AC	50	90	20	62.4	77.7	19.4	26.3	1.1	0.6
7211C	7211AC	55	100	21	68.9	86.4	20.9	28.6	1.5	0.6
7212C	7212AC	60	110	22	76	94.1	22.4	30.8	1.5	0.6
7213C	7213AC	65	120	23	82.5	102.6	24.2	33.5	1.5	0.6
7214C	7214AC	70	125	24	89	109.1	25.3	35.1	1.5	0.6
7215C	7215AC	75	130	25	94	115	26.4	36.6	1.5	0.6
7216C	7216AC	80	140	26	100	122	27.7	38.9	2	1
7217C	7217AC	85	150	28	107.1	131	29.9	41.6	2	1
7218C	7218AC	90	160	30	111.7	138.4	31.7	44.2	2	1
7219C	7219AC	95	170	32	118.1	147	33.8	46.9	2.1	1.1
7220C	7220AC	100	180	34	124.8	155.3	35.8	49.7	2.1	1.1
中窄系列										
7302C	7302AC	15	42	13	/	/	9.6	13.5	1.0	0.3
7303C	7303AC	7	47	14	26.3	37.7	10.4	14.8	1.0	0.3
7304C	7304AC	20	52	15	30.3	41.7	11.3	16.3	1.1	0.6
7305C	7305AC	25	62	17	36.6	50.4	13.1	19.1	1.1	0.6
7306C	7306AC	30	72	19	44.6	59.4	15	22.2	1.1	0.6
7307C	7307AC	35	80	21	48.9	66.1	16.6	24.5	1.5	0.6
7308C	7308AC	40	90	23	56.5	74.5	18.5	27.5	1.5	0.6
7309C	7309AC	45	100	25	61.8	82.6	20.2	30.2	1.5	0.6

续表

新轴承代号		外形尺寸/mm								
7000C 型	7000AC 型	d	D	B	d_1 ≈	D_1 ≈	α 7000C	α 7000AC	r min	r_1 min
中窄系列										
7310C	7310AC	50	110	27	68.7	91.4	22.0	33.0	2	1
7311C	7311AC	55	120	29	75.2	100	23.8	55.8	2	1
7312C	7312AC	60	130	31	81.5	108	25.6	38.7	2.1	1.1
7313C	7313AC	65	140	33	88	117	27.4	41.5	2.1	1.1
7314C	7314AC	70	150	35	94.6	125	29.2	44.3	2.1	1.1
7315C	7315AC	75	160	37	101.3	133.7	31.0	47.2	2.1	1.1
7316C	7316AC	80	170	39	108	142	32.8	50.0	2.1	1.1
7317C	7317AC	85	180	41	111.3	153	34.6	52.8	3	1.1
7318C	7318AC	90	190	43	121	159	36.4	55.6	3	1.1
7319C	7319AC	95	200	45	128	167.5	38.2	58.5	3	1.1
7320C	/	100	215	47	132	183	40.2	61.9	3	1.1
/	7320AC	100	215		135.5	179.5	40.2	61.9	3	1.1
重窄系列										
	76406AC	30	90	23	48.6	71.5		26.1	1.5	0.6
	76407AC	35	100	25	55.2	79.8		29.0	1.5	0.6
	76408AC	40	110	27	63.6	88.3		31.8	2	1
	76409AC	45	120	29	/	96.5		34.6	2	1
/	76410AC	50	130	31	/	/	/	37.4	2.1	1.1
	76412AC	60	150	35	88	122.2		43.1	2.1	1.1
	76414AC	70	180	42	104	145		51.5	3	1.1
	76416AC	80	200	48	117.1	163		58.1	3	1.1
	76418AC	90	215	54	131.8	183.5		64.8	4	1.5

附表 15　深沟球轴承（GB/T 276—2013）　　mm

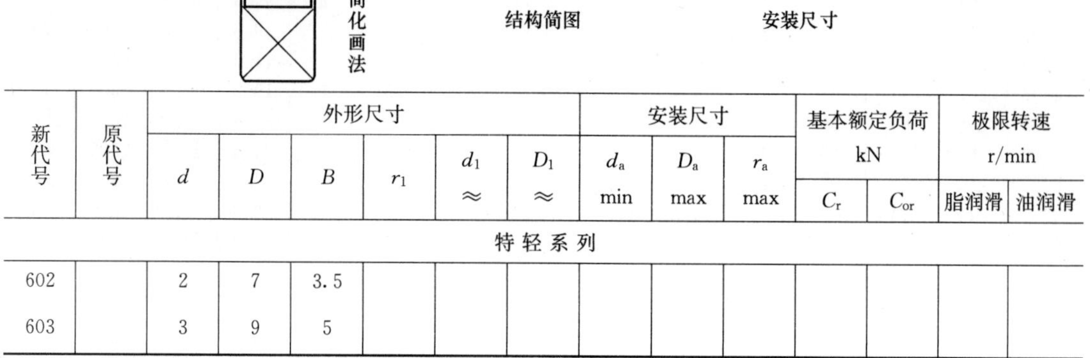

新代号	原代号	外形尺寸						安装尺寸			基本额定负荷 kN		极限转速 r/min	
		d	D	B	r_1	d_1 ≈	D_1 ≈	d_a min	D_a max	r_a max	C_r	C_{or}	脂润滑	油润滑
特轻系列														
602		2	7	3.5										
603		3	9	5										

续表

新代号	原代号	外形尺寸						安装尺寸			基本额定负荷 kN		极限转速 r/min	
		d	D	B	r_1	d_1 ≈	D_1 ≈	d_a min	D_a max	r_a max	C_r	C_{or}	脂润滑	油润滑
特轻系列														
604		4	12	4										
605		5	14	5										
606		6	17	6										
607		7	19	6										
608		8	22	7										
609		9	24	7										
6000	100	10	26	8	0.3	14.9	21.1	12.4	23.6	0.3	3.52	1.95	20000	28000
6001	101	12	28	8	0.3	17.4	23.6	14.4	25.6	0.3	3.92	2.22	19000	26000
6002	102	15	32	9	0.3	20.4	26.6	17.4	29.6	0.3	4.32	2.5	18000	24000
6003	103	17	35	10	0.3	22.9	29.1	19.4	32.6	0.3	4.62	2.78	17000	22000
6004	104	20	42	12	0.6	26.9	35.1	25	37	0.6	7.22	4.45	15000	19000
6005	105	25	47	12	0.6	31.8	40.2	30	42	0.6	7.75	4.95	13000	17000
6006	106	30	55	13	1	38.4	47.7	36	49	1	10.20	6.88	10000	14000
6007	107	35	62	14	1	43.3	53.7	41	56	1	12.50	8.60	9000	12000
6008	108	40	68	15	1	48.8	59.2	46	62	1	13.20	9.42	8500	11000
6009	109	45	75	16	1	54.2	65.9	51	69	1	16.20	11.80	8000	10000
6010	110	50	80	16	1	59.2	70.9	56	74	1	16.80	12.80	7000	9000
6011	111	55	90	18	1.1	66.5	79	62	83	1	23.20	17.80	6300	8000
6012	112	60	95	18	1.1	71.9	85.7	67	88	1	24.50	19.20	6000	7500
6013	113	65	100	18	1.1	75.3	89.7	72	93	1	24.80	19.80	5600	7000
6014	114	70	110	20	1.1	82	98	77	103	1	29.80	24.20	5300	6700
6015	115	75	115	20	1.1	88.6	104	82	108	1	30.80	26.50	5000	6300
6016	116	80	125	22	1.1	95.9	112.8	87	118	1	36.50	31.20	4800	6000
6017	117	85	130	22	1.1	100.1	117.6	92	123	1	39.00	33.50	4500	5600
6018	118	90	140	24	1.5	107.2	126.8	99	131	1.5	44.50	39.00	4300	5300
6019	119	95	145	24	1.5	110.2	129.8	104	136	1.5	44.50	39.00	4000	5000
6020	120	100	150	24	1.5	114.6	135.4	109	141	1.5	49.50	43.80	3800	4800
6021	121	105	160	26	2	121.5	143.6	115	150	2	55.2	49.50	3600	4500
6022	122	170	170	28	2	129.1	152.9	120	160	2	63.00	57.20	3400	4300
轻系列														
6200	200	10	30	9	0.6	17.4	23.6	15	25	0.6	3.92	2.22	19000	26000
6201	201	12	32	10	0.6	18.3	26.1	17	27	0.6	5.25	3.05	18000	24000
6202	202	15	35	11	0.6	21.6	29.4	20	30	0.6	5.88	3.48	17000	22000
6203	203	17	40	12	0.6	24.6	33.4	22	35	0.6	7.35	4.45	16000	20000
6204	204	20	47	14	1	29.3	39.7	26	41	1	9.88	6.28	14000	18000
6205	205	25	52	15	1	33.8	44.2	31	46	1	10.8	6.95	12000	16000
6206	206	30	62	16	1	40.8	52.2	36	56	1	15.0	10.0	9500	13000
6207	207	35	72	17	1.1	46.8	60.2	42	65	1	19.8	13.5	8500	11000
6208	208	40	80	18	1.1	52.8	67.2	47	73	1	22.8	15.8	8000	10000
6209	209	45	85	19	1.1	58.8	73.2	52	78	1	24.5	17.5	7000	9000
6210	210	50	90	20	1.1	62.4	77.6	57	83	1	27.0	19.8	6700	8500
6211	211	55	100	21	1.5	68.9	86.1	64	91	1.3	33.5	25.0	6000	7500
6212	212	60	110	22	1.5	76	94.1	69	101	1.5	36.8	27.8	5600	7000
6213	213	65	120	23	1.5	82.5	102.5	74	111	1.5	44.0	34.0	5000	6300
6214	214	70	125	24	1.5	89	109	79	116	1.5	46.8	37.5	4800	6000
6215	215	75	130	25	1.5	94	115	84	121	1.5	50.8	41.2	4500	5600

续表

新代号	原代号	外形尺寸						安装尺寸			基本额定负荷 kN		极限转速 r/min	
		d	D	B	r_1	d_1 ≈	D_1 ≈	d_a min	D_a max	r_a max	C_r	C_{or}	脂润滑	油润滑
轻系列														
6216	216	80	140	26	2	100	122	90	130	2	55.0	44.8	4300	5300
6217	217	85	150	28	2	107.1	130.9	95	140	2	64.0	53.2	4000	5000
6218	218	90	160	30	2	111.7	138.4	100	150	2	73.8	60.5	3800	4800
6219	219	95	170	32	2.1	118.1	146.9	107	158	2.1	84.8	70.5	3600	4500
6220	220	100	180	34	2.1	124.8	155.3	112	168	2.1	94.0	79.0	3400	4300
中窄系列														
6300	300	10	35	11	0.6	19.4	27.6	15	30	0.6	5.88	3.45	18000	24000
6301	301	12	37	12	1	20.6	29.4	18	31	1	7.48	4.65	17000	22000
6302	302	15	42	13	1	24.3	34.7	21	36	1	8.8	5.40	16000	20000
6303	303	17	47	14	1	26.8	38.2	23	41	1	10.5	6.55	15000	19000
6304	304	20	52	15	1.1	29.8	42.2	27	45	1	12.2	7.78	13000	17000
6305	305	25	62	17	1.1	36	51	32	55	1	17.2	12.2	10000	14000
6306	306	30	72	19	1.1	44.8	59.2	37	65	1	20.8	14.2	9000	12000
6307	307	35	80	21	1.5	50.4	66.6	44	71	1.5	25.8	17.8	8000	10000
6308	308	40	90	23	1.5	56.5	74.6	48	81	1.5	31.2	22.2	7000	9000
6309	309	45	100	25	1.5	63	84	54	91	1.5	40.8	29.8	6300	8000
6310	310	50	110	27	2	69.1	91.9	60	100	2	47.5	35.6	6000	7500
6311	311	55	120	29	2	76.1	100.9	65	100	2	55.2	41.8	5300	6700
6312	312	60	130	31	2.1	81.7	108.4	72	118	2.1	62.8	48.5	5000	6300
6313	313	65	140	33	2.1	88.1	116.9	77	128	2.1	72.2	56.5	4500	5600
6314	314	70	150	35	2.1	94.8	125.3	82	138	2.1	80.2	63.2	4300	5300
6315	315	75	160	37	2.1	101.3	133.7	87	148	2.1	87.2	71.5	4000	5000
6316	316	80	170	39	2.1	107.9	142.2	92	158	2.1	94.5	80.0	3800	4800
6317	317	85	180	41	3	114.4	150.6	99	166	2.5	102	89.2	3600	4500
6318	318	90	190	43	3	120.8	159.2	104	176	2.5	112	100	3400	4300
6319	319	95	200	45	3	127.1	167.9	109	186	2.5	122	112	3200	4000
重窄系列														
6405	405	25	80	21	1.5	42.3	62.7	34	71	1.5	29.5	21.2	8500	11000
6406	406	30	90	23	1.5	48.6	71.4	39	81	1.5	30.5	26.8	8000	10000
6407	407	35	100	25	1.5	55.1	79.9	44	91	1.5	43.8	32.5	6700	8500
6408	408	40	110	27	2	63.6	88.4	50	100	2	50.2	37.8	6300	8000
6409	409	45	120	29	2	70.7	98.3	55	110	2	59.5	45.5	5600	7000
6410	410	50	130	31	2.1	77.3	107.8	62	118	2.1	71	55.2	5300	6700
6411	411	55	140	33	2.1	82.8	115.2	67	128	2	77.5	62.5	4800	6000
6412	412	60	150	35	2.1	87.9	122.2	72	138	2.1	83.8	70	4500	5600
6413	413	65	160	37	2.1	94.4	130.6	77	148	2.1	90.8	78	4300	5300
6414	414	70	180	42	3	105.6	146.4	84	166	2.5	108	99.2	3800	4800
6415	415	75	190	45	3	112.1	155.9	89	176	2.5	118	115	3600	4500
6416	416	80	200	48	3	117.1	162.9	94	186	2.5	125	125	3400	4300
6417	417	85	210	52	4	123.5	171.5	103	192	3	135	138	3200	4000
6418	418	90	225	54	4	131.8	183.2	108	207	3	148	188	2800	3600

附表 16　直径与螺距(摘自 GB 193—2003)、**粗牙普通螺纹基本尺寸**(摘自 GB 196—2003)　　mm

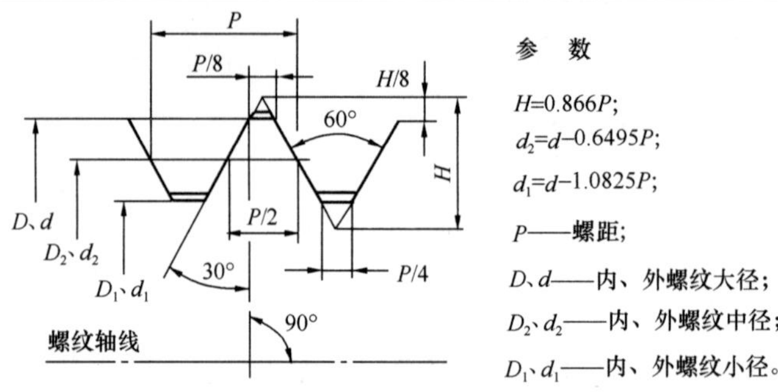

标记示例: M24(粗牙普通螺纹，直径24mm,螺距3mm);
M24×1.5(细牙普通螺纹，直径24mm，螺距1.5mm)。

公称直径 D、d		粗　牙			细　牙
第一系列	第二系列	螺距 P	中径 D_2、d_2	小径 D_1、d_1	螺距 P
3		0.5	2.675	2.459	0.35
	3.5	(0.6)	3.110	2.850	
4		0.7	3.545	3.242	0.5
	4.5	(0.75)	4.013	3.688	
5		0.8	4.480	4.134	
6		1	5.350	4.917	0.75，(0.5)
8		1.25	7.188	6.647	1，0.75，(0.5)
10		1.5	9.026	8.376	1.25，1，0.75，(0.5)
12		1.75	10.863	10.106	1.5，1.25，1，(0.75)，0.5
	14	2	12.701	11.835	1.5，(1.25)，1，(0.75)，(0.5)
16			14.701	13.835	1.5，1，(0.75)，(0.5)
	18	2.5	16.376	15.294	2，1.5，1，(0.75)(0.5)
20			18.376	17.294	1.5，(0.75)，(0.5)
	22		20.376	19.294	2，1.5，1，(0.75)(0.5)
24		3	22.051	20.752	2，1.5，1，(0.75)
	27		25.051	23.752	
30		3.5	27.727	26.211	(3)，2，1.5，(0.75)
	33		30.727	29.211	(3)，2，1.5，(1)，(0.75)
36		4	33.402	31.670	3，2，1.5，(1)
	39		36.402	34.670	
42		4.5	39.077	37.129	(4)，3，2，1.5，(1)
	45		42.077	40.129	
48		5	44.752	42.587	
	52		48.752	46.587	(4)，3，2，1.5，(1)
56		5.5	52.428	50.046	4，3，2，1.5，(1)
	60	(5.5)	56.428	54.046	

续表

公称直径 D、d		粗　牙			细　牙
第一系列	第二系列	螺距 P	中径 D_2、d_2	小径 D_1、d_1	螺距 P
64		6	60.103	57.505	
	68		64.103	61.505	
72					46，4，3，2，1.5，(1)
	76				
80					
90	85				6，4，3，2，(1.5)
100	95				
110	105				
125	115				
	120				

注：1. 优先选用第一系列，其次是第二系列，第三系列（表中未列出）尽可能不用。

2. M14×1.25 仅用于火塞。

3. 括号内尺寸尽可能不用。

附表 17　梯形螺纹直径与螺距系列（摘自 GB/T 5796.4—2005）　　mm

公称直径 d		螺距 P	公称直径 d		螺距 P
第一系列	第二系列		第一系列	第二系列	
8		1.5*	52	50	12，8*，3
10	9	2*，1.5		55	14，9*，3
	11	3，2*	60		14，9*，3
12		3*，2	70	65	16，10*，4
	14	3*，2	80	75	16，10*，4
16	18	4*，2		85	18，12，4
20		4*，2	90	95	18，12*，4
24	22	8，5*，3	100		20，12*，4
28	26	8，5*，3		110	20，12*，4
	30	10，6*，3	120	130	22，14*，6
32		10，6*，3	140		24，14*，6
36	34			150	24，16*，6
	38	10，7*，3	160		28，16*，6
40	42			170	28，16*，6
44		12，7*，3	180		28，18*，8
48	46	12，8*，3		190	32，18*，8

注：优先选用第一系列的直径，带 * 者为相应直径优先选用的螺距。

附表 18　紧定螺钉

mm

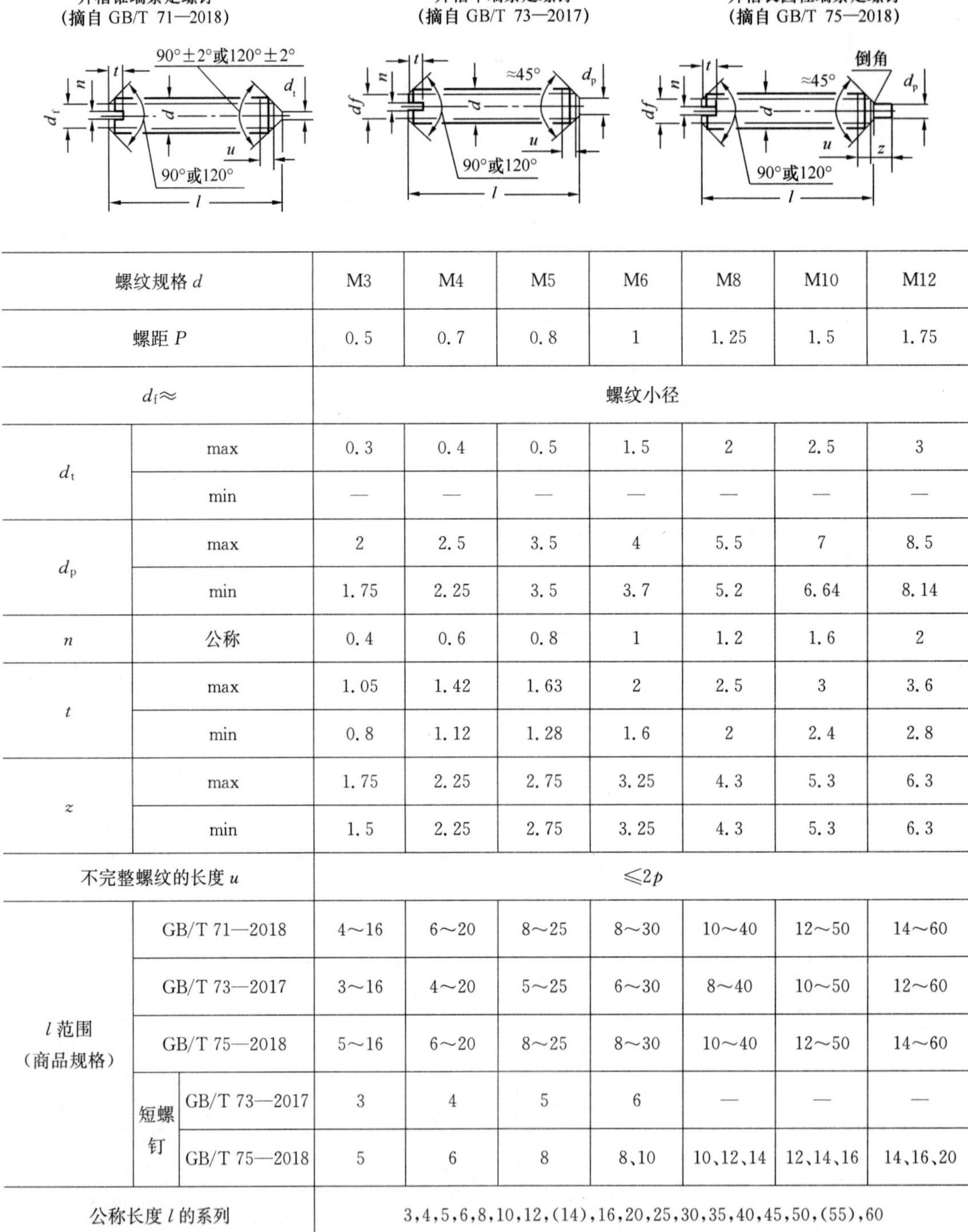

螺纹规格 d			M3	M4	M5	M6	M8	M10	M12
螺距 P			0.5	0.7	0.8	1	1.25	1.5	1.75
$d_f \approx$			螺纹小径						
d_t	max		0.3	0.4	0.5	1.5	2	2.5	3
	min		—	—	—	—	—	—	—
d_p	max		2	2.5	3.5	4	5.5	7	8.5
	min		1.75	2.25	3.5	3.7	5.2	6.64	8.14
n	公称		0.4	0.6	0.8	1	1.2	1.6	2
t	max		1.05	1.42	1.63	2	2.5	3	3.6
	min		0.8	1.12	1.28	1.6	2	2.4	2.8
z	max		1.75	2.25	2.75	3.25	4.3	5.3	6.3
	min		1.5	2.25	2.75	3.25	4.3	5.3	6.3
不完整螺纹的长度 u			$\leqslant 2p$						
l 范围（商品规格）	GB/T 71—2018		4～16	6～20	8～25	8～30	10～40	12～50	14～60
	GB/T 73—2017		3～16	4～20	5～25	6～30	8～40	10～50	12～60
	GB/T 75—2018		5～16	6～20	8～25	8～30	10～40	12～50	14～60
	短螺钉	GB/T 73—2017	3	4	5	6	—	—	—
		GB/T 75—2018	5	6	8	8、10	10、12、14	12、14、16	14、16、20
公称长度 l 的系列			3,4,5,6,8,10,12,(14),16,20,25,30,35,40,45,50,(55),60						

注：1. 尽可能不采用括号内的规格。

2. 表图中，* 公称长度在表中 l 范围内的短螺钉应制成 120°；

** 90°、120°或 45°仅适用于螺纹小径以内的末端部分。

附表 19　开槽盘头及沉头螺钉

开槽盘头螺钉(摘自 GB/T 67—2016)、开槽沉头螺钉(摘自 GB/T 68—2016)　　mm

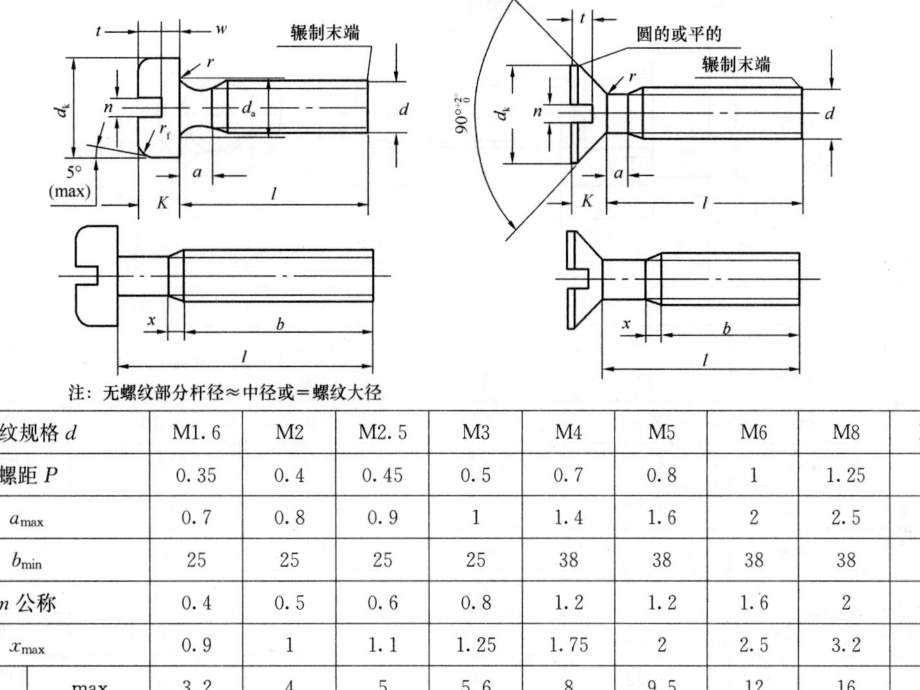

注：无螺纹部分杆径≈中径或=螺纹大径

螺纹规格 d			M1.6	M2	M2.5	M3	M4	M5	M6	M8	M10
螺距 P			0.35	0.4	0.45	0.5	0.7	0.8	1	1.25	1.5
a_{max}			0.7	0.8	0.9	1	1.4	1.6	2	2.5	3
b_{min}			25	25	25	25	38	38	38	38	38
n 公称			0.4	0.5	0.6	0.8	1.2	1.2	1.6	2	2.5
x_{max}			0.9	1	1.1	1.25	1.75	2	2.5	3.2	3.8
开槽盘头螺钉	d_k	max	3.2	4	5	5.6	8	9.5	12	16	20
		min	2.9	3.7	4.7	5.3	7.64	9.14	11.57	15.57	19.48
	d_{amax}		2.1	2.6	3.1	3.6	4.7	5.7	6.8	9.2	11.2
	K	max	1	1.3	1.5	1.8	2.4	3	3.6	4.8	6
		min	0.85	1.1	1.3	1.6	2.2	2.8	3.3	4.5	5.7
	r min		0.1	0.1	0.1	0.1	0.2	0.2	0.25	0.4	0.4
	r_f(参考)		0.5	0.6	0.8	0.9	1.2	1.5	1.8	2.4	3
	t min		0.35	0.5	0.6	0.7	1	1.2	1.4	1.9	2.4
	w min		0.3	0.4	0.5	0.7	1	1.2	1.4	1.9	2.4
	l 商品规格范围		2～16	2.5～20	3～25	4～30	5～40	6～50	8～60	10～80	12～80
开槽沉头螺钉	d_k 实际值	max	3	3.8	4.7	5.5	8.4	9.3	11.3	15.8	18.3
		min	2.7	3.5	4.4	5.2	8	8.9	10.9	15.4	17.8
	K_{max}		1	1.2	1.5	1.65	2.7	2.7	3.3	4.65	5
	r_{max}		0.4	0.5	0.6	0.8	1	1.3	1.5	2	2.5
	t	min	0.32	0.4	0.5	0.6	1	1.1	1.2	1.8	2
		max	0.5	0.6	0.75	0.85	1.3	1.4	1.6	2.3	2.6
	l 商品规格范围		2.5～16	3～20	4～25	5～30	6～40	8～50	8～60	10～80	12～80
公称长度的系列			2,2.5,3,4,5,6,8,10,12,(14),16,20～80(5 进位)。								

注：1. 公称长度 l 中的(14)、(55)、(65)、(75)等规格尽可能不采用。

2. 对开槽盘头螺钉，$d\leqslant$M3、$l\leqslant$30mm 或 $d\geqslant$M4、$l\leqslant$40mm 时，制出全螺纹 $b=l-a$；
对开槽沉头螺钉，$d\leqslant$M3、$l\leqslant$30mm 或 $d\geqslant$M4、$l\leqslant$45mm 时，制出全螺纹 $b=l-(K+a)$。

附表 20　内六角圆柱头螺钉(GB/T 70.1—2008)　　mm

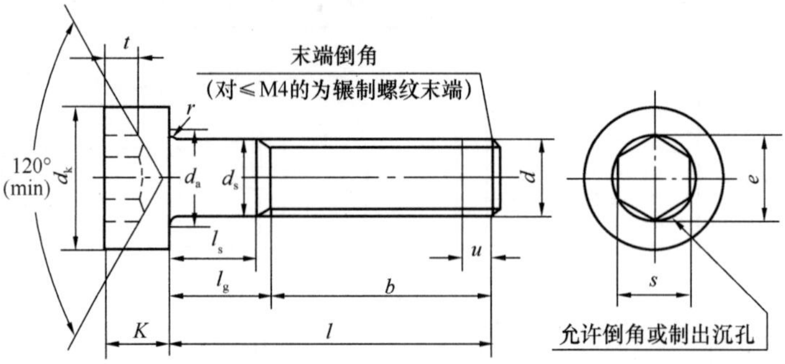

末端倒角
(对≤M4的为辗制螺纹末端)
t
r
120°
(min)
d_k
d_a
d_s
d
e
l_s
l_g
b
u
s
K
l
允许倒角或制出沉孔

螺纹规格 d		M5	M6	M8	M10	M12
螺距 P		0.8	1	1.25	1.5	0.75
b	参考	22	24	28	32	36
d_k	max*	8.5	10	13	16	18
	max**	8.72	10.22	13.27	16.27	18.27
	min	8.28	9.78	12.73	15.73	17.73
d_a	max	5.7	6.8	9.2	11.2	13.7
d_s	max	5	6	8	10	12
	min	4.82	5.82	7.78	9.78	11.73
e	min	4.58	5.72	6.86	9.15	11.43
K	max	5	6	8	10	12
	min	4.82	5.70	7.64	9.64	11.57
S	公称	4	5	6	8	10
t	min	2.5	3	4	5	6
r	min	0.2	0.25	0.4	0.4	0.6
w	min	1.9	2.3	3.3	4	4.8

公称长度 l	光杆长度 l_s和夹紧长度 l_g									
	l_s min	l_g max	l_s min	l_g max	l_s min	l_g max	l_s min	l_g max	l_s min	l_g max
8										
10										
12										
(14)	商									
(16)			品							
20					规					
25							格			
30	4	8								
35	9	13	6	11						
40	14	18	11	16	5.75	12				
45	19	23	16	21	10.75	17	5.5	13		

续表

公称长度 l	光杆长度 l_s和夹紧长度 l_g									
	l_s min	l_g max	l_s min	l_g max	l_s min	l_g max	l_s min	l_g max	l_s min	l_g max
50	24	28	21	26	15.75	22	10.5	18	5.25	14
(55)			26	31	20.75	27	15.5	23	10.25	19
60			31	36	25.75	32	20.5	28	15.25	24
(65)					30.75	37	25.5	33	20.25	29
70					35.75	42	30.5	38	25.25	34
80					45.75	52	40.5	48	35.25	44
90							50.5	58	45.25	54
100							60.5	68	55.25	64
110									65.25	74
120									75.25	84

注：1. 尽可能不采用括号内的规格。

2. * 光滑头部、* * 滚花头部。

3. 公称长度位于□内的螺钉，螺纹制到距头部 $3p$ 以内；位于□内的，l_g和 l_s值按下式计算：

$l_g(\max)=l$ 公称$-b$ 参考；$l_s(\min)= l_g(\max)-5p$ 。

附表 21　十字槽盘头及沉头螺钉

十字槽盘头螺钉(GB/T 818—2016)　十字槽沉头螺钉(摘自 GB/T 819.1—2016)　　mm

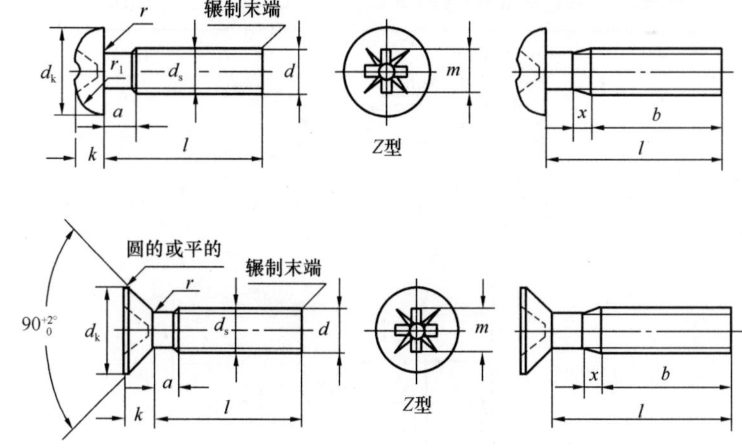

螺纹规格 d	M1.6	M2	M2.5	M3	M4	M5	M6	M8	M10
螺距 p	0.35	0.4	0.45	0.5	0.7	0.8	1	1.25	1.5
$a_{\max}$	0.7	0.8	0.9	1	1.4	1.6	2	2.5	3
$b_{\min}$	25	25	25	25	38	38	38	38	38
$x_{\max}$	0.9	1	1.1	1.25	1.75	2	2.5	3.2	3.8

续表

十字槽盘头螺钉	d_a		max	2.1	2.6	3.1	3.6	4.7	5.7	6.8	9.2	11.2
	d_k		max	3.2	4	5	5.6	8	9.5	12	16	20
			min	2.9	3.7	4.7	5.3	7.64	9.14	11.57	15.57	19.48
	K		max	1.3	1.6	2.1	2.4	3.1	3.7	4.6	6	7.5
			min	1.16	1.46	1.96	2.26	2.92	3.52	4.30	5.70	7.14
	r		min	0.1	0.1	0.1	0.1	0.2	0.2	0.25	0.4	0.4
	$r_f\approx$			2.5	3.2	4	5	6.5	8	10	13	16
	m（参考）			1.7	1.9	2.6	2.9	4.4	4.6	6.8	8.8	10
	l的商品规格范围			3～16	3～20	3～25	4～30	5～40	6～45	8～60	10～60	12～60
十字槽沉头螺钉	d_k	实际值	max	3	3.8	4.7	5.5	8.4	9.3	11.3	15.8	18.3
			min	2.7	3.5	4.4	5.2	8	8.9	10.9	15.4	17.8
	K_{max}			1	1.2	1.5	1.65	2.7	2.7	3.3	4.65	5
	r_{max}			0.4	0.5	0.6	0.8	1	1.3	1.5	2	2.5
	m（参考）			1.8	2	3	3.2	4.6	5.1	6.8	9	10
	l商品规格范围			3～16	3～20	3～25	4～30	5～40	6～50	8～60	10～60	12～60
公称长度l的系列				3、4、5、6、8、10、12、(14)、16、2～60(5进位)								

注：1. 公称长度l中的(14)、(55)等规格尽可能不采用。

2. 对十字槽盘头螺钉，$d\leqslant$M3、$l\leqslant$25mm 或 $d>$M4、$l\leqslant$40mm 时，制出全螺纹 $b=l-a$；

对十字槽沉头螺钉，$d\leqslant$M3、$l\leqslant$30mm 或 $d>$M4、$l\leqslant$45mm 时，制出全螺纹 $b=l-(K+a)$。

附表 22　六角头螺栓(A 和 B 级)(摘自 GB/T 5782—2016)　　mm

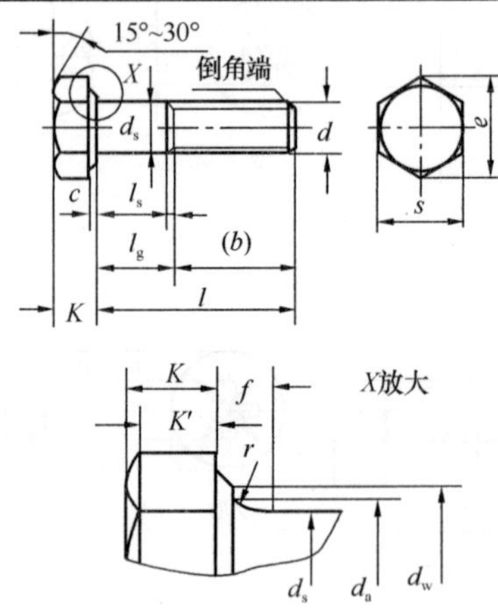

螺纹规格 d		M3	M4	M5	M6	M8	M10	M12	(M14)
b 参考	$l\leqslant125$	12	14	16	18	22	26	30	34
	$125<l\leqslant200$	—	—	—	—	28	32	36	40
	$l>200$	—	—	—	—	—	—	—	53
c	max	0.4	0.4	0.5	0.5	0.6	0.6	0.6	0.6
	min	0.15	0.15	0.15	0.15	0.15	0.15	0.15	0.15

续表

d_a	max		3.6		4.7		5.7		6.8		9.2		11.2		13.7		15.7	
d_s	max		3		4		5		6		8		10		12		14	
	min	A	2.86		3.82		4.82		5.82		9.78		9.87		11.73		13.73	
		B	—		—		4.70		5.70		7.64		9.64		11.57		13.57	
d_s	min	A	4.6		5.9		6.9		8.9		11.6		14.6		16.6		19.6	
		B	—		—		6.7		8.7		11.4		14.4		16.4		19.2	
e	min	A	6.07		7.66		8.79		11.05		14.38		17.77		20.03		23.35	
		B	—		—		8.63		10.89		14.20		17.59		19.85		22.78	
f	max		1		1.2		1.2		1.4		2		2		3		3	
K 公称			2		2.8		3.5		4		5.3		6.4		7.5		8.8	
K'	min	A	1.3		1.9		2.3		2.7		3.6		4.4		5.1		6	
		B	—		—		2.3		2.6		3.5		4.3		5		6	
r	min		0.1		0.2		0.2		0.25		0.4		0.4		0.6		0.6	
S 公称			5.5		7		8		10		13		16		18		21	
公称长度 l			无螺纹杆部长度 l_s 和夹紧长度 l_g															
			l_s	l_g	l_s	l_g	l_s	l_g	l_s	l_g	l_s	l_g	l_s	l_g	l_s	l_g	l_s	l_g
			min	max	min	max	min	max	min	max	min	max	min	max	min	max	min	max
20			5.5	8														
25			10.5	13	7.5	11	5	9										
30			15.5	18	12.5	16	10	14	7	12								
35					17.5	21	15	19	12	17	6.75	13						
40					22.5	26	20	24	17	22	11.75	18	6.5	14				
45							25	29	22	27	16.75	23	11.5	19	6.25	15		
50							30	34	27	32	21.75	28	16.5	24	11.25	20	6	16
55*									32	37	26.75	33	21.5	29	16.25	25	11	21
60									37	42	31.75	38	26.5	34	21.25	30	16	26
65*											36.75	43	31.5	39	26.25	35	21	31
70											41.75	48	36.5	44	31.25	40	26	36
80											51.75	58	46.5	54	41.25	50	36	46
90													56.5	64	51.25	60	46	56
100													66.5	74	61.25	70	56	66
110															71.25	80	66	76
120															81.25	90	76	86
130																	80	90
140																	90	100

注：1. A、B为产品等级，按GB 3103.1—2002的规定，A级最精确，C级最不精确。C级产品详见GB/T 5780—2016。

2. A级用于 $d \leqslant 24$mm和 $l \leqslant 10d$ 或 $l \leqslant 150$mm(按较小值)的螺栓；B级用于 $d > 24$mm或 $l > 10d$ 或 $l > 150$mm(按较小值)的螺栓。

3. 括号内为第二系列螺纹直径规格。

4. *为M14、M18和M20尽可能不采用的规格。

5. 数据之间除括号内 d 为长度规格范围外，均为商品规格范围。

附表 23　六角头螺栓——全螺纹(A 和 B 级)(摘自 GB/T 5783—2016)　　mm

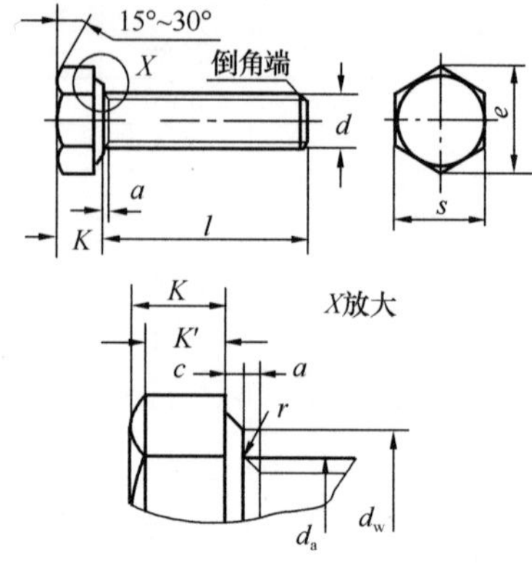

<table>
<tr><td colspan="3">螺纹规格 d</td><td>M3</td><td>M4</td><td>M5</td><td>M6</td><td>M8</td><td>M10</td><td>M12</td><td>(M14)</td></tr>
<tr><td>a</td><td colspan="2">max</td><td>1.5</td><td>2.1</td><td>2.4</td><td>3</td><td>3.75</td><td>4.5</td><td>5.25</td><td>6</td></tr>
<tr><td rowspan="2">c</td><td colspan="2">max</td><td>0.4</td><td>0.4</td><td>0.5</td><td>0.5</td><td>0.6</td><td>0.6</td><td>0.6</td><td>0.6</td></tr>
<tr><td colspan="2">min</td><td>0.15</td><td>0.15</td><td>0.15</td><td>0.15</td><td>0.15</td><td>0.15</td><td>0.15</td><td>0.15</td></tr>
<tr><td>d_a</td><td colspan="2">max</td><td>3.6</td><td>4.7</td><td>5.7</td><td>6.8</td><td>9.2</td><td>11.2</td><td>13.7</td><td>15.7</td></tr>
<tr><td rowspan="2">d_w</td><td rowspan="2">min</td><td>A</td><td>4.6</td><td>5.9</td><td>6.9</td><td>8.9</td><td>11.6</td><td>14.6</td><td>16.6</td><td>19.6</td></tr>
<tr><td>B</td><td>—</td><td>—</td><td>6.7</td><td>8.7</td><td>11.4</td><td>14.4</td><td>16.4</td><td>19.2</td></tr>
<tr><td rowspan="2">e</td><td rowspan="2">min</td><td>A</td><td>6.07</td><td>7.66</td><td>8.79</td><td>11.05</td><td>14.38</td><td>17.77</td><td>20.03</td><td>23.35</td></tr>
<tr><td>B</td><td>—</td><td>—</td><td>8.63</td><td>10.89</td><td>14.20</td><td>17.59</td><td>19.85</td><td>22.78</td></tr>
<tr><td>K</td><td colspan="2">公称</td><td>2</td><td>2.8</td><td>3.5</td><td>4</td><td>5.3</td><td>6.4</td><td>7.5</td><td>8.8</td></tr>
<tr><td rowspan="2">K'</td><td rowspan="2">min</td><td>A</td><td rowspan="2">1.3</td><td rowspan="2">1.9</td><td rowspan="2">2.28</td><td rowspan="2">2.63</td><td rowspan="2">3.54</td><td rowspan="2">4.28</td><td rowspan="2">5.05</td><td rowspan="2">6</td></tr>
<tr><td>B</td></tr>
<tr><td>r</td><td colspan="2">min</td><td>0.1</td><td>0.2</td><td>0.2</td><td>0.25</td><td>0.4</td><td>0.4</td><td>0.6</td><td>0.6</td></tr>
<tr><td rowspan="3">s</td><td colspan="2">max</td><td>5.5</td><td>7</td><td>8</td><td>10</td><td>13</td><td>16</td><td>18</td><td>21</td></tr>
<tr><td rowspan="2">min</td><td>A</td><td>5.32</td><td>6.78</td><td>7.78</td><td>9.78</td><td>12.73</td><td>15.73</td><td>17.73</td><td>20.67</td></tr>
<tr><td>B</td><td>—</td><td>—</td><td>7.64</td><td>9.64</td><td>12.57</td><td>15.57</td><td>17.57</td><td>20.16</td></tr>
<tr><td colspan="2" rowspan="2">公称长度 l 的范围</td><td>A</td><td>6～30</td><td>8～40</td><td>10～50</td><td>12～60</td><td>16～80</td><td>20～100</td><td>25～100</td><td>30～140</td></tr>
<tr><td>B</td><td>—</td><td>35～40</td><td>35～50</td><td>35～60</td><td>35～80</td><td>35～100</td><td>35～100</td><td>70～140</td></tr>
<tr><td colspan="3">公称长度 l 的系列</td><td colspan="8">6,8,10,12,16,20～70(5 进位),80～160(10 进位),180,200</td></tr>
</table>

注：1. 公称长度 l 中的（55）、（65）等规格尽量不采用。

2. 括号内为第二系列螺纹直径规格，A、B 为产品等级。

附表 24　六角螺母

mm

Ⅰ型六角螺母 A 和 B 级（摘自 GB/T 6170—2015）六角薄螺母 A 和 B 级（摘自 GB/T 6172.1—2016）

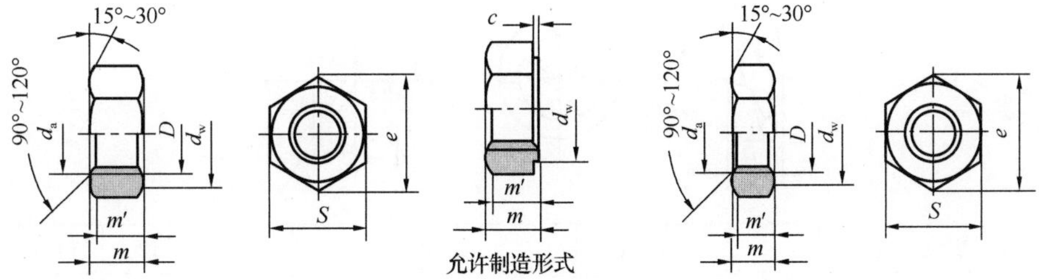

允许制造形式

螺纹规格 D			M3	M4	M5	M6	M8	M10	M12	(M14)
d_a	max		3.45	4.6	5.75	6.75	8.75	10.8	13	15.1
d_a	min		3	4	5	6	8	10	12	14
d_w	min		4.6	5.9	6.9	8.9	11.6	14.6	16.6	19.6
e	min		6.01	7.66	8.79	11.05	14.38	17.77	20.03	23.35
Ⅰ型六角螺母	c	max	0.4	0.4	0.5	0.5	0.6	0.6	0.6	0.6
Ⅰ型六角螺母	m	max	2.4	3.2	4.7	5.2	6.8	8.4	10.8	12.8
Ⅰ型六角螺母	m	min	2.15	2.9	4.4	4.9	6.44	8.04	10.37	12.1
Ⅰ型六角螺母	m'	min	1.7	2.3	3.5	3.9	5.1	6.4	8.3	9.7
Ⅰ型六角螺母	m''	min	1.5	2	3.1	3.4	4.5	5.6	7.3	8.5
Ⅰ型六角螺母	S	max	5.5	7	8	10	13	16	18	21
Ⅰ型六角螺母	S	min	5.32	6.78	7.78	9.78	12.73	15.73	17.73	20.67
六角薄螺母	m	max	1.8	2.2	2.7	3.2	4	5	6	7
六角薄螺母	m	min	1.55	1.95	2.45	2.9	3.7	4.7	5.7	6.42
六角薄螺母	m'	min	1.24	1.56	1.96	2.32	2.96	3.76	4.56	5.1
六角薄螺母	S	max	5.5	7	8	10	13	16	18	21
六角薄螺母	S	min	5.32	6.78	7.78	9.78	12.73	15.73	17.73	20.67

注：1. A、B 为产品等级，按 GB 3103.1—2002 的规定，A 级最精确，C 级最不精确。

2. A 级用于 D≤M16 的螺母；B 级用于 D>M16 的螺母。

3. 括号内为第二系列螺纹直径，非优先选用的规格。

附表 25 弹簧垫圈

标准型弹簧垫圈（摘自 GB 93—1987） 轻型弹簧垫圈（摘自 GB 859—1987） mm

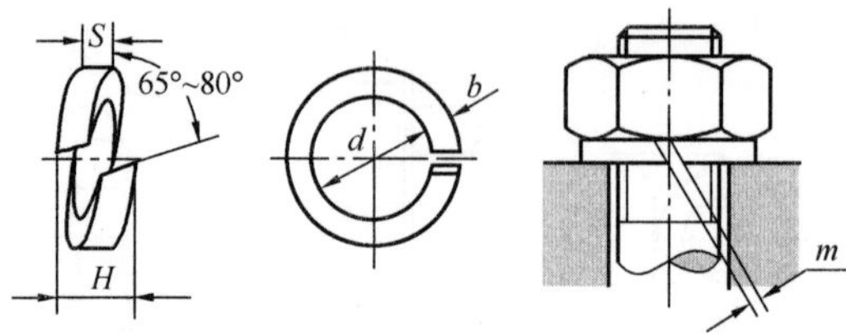

<table>
<tr><th colspan="3">规格（螺纹大径）</th><th>3</th><th>4</th><th>5</th><th>6</th><th>8</th><th>10</th><th>12</th><th>(14)</th><th>16</th></tr>
<tr><td rowspan="4">GB 93—1987</td><td>S (b)</td><td>公称</td><td>0.8</td><td>1.1</td><td>1.3</td><td>1.6</td><td>2.1</td><td>2.6</td><td>3.1</td><td>3.6</td><td>4.1</td></tr>
<tr><td rowspan="2">H</td><td>min</td><td>1.6</td><td>2.2</td><td>2.6</td><td>3.2</td><td>4.2</td><td>5.2</td><td>6.2</td><td>7.2</td><td>8.2</td></tr>
<tr><td>max</td><td>2</td><td>2.75</td><td>3.25</td><td>4</td><td>5.25</td><td>6.5</td><td>7.75</td><td>9</td><td>10.25</td></tr>
<tr><td>m</td><td>≤</td><td>0.4</td><td>0.55</td><td>0.65</td><td>0.8</td><td>1.05</td><td>1.3</td><td>1.55</td><td>1.8</td><td>2.05</td></tr>
<tr><td rowspan="5">GB 859—1987</td><td>S</td><td>公称</td><td>0.6</td><td>0.8</td><td>1.1</td><td>1.3</td><td>1.6</td><td>2</td><td>2.5</td><td>3</td><td>3.2</td></tr>
<tr><td>b</td><td>公称</td><td>1</td><td>1.2</td><td>1.5</td><td>2</td><td>2.5</td><td>3</td><td>3.5</td><td>4</td><td>4.5</td></tr>
<tr><td rowspan="2">H</td><td>min</td><td>1.2</td><td>1.6</td><td>2.2</td><td>2.6</td><td>3.2</td><td>4</td><td>5</td><td>6</td><td>6.4</td></tr>
<tr><td>max</td><td>1.5</td><td>2</td><td>2.75</td><td>3.25</td><td>4</td><td>5</td><td>6.25</td><td>7.5</td><td>8</td></tr>
<tr><td>m</td><td>≤</td><td>0.3</td><td>0.4</td><td>0.55</td><td>0.65</td><td>0.8</td><td>1.0</td><td>1.25</td><td>1.5</td><td>1.6</td></tr>
</table>

注：尽可能不采用括号内的规格。

附表 26 垫圈

小垫圈（摘自 GB/T 848—2002） 平垫圈（摘自 GB/T 97.1—2002） mm

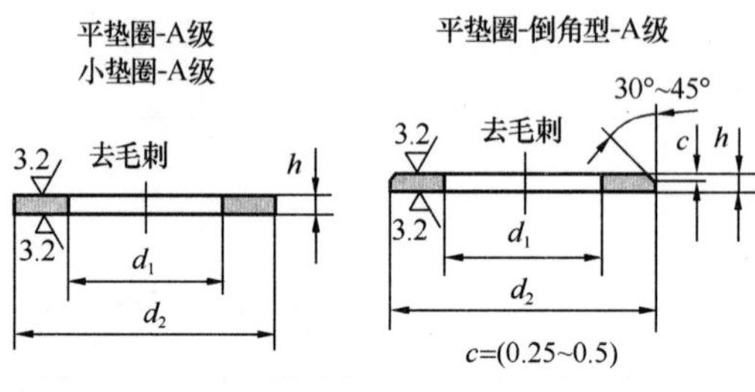

<table>
<tr><th colspan="2">公称尺寸（螺纹规格 d）</th><th>1.6</th><th>2</th><th>2.5</th><th>3</th><th>4</th><th>5</th><th>6</th><th>8</th><th>10</th><th>12</th><th>14</th><th>16</th><th>20</th><th>24</th><th>30</th><th>36</th></tr>
<tr><td rowspan="3">d_1</td><td>GB/T 848—2002</td><td rowspan="2">1.7</td><td rowspan="2">2.2</td><td rowspan="2">2.7</td><td rowspan="2">3.2</td><td rowspan="2">4.3</td><td rowspan="3">5.3</td><td rowspan="3">6.4</td><td rowspan="3">8.4</td><td rowspan="3">10.5</td><td rowspan="3">13</td><td rowspan="3">15</td><td rowspan="3">17</td><td rowspan="3">21</td><td rowspan="3">25</td><td rowspan="3">31</td><td rowspan="3">37</td></tr>
<tr><td>GB/T 97.1—2002</td></tr>
<tr><td>GB/T 97.2—2002</td><td>—</td><td>—</td><td>—</td><td>—</td><td>—</td></tr>
<tr><td rowspan="3">d_2</td><td>GB/T 848—2002</td><td>3.5</td><td>4.5</td><td>5</td><td>6</td><td>8</td><td>9</td><td>11</td><td>15</td><td>18</td><td>20</td><td>24</td><td>28</td><td>34</td><td>39</td><td>50</td><td>60</td></tr>
<tr><td>GB/T 97.1—2002</td><td>4</td><td>5</td><td>6</td><td>7</td><td>9</td><td rowspan="2">10</td><td rowspan="2">12</td><td rowspan="2">16</td><td rowspan="2">20</td><td rowspan="2">24</td><td rowspan="2">28</td><td rowspan="2">30</td><td rowspan="2">37</td><td rowspan="2">44</td><td rowspan="2">56</td><td rowspan="2">66</td></tr>
<tr><td>GB/T 97.2—2002</td><td>—</td><td>—</td><td>—</td><td>—</td><td>—</td></tr>
<tr><td rowspan="3">h</td><td>GB/T 848—2002</td><td rowspan="2">0.3</td><td rowspan="2">0.3</td><td rowspan="2">0.5</td><td rowspan="2">0.5</td><td>0.5</td><td rowspan="3">1</td><td rowspan="3">1.6</td><td rowspan="3">1.6</td><td>1.6</td><td>2</td><td rowspan="3">2.5</td><td>2.5</td><td rowspan="3">3</td><td rowspan="3">4</td><td rowspan="3">4</td><td rowspan="3">5</td></tr>
<tr><td>GB/T 97.1—2002</td><td>0.8</td><td rowspan="2">2</td><td rowspan="2">2.5</td><td rowspan="2">3</td></tr>
<tr><td>GB/T 97.2—2002</td><td>—</td><td>—</td><td>—</td><td>—</td><td>—</td></tr>
</table>

附表 27　窄边平垫圈国家标准（摘自 GB/T 848—2002）　　mm

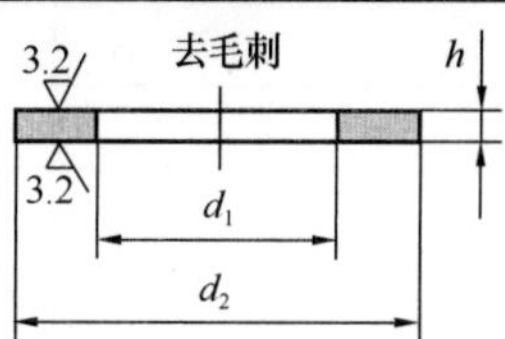

规格（螺纹大径）	内径 d_1		外径 d_2		厚度 h		
	公称（min）	max	公称（min）	max	公称	max	min
1.6	1.7	1.84	3.5	3.2	0.3	0.35	0.25
2	2.2	2.34	4.5	4.2	0.3	0.35	0.25
2.5	2.7	2.84	5	4.7	0.5	0.55	0.45
3	3.2	3.38	6	5.7	0.5	0.55	0.45
4	4.3	4.48	8	7.64	0.5	0.55	0.45
5	5.3	5.48	9	8.64	1	1.1	0.9
6	6.4	6.62	11	10.57	1.6	1.8	1.4
8	8.4	8.62	15	14.57	1.6	1.8	1.4
10	10.5	10.77	18	17.57	1.6	1.8	1.4
12	13	13.27	20	19.48	2	2.2	1.8
14	15	15.27	24	23.48	2.5	2.7	2.3
16	17	17.27	28	27.48	2.5	2.7	2.3
20	21	21.33	34	33.38	3	3.3	2.7
24	25	25.33	39	38.38	4	4.3	3.7
30	31	31.39	50	49.38	4	4.3	3.7
36	37	37.62	60	58.8	5	5.6	4.4

附表 28　轴用弹性挡圈 A 型（摘自 GB/T 894—2017）　　mm

标记示例

轴用弹性挡圈 GB/T 894.1—2017 50 表示轴径 $d_0=50$mm、材料 65Mn、热处理 HRC44～51、经表面氧化处理的 A 型轴用弹性挡圈。

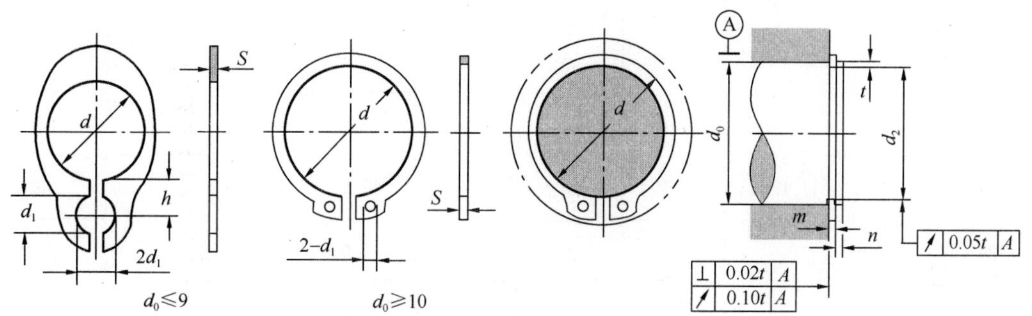

轴径 d_0	挡圈					沟槽（推荐）			孔 $d_3\geqslant$
	d	S	$b\approx$	d_1	h	d_2	m	$n\geqslant$	
5	4.7	0.6	1.12	1	1.25	4.8	0.7	0.5	10.7
6	5.6		1.32	1.2	1.35	5.7			12.2
7	6.5				1.55	6.7			13.8
8	7.4	0.8			1.60	7.6	0.9	0.6	15.2
9	8.4		1.44		1.65	8.6			16.4

续表

轴径 d_0	挡圈					沟槽（推荐）			孔 $d_3 \geqslant$
	d	S	$b \approx$	d_1	h	d_2	m	$n \geqslant$	
10	9.3	1	1.44	1.5	—	9.6	1.1	0.6	17.6
11	10.2		1.52			10.5		0.8	18.6
12	11		1.72			11.5			19.6
13	11.9		1.88	1.7		12.4		0.9	20.8
14	12.9					13.4			22
15	13.8		2.00			14.3		1.1	23.2
16	14.7		2.32			15.2		1.2	24.4
17	15.7		2.48			16.2			25.6
18	16.5					17		1.5	27
19	17.5			2		18			28
20	18.5		2.68			19			29
21	19.5					20			31
22	20.5					21			32
24	22.2	1.2	3.32			22.9	1.3	1.7	34
25	23.2					23.9			35
26	24.2					24.9			36
28	25.9		3.60			26.6		2.1	38.4
29	26.9		3.72			27.6			39.8
30	27.9					28.6			42
32	29.6		3.92	2.5		30.3		2.6	44
34	31.5	1.5	4.32			32.3	1.7		46
35	32.2		4.52			33		3	48
36	33.2					34			49
37	34.2					35			50

续表

<table>
<tr><th rowspan="2">轴径 d_0</th><th colspan="5">挡圈</th><th colspan="3">沟槽（推荐）</th><th rowspan="2">孔 $d_3 \geqslant$</th></tr>
<tr><th>d</th><th>S</th><th>$b \approx$</th><th>d_1</th><th>h</th><th>d_2</th><th>m</th><th>$n \geqslant$</th></tr>
<tr><td>38</td><td>35.2</td><td rowspan="5">1.5</td><td rowspan="5">5.0</td><td rowspan="2">2.5</td><td rowspan="29">—</td><td>36</td><td rowspan="5">1.7</td><td>3</td><td>51</td></tr>
<tr><td>40</td><td>36.5</td><td>37.5</td><td rowspan="4">3.8</td><td>53</td></tr>
<tr><td>42</td><td>38.5</td><td rowspan="3">3</td><td>39.5</td><td>56</td></tr>
<tr><td>45</td><td>41.5</td><td>42.5</td><td>59.4</td></tr>
<tr><td>48</td><td>44.5</td><td>45.5</td><td>62.8</td></tr>
<tr><td>50</td><td>45.8</td><td rowspan="7">2</td><td rowspan="3">5.48</td><td rowspan="22">3</td><td>47</td><td rowspan="7">2.2</td><td rowspan="14">4.5</td><td>64.8</td></tr>
<tr><td>52</td><td>47.8</td><td>49</td><td>67</td></tr>
<tr><td>55</td><td>50.8</td><td>52</td><td>70.4</td></tr>
<tr><td>56</td><td>51.8</td><td rowspan="6">6.12</td><td>53</td><td>71.7</td></tr>
<tr><td>58</td><td>53.8</td><td>55</td><td>73.6</td></tr>
<tr><td>60</td><td>55.8</td><td>57</td><td>75.8</td></tr>
<tr><td>62</td><td>57.8</td><td>59</td><td>79</td></tr>
<tr><td>63</td><td>58.8</td><td rowspan="14">2.5</td><td>60</td><td rowspan="14">2.7</td><td>79.6</td></tr>
<tr><td>65</td><td>60.8</td><td>62</td><td>81.6</td></tr>
<tr><td>68</td><td>63.5</td><td rowspan="4">6.32</td><td>65</td><td>85</td></tr>
<tr><td>70</td><td>65.5</td><td>67</td><td>87.2</td></tr>
<tr><td>72</td><td>67.5</td><td>69</td><td>89.4</td></tr>
<tr><td>75</td><td>70.5</td><td>72</td><td>92.8</td></tr>
<tr><td>78</td><td>73.5</td><td rowspan="5">7.0</td><td>75</td><td>96.2</td></tr>
<tr><td>80</td><td>74.5</td><td>76.5</td><td rowspan="7">5.3</td><td>98.2</td></tr>
<tr><td>82</td><td>76.5</td><td>78.5</td><td>101</td></tr>
<tr><td>85</td><td>79.5</td><td>81.5</td><td>104</td></tr>
<tr><td>88</td><td>82.5</td><td>84.5</td><td>107.3</td></tr>
<tr><td>90</td><td>84.5</td><td>7.6</td><td>86.5</td><td>110</td></tr>
<tr><td>95</td><td>89.5</td><td rowspan="2">9.2</td><td>91.5</td><td>115</td></tr>
<tr><td>100</td><td>94.5</td><td>96.5</td><td>121</td></tr>
<tr><td>105</td><td>98</td><td rowspan="3">3</td><td>10.7</td><td>101</td><td rowspan="3">3.2</td><td rowspan="3">6</td><td>132</td></tr>
<tr><td>110</td><td>103</td><td>11.3</td><td rowspan="2">4</td><td>106</td><td>136</td></tr>
<tr><td>115</td><td>108</td><td>12</td><td>111</td><td>142</td></tr>
</table>

附表 29　平键联接的剖面和键槽尺寸（摘自 GB/T 1096—2003）　　mm

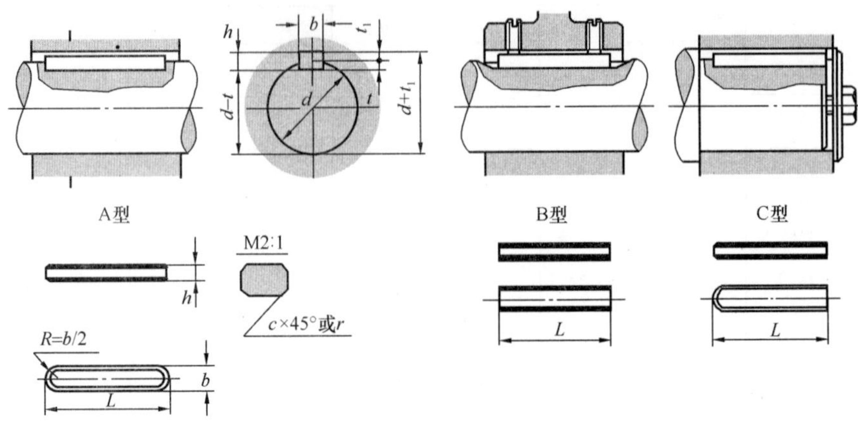

<table>
<tr><th>轴</th><th>键</th><th colspan="12">键　　槽</th></tr>
<tr><th rowspan="4">公称
直径
d</th><th rowspan="4">公称
尺寸
b×h</th><th colspan="6">宽度 b</th><th colspan="4">深　度</th><th rowspan="3" colspan="2">半径 r</th></tr>
<tr><th rowspan="3">公称
尺寸
b</th><th colspan="5">极 限 偏 差</th><th colspan="2">轴 t</th><th colspan="2">毂 t_1</th></tr>
<tr><th colspan="2">较松键联接</th><th colspan="2">一般键联接</th><th>较紧
联接</th><th rowspan="2">公称
尺寸</th><th rowspan="2">极限
偏差</th><th rowspan="2">公称
尺寸</th><th rowspan="2">极限
偏差</th></tr>
<tr><th>轴 H9</th><th>毂 D10</th><th>轴 N9</th><th>毂 Js9</th><th>轴和毂 P9</th><th>最小</th><th>最大</th></tr>
<tr><td>自 6~8</td><td>2×2</td><td>2</td><td rowspan="2">+0.025
0</td><td rowspan="2">+0.060
−0.020</td><td rowspan="2">−0.004
−0.029</td><td rowspan="2">±0.0125</td><td rowspan="2">−0.006
−0.031</td><td>1.2</td><td rowspan="5">+0.1
0</td><td>1</td><td rowspan="5">+0.1
0</td><td rowspan="2">0.08</td><td rowspan="2">0.16</td></tr>
<tr><td>>8~10</td><td>3×3</td><td>3</td><td>1.8</td><td>1.4</td></tr>
<tr><td>>10~12</td><td>4×4</td><td>4</td><td rowspan="3">+0.030
0</td><td rowspan="3">+0.078
+0.030</td><td rowspan="3">0
−0.030</td><td rowspan="3">±0.015</td><td rowspan="3">−0.012
−0.042</td><td>2.5</td><td>1.8</td><td rowspan="5">0.16</td><td rowspan="5">0.25</td></tr>
<tr><td>>12~17</td><td>5×5</td><td>5</td><td>3.0</td><td>2.3</td></tr>
<tr><td>>17~22</td><td>6×6</td><td>6</td><td>3.5</td><td>2.8</td></tr>
<tr><td>>22~30</td><td>8×7</td><td>8</td><td rowspan="2">+0.036
0</td><td rowspan="2">+0.098
+.040</td><td rowspan="2">0
−0.036</td><td rowspan="2">±0.018</td><td rowspan="2">−0.015
−0.051</td><td>4.0</td><td rowspan="10">+0.2
0</td><td>3.3</td><td rowspan="10">+0.2
0</td></tr>
<tr><td>>30~38</td><td>10×8</td><td>10</td><td>5.0</td><td>3.3</td></tr>
<tr><td>>38~44</td><td>12×8</td><td>12</td><td rowspan="4">+0.043
0</td><td rowspan="4">+0.120
+0.050</td><td rowspan="4">0
−0.043</td><td rowspan="4">±0.0215</td><td rowspan="4">−0.018
−0.061</td><td>5.0</td><td>3.3</td><td rowspan="4">0.25</td><td rowspan="4">0.40</td></tr>
<tr><td>>44~50</td><td>14×9</td><td>14</td><td>5.5</td><td>3.8</td></tr>
<tr><td>>50~58</td><td>16×10</td><td>16</td><td>6.0</td><td>4.3</td></tr>
<tr><td>>58~65</td><td>18×11</td><td>18</td><td>7.0</td><td>4.4</td></tr>
<tr><td>>65~75</td><td>20×12</td><td>20</td><td rowspan="4">+0.052
0</td><td rowspan="4">+0.149
+0.065</td><td rowspan="4">0
−0.052</td><td rowspan="4">±0.026</td><td rowspan="4">−0.022
−0.074</td><td>7.5</td><td>4.9</td><td rowspan="4">0.40</td><td rowspan="4">0.60</td></tr>
<tr><td>>75~85</td><td>22×14</td><td>22</td><td>9.0</td><td>5.4</td></tr>
<tr><td>>85~95</td><td>25×14</td><td>25</td><td>9.0</td><td>5.4</td></tr>
<tr><td>>95~110</td><td>28×16</td><td>28</td><td>10.0</td><td>6.4</td></tr>
<tr><td>键的
长度系列</td><td colspan="13">6、8、10、12、14、16、18、20、22、25、28、32、36、40、45、50、56、63、70、
80、90、100、110、125、140、160、180、200、250、280、320、360</td></tr>
</table>

注：1. 在工作图中，轴槽深用 t 或（$d-t$）标注，轮毂槽深用（$d+t_1$）标注。

2. （$d-t$）和（$d+t_1$）两组合尺寸的极限偏差按相应的 t 和 t_1 极限偏差选取，但（$d-t$）偏差值应取负号"—"。

3. 键尺寸的极限偏差 b 为 $h9$，h 为 $h11$，L 为 $h14$。

附表 30　常用润滑油的主要性质和用途

名称	代号	主要用途
机械油 (GB 443—1989)	N5	N5 和 N7 用于高速低载荷的机械、车床、磨床、纺织纱锭的润滑和冷却；N32 和 N46 可用于普通机床的液压油；N15、N22、N32 和 N46 可供一般要求的齿轮、滑动轴承用；N68 用作重型机床导轨润滑油；N100 和 N150 供矿山机械、锻压和铸造等重型设备之用
	N7	
	N10	
	N15	
	N22	
	N32	
	N46	
	N68	
	N100	
	N150	
齿轮油 (GB 5903—2011)	320	用于重负荷机械、齿轮及蜗轮传动装置的箱式润滑系统，各种中等负荷减速器油浴式及循环式润滑系统。用途极广
	460	

附表 31　常用润滑脂的主要性质和用途

名称	代号	滴点℃ 不低于	工作锥入度 (25℃，150g) 1/10mm	主要用途
钙基润滑脂 (GB/T 491—2008)	1 号	80	310～340	有耐水性能。用于工作温度低于 55～60℃的各种工农业、交通运输机械设备的轴承润滑，特别是有水或潮湿处
	2 号	85	265～295	
	3 号	90	220～250	
	4 号	95	175～205	
钠基润滑脂 (GB 492—1989)	2 号	160	265～295	不耐水。用于工作温度在－10～110℃的一般中负荷机械设备轴承润滑
	3 号	160	220～250	
钙钠基润滑脂 (SH/T 0368—1992)	ZGN-1	120	250～290	用于工作温度在 80～100℃、有水分或较潮湿环境中工作的机械润滑，多用于铁路机车、列车、小电动机、发电机滚动轴（温度较高者）润滑。不适于低温工作
	ZGN-2	135	200～240	
石墨钙基润滑脂 (SH/T 0369—1992)	ZG-S	80	—	人字齿轮、起重机、挖掘机的底盘齿轮、矿山机械、绞车钢丝绳等高负荷、高压力、低速度的粗糙机械润滑及一般开式齿轮润滑。能耐潮湿
通用锂基润滑脂 (GB/T 7324—2010)	1 号	170	310～340	适用于－20～120℃温度范围内各种机械的滚动轴承、滑动轴承及其他摩擦部位的润滑
	2 号	175	265～295	
	3 号	180	220～250	
7407 号齿轮润滑脂 (SH/T 0469—1994)		160	75～90	选用于各种低速，中、重载荷齿轮、链和联轴器等的润滑，使用温度≤120℃，可承受冲击载荷≤2500MPa
钡基润滑脂 (SH/T 0379—1992)	ZB-3	150	200～260	用于工作温度低于 135℃的高压机械润滑。能耐水，常用于船舶推进器、中小型负荷的蒸汽机、内燃机的滑动轴承润滑
工业用凡士林 (SH 0039—1990)	—	54	—	用作机械及其零件的防腐蚀剂

注：各种润滑脂的最高工作温度比其滴点低 20～30℃。

附表 32　O 型橡胶密封圈（摘自 GB/T 3452.1—2005）　mm

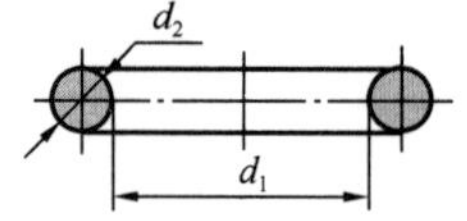

标记示例

O 型圈 40×3.55 GB 3452.1—2005

O 型圈内径 d_1=40.0mm，截面直径 d_2=3.55mm。

截面直径 d_2	内径尺寸 d_1
1.8±0.08	1.8、2、2.24、2.5、2.8、3.15、3.55、3.75、4、4.75、4.87、5、5.15、5.3、5.6、6、6.3、6.7、6.9、7.1、7.5、8、8.5、8.75、9、9.5、9.75、10、10.6、11.2、11.6、11.8、12.1、12.5、12.8、13.2、14、14.5、15、15.5、16、17、18、19、20、20.6、21.2、22.4、23、23.6、24.3、25、25.8、26.5、27.3、28、29、30、31.5、32.5、33.5、34.5、35.5、36.5、37.5、38.7、40、41.2、42.5、43.7、45、46.2、47.5、48.7、50
2.65±0.09	10.6、11.2、11.6、11.8、12.1、12.5、12.8、13.2、14、14.5、15、15.5、16、17、18、19、20、20.6、21.2、22.4、23、23.6、24.3、25、25.8、26.5、27.3、28、29、30、31.5、32.5、33.5、34.5、35.5、36.5、37.5、38.7、40、41.2、42.5、43.7、45、46.2、47.5、48.7、50、51.5、53、54.5、56、58、60、61.5、63、65、67、69、71、73、75、77.5、80、82.5、85、87.5、90、92.5、95、97.5、100、103、106、109、112、115、118、122、125、128、132、136、140、142.5、145、145、147.5、150
3.55±0.10	18、19、20、20.6、21.2、22.4、23、23.6、24.3、25、25.8、26.5、27.3、28、29、30、31.5、32.5、33.5、34.5、35.5、36.5、37.5、38.7、40、41.2、42.5、43.7、45、46.2、47.5、48.7、50、51.5、53、54.5、56、58、60、61.5、63、65、67、69、71、73、75、77.5、80、82.5、85、87.5、90、92.5、95、97.5、100、103、106、109、112、115、118、122、125、128、132、136、140、142.5、145、145、147.5、150
5.3±0.13	40、41.2、42.5、43.7、45、46.2、47.5、48.7、50、51.5、53、54.5、56、58、60、61.5、63、65、67、69、71、73、75、77.5、80、82.5、85、87.5、90、92.5、95、97.5、100、103、106、109、112、115、118、122、125、128、132、136、140、142.5、145、145、147.5、150

附表 33　O 型密封圈沟槽标准（摘自 GB/T 3452.3—2005）　mm

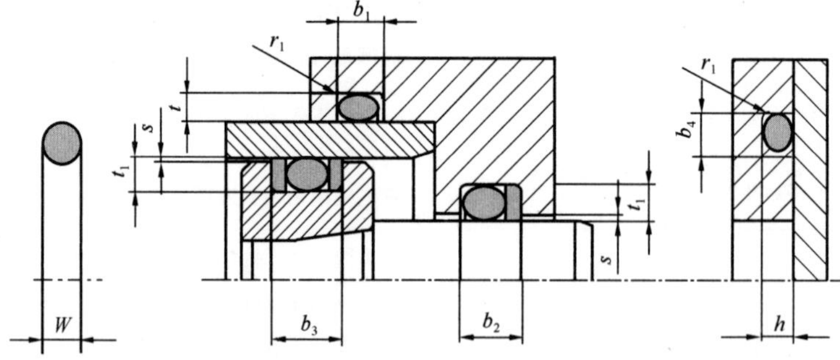

截面直径 W	径向安装					轴向安装		半径
	沟槽深度		沟槽宽度			沟槽深度	沟槽宽度	
	动密封 t_1+0.05	静密封 t+0.05	b_1+0.2	b_2+0.2	b_3+0.2	h+0.05	b_4+0.2	r_1
0.50	—	0.35	0.80	—	—	0.35	0.80	0.20
0.74	—	0.50	1.00	—	—	0.50	1.00	0.20
1.00 1.02	—	0.70	1.40	—	—	0.70	1.40	0.20
1.20	—	0.85	1,70	—	—	0.85	1.70	0.20
1.25 1.27	—	0.90	1.70	—	—	0.90	1.80	0.20
1.30	—	0.95	1.80	—	—	0.95	1.80	0.20
1.42	—	1.05	1.90	—	—	1.05	2.00	0.30
1.50 1.52	1.25	1.10	2.00	3.00	4.00	1.10	2.10	0.30

续表

截面直径 W	径向安装					轴向安装		半径
	沟槽深度		沟槽宽度			沟槽深度	沟槽宽度	
	动密封 $t_1+0.05$	静密封 $t+0.05$	$b_1+0.2$	$b_2+0.2$	$b_3+0.2$	$h+0.05$	$b_4+0.2$	r_1
1.60 1.63	1.30	1.20	2.10	3.10	4.10	1.20	2.20	0.30
1.78 1.80	1.45	1.30	2.40	3.80	5.20	1.30	2.60	0.40
1.83	1.50	1.35	2.50	3.90	5.30	1.35	2.60	0.40
1.90	1.55	1.40	2.60	4.00	5.40	1.40	2.70	0.40
1.98 2.00	1.65	1.50	2.70	4.10	5.50	1.50	2.80	0.40
2.08 2.10	1.75	1.55	2.80	4.20	5.60	1.55	2.90	0.40
2.20	1.85	1.60	3.00	4.40	5.80	1.60	3.00	0.40
2.26	1.90	1.70	3.00	4.40	5.80	1.70	3.10	0.40
2.30 2.34	1.95	1.75	3.10	4.50	5.90	1.75	3.10	0.40
2.40	2.05	1.80	3.20	4.60	6.00	1.80	3.30	0.50
2.46	2.10	1.85	3.30	4.70	6.10	1.85	3.40	0.50
2.50	2.15	1.85	3.30	4.70	6.10	1.85	3.40	0.50
2.62 2.65	2.25	2.00	3.60	5.00	6.40	2.00	3.80	0.60
2.70	2.30	2.05	3.60	5.00	6.40	2.05	3.80	0.60
2.80	2.40	2.10	3.70	5.10	6.50	2.10	3.90	0.60
2.92 2.95	2.50	2.20	3.90	5.30	6.70	2.20	4.00	0.60
3.00	2.60	2.30	4.00	5.40	6.80	2.30	4.00	0.60
3.10	2.70	2.40	4.10	5.50	6.90	2.40	4.10	0.60
3.50	3.05	2.65	4.60	6.00	7.40	2.65	4.70	0.60
3.53 3.55	3.10	2.70	4.80	6.20	7.60	2.70	5.00	0.80
3.60	3.15	2.80	4.80	6.20	7.60	2.80	5.10	0.80
4.00	3.50	3.10	5.20	6.90	8.60	3.10	5.30	0.80
4.50	4.00	3.50	5.80	7.50	9.20	3.50	5.90	0.80

附表 34　耐正负压内包骨架旋转轴 唇形密封圈（摘自 HG/T 3880—2006）　　mm

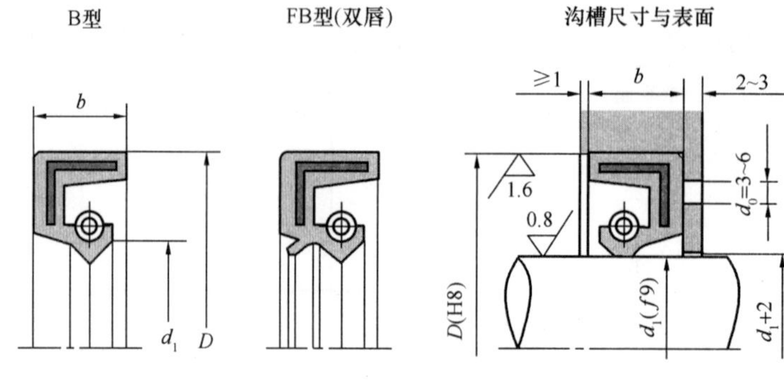

d_1	D	b	d_1	D	b	d_1	D	b
10	22、25		32	45、47、52		65	85、90、(95)	
12	24、25、30		35	50、52、55		70	90、95、(100)	10
15	26、30、35		38	55、58、62		75	95、100	
16	(28)、30、(35)		40	55、(60)、62		80	100、(105)、110	
18	30、35、(40)	7	42	55、62、(65)	8	85	(105)、110、120	
20	35、40、(45)		45	62、65、(70)		90	(110)、(115)、120	
22	35、40、47		50	68、(70)、72		95	120、(125)、(130)	12
25	40、47、52		(52)	72、75、80		100	125、(130)、(140)	
28	40、47、52		55	72、(75)、80		(105)	130、140	
30	42、47、(50)、52		60	80、85、(90)		110	140、(150)	

注：1. 括号内尺寸尽量不采用。

2. 为便于拆卸密封圈，在壳体上应有 d_0孔 3～4 个。

3. 在一般情况下（中速）采用胶种为 B-丙烯酸酯橡胶（ACM）。

附表 35　标准公差数值（摘自 GB/T 1800.2—2009）　　μm

基本尺寸 mm	公差等级																			
	IT01	IT0	IT1	IT2	IT3	IT4	IT5	IT6	IT7	IT8	IT9	IT10	IT11	IT12	IT13	IT14	IT15	IT16	IT17	IT18
≤3	0.3	0.5	0.8	1.2	2	3	4	6	10	14	25	40	60	100	140	250	400	600	1000	1400
3～6	0.4	0.6	1	1.5	2.5	4	5	8	12	18	30	48	75	120	180	300	480	750	1200	1800
6～10	0.4	0.6	1	1.5	2.5	4	6	9	15	22	36	58	90	150	220	360	580	900	1500	2200
10～18	0.5	0.8	1.2	2	3	5	8	11	18	27	43	70	110	180	270	430	700	1100	1800	2700
18～30	0.6	1	1.5	2.5	4	6	9	13	21	33	52	84	130	210	330	520	840	1300	2100	3300
30～50	0.6	1	1.5	2.5	4	7	11	16	25	39	62	100	160	250	390	620	1000	1600	2500	3900
50～80	0.8	1.2	2	3	5	8	13	19	30	46	74	120	190	300	460	740	1200	1900	3000	4600
80～120	1	1.5	2.5	4	6	10	15	22	35	54	87	140	220	350	540	870	1400	2200	3500	5400
120～180	1.2	2	3.5	5	8	12	18	25	40	63	100	160	250	400	630	1000	1600	2500	4000	6300
180～250	2	3	4.5	7	10	14	20	29	46	72	115	185	290	460	720	1150	1850	2900	4600	7200
250～315	2.5	4	6	8	12	16	23	32	52	81	130	210	320	520	810	1300	2100	3200	5200	8100
315～400	3	5	7	9	13	18	25	36	57	89	140	230	360	570	890	1400	2300	3600	5700	8900
400～500	4	6	8	10	15	20	27	40	63	97	155	250	400	630	970	1550	2500	4000	6300	9700
500～630	4.5	6	9	11	16	22	30	44	70	110	175	280	440	700	1100	1750	2800	4400	7000	11000
630～800	5	7	10	13	18	25	35	50	80	125	200	320	500	800	1250	2000	3200	5000	8000	12500

附表 36　公差等级与加工方法的关系

<table>
<tr><th rowspan="2">加工方法</th><th colspan="18">公 差 等 级 (IT)</th></tr>
<tr><th>01</th><th>0</th><th>1</th><th>2</th><th>3</th><th>4</th><th>5</th><th>6</th><th>7</th><th>8</th><th>9</th><th>10</th><th>11</th><th>12</th><th>13</th><th>14</th><th>15</th><th>16</th></tr>
<tr><td>研 磨</td><td colspan="6">——</td><td colspan="12"></td></tr>
<tr><td>珩磨</td><td colspan="5"></td><td colspan="4">——</td><td colspan="9"></td></tr>
<tr><td>圆磨、平磨</td><td colspan="5"></td><td colspan="5">——</td><td colspan="8"></td></tr>
<tr><td>金钢石车
金钢石镗</td><td colspan="5"></td><td colspan="4">——</td><td colspan="9"></td></tr>
<tr><td>拉 削</td><td colspan="5"></td><td colspan="5">——</td><td colspan="8"></td></tr>
<tr><td>铰 孔</td><td colspan="6"></td><td colspan="5">——</td><td colspan="7"></td></tr>
<tr><td>车镗</td><td colspan="7"></td><td colspan="5">——</td><td colspan="6"></td></tr>
<tr><td>铣</td><td colspan="8"></td><td colspan="4">——</td><td colspan="6"></td></tr>
<tr><td>刨 插</td><td colspan="11"></td><td colspan="2">——</td><td colspan="5"></td></tr>
<tr><td>钻 孔</td><td colspan="11"></td><td colspan="4">——</td><td colspan="3"></td></tr>
<tr><td>滚压、挤压</td><td colspan="7"></td><td colspan="6">——</td><td colspan="5"></td></tr>
<tr><td>滚 齿</td><td colspan="4"></td><td colspan="7">——</td><td colspan="7"></td></tr>
<tr><td>冲 压</td><td colspan="11"></td><td colspan="5">——</td><td colspan="2"></td></tr>
<tr><td>压 铸</td><td colspan="12"></td><td colspan="4">——</td><td colspan="2"></td></tr>
<tr><td>粉末冶
金成型</td><td colspan="7"></td><td colspan="3">——</td><td colspan="8"></td></tr>
<tr><td>粉末冶
金烧结</td><td colspan="7"></td><td colspan="5">——</td><td colspan="6"></td></tr>
<tr><td>砂型铸造、
气割</td><td colspan="17"></td><td>—</td></tr>
<tr><td>锻 造</td><td colspan="15"></td><td>—</td><td colspan="2"></td></tr>
</table>

附表 37　塑件公差数值表（摘自 GB/T 14486—2008）　　mm

基本尺寸	精度等级							
	MT1	MT2	MT3	MT4	MT5	MT6	MT7	MT8
	公差数值							
～3	0.04	0.06	0.08	0.12	0.16	0.24	0.32	0.48
3～6	0.05	0.07	0.08	0.14	0.18	0.28	0.36	0.56
6～10	0.06	0.08	0.10	0.16	0.20	0.32	0.40	0.61
10～14	0.07	0.09	0.12	0.18	0.22	0.36	0.44	0.72
14～18	0.08	0.10	0.12	0.20	0.24	0.40	0.48	0.80
18～24	0.09	0.11	0.14	0.22	0.28	0.44	0.56	0.88
24～30	0.10	0.12	0.16	0.24	0.32	0.48	0.64	0.96
30～40	0.11	0.13	0.18	0.26	0.36	0.52	0.72	1.04
40～50	0.12	0.14	0.20	0.28	0.40	0.56	0.80	1.20

续表

基本尺寸（mm）	精度等级							
	MT1	MT2	MT3	MT4	MT5	MT6	MT7	MT8
	公差数值							
50～65	0.13	0.16	0.22	0.32	0.46	0.64	0.92	1.40
65～80	0.14	0.19	0.26	0.38	0.52	0.76	1.04	1.60
80～100	0.16	0.22	0.30	0.44	0.60	0.88	1.20	1.80
100～120	0.18	0.25	0.34	0.50	0.68	1.00	1.36	2.00
120～140		0.28	0.38	0.56	0.76	1.12	1.52	2.20
140～160		0.31	0.42	0.62	0.84	1.24	1.68	2.40
160～180		0.34	0.46	0.68	0.92	1.36	1.84	2.70
180～200		0.37	0.50	0.74	1.00	1.50	2.00	3.00
200～225		0.41	0.56	0.82	1.10	1.64	2.20	3.30
225～250		0.45	0.62	0.90	1.20	1.80	2.40	3.60
250～280		0.50	0.68	1.00	1.30	2.00	2.60	4.00
280～315		0.55	0.74	1.10	1.40	2.20	2.80	4.40
315～355		0.60	0.82	1.20	1.60	2.40	3.20	4.80
355～400		0.65	0.90	1.30	1.80	2.60	3.60	5.20
400～450		0.70	1.00	1.40	2.00	2.80	4.00	5.60
450～500		0.80	1.10	1.60	2.20	3.20	4.40	6.40

注：标准中规定的数值以塑件成型后或经过必要的处理后，在相对湿度为65%，温度为20℃环境放置24h后，以塑件和量具温度为20℃时进行测量为准。

附表38　一般塑件精度表

材料代号	模塑材料		公差等级		
			高精度	一般精度	未注公差
ABS	丙烯腈-丁二烯-苯乙烯共聚物		MT2	MT3	MT5
AS	丙烯腈-苯乙烯共聚物		MT2	MT3	MT5
CA	醋酸纤维塑料		MT3	MT4	MT6
EP	环氧树脂		MT2	MT3	MT5
PA	尼龙塑料	无填料填充	MT3	MT4	MT6
		玻璃纤维填充	MT2	MT3	MT5
PBTP	聚对苯二甲酸丁二醇酯	无填料填充	MT3	MT4	MT6
		玻璃纤维填充	MT2	MT3	MT5
PC	聚碳酸酯		MT2	MT3	MT5
PDAP	聚邻苯二甲酸二丙烯酯		MT2	MT3	MT5
PE	聚乙烯		MT5	MT6	MT7
PESU	聚醚砜		MT2	MT3	MT5

续表

材料代号	模塑材料		公差等级		
			高精度	一般精度	未注公差
PETP	聚对苯二甲酸乙二醇酯	无填料填充	MT3	MT4	MT6
		玻璃纤维填充	MT2	MT3	MT5
PMMA	聚甲基丙烯酸甲酯		MT2	MT3	MT5
PF	酚醛塑料	无机填料填充	MT2	MT3	MT5
		有机填料填充	MT3	MT4	MT6
POM	聚甲醛	≤150mm	MT3	MT4	MT6
		>150mm	MT4	MT5	MT7
PP	聚丙烯	无填料填充	MT3	MT4	MT6
		无机填料填充	MT2	MT3	MT5
PPO	聚苯醚		MT2	MT3	MT5
PPS	聚苯硫醚		MT2	MT3	MT5
PS	聚苯乙烯		MT2	MT3	MT5
PSU	聚砜		MT2	MT3	MT5
RPVC	硬质聚氯乙烯		MT2	MT3	MT5
SPVC	软质聚氯乙烯		MT5	MT6	MT7
VF/MF	氨基塑料/氨基酚醛塑料	无机填料填充	MT2	MT3	MT5
		有机填料填充	MT3	MT4	MT6

附表 39　优先配合特性及应用举例

基孔制	基轴制	优先配合特性及应用举例
$\frac{H11}{c11}$	$\frac{C11}{h11}$	间隙很大，用于很松的、转动很慢的动配合；要求大公差与大间隙的外露组件；要求装配方便的很松的配合。相当于旧国标的 D6/dd6
$\frac{H9}{d9}$	$\frac{D9}{h9}$	间隙很大的自由转动配合，用于精度非主要要求时，或有大的温度变动、高转速或大的轴颈压力时。相当于旧国标 D4/de4
$\frac{H8}{f7}$	$\frac{F8}{h7}$	间隙不大的转动配合，用于中等转速与中等轴颈压力的精确转动；也用于装配较易的中等定位配合。相当于旧国标 D/dc
$\frac{H7}{g6}$	$\frac{G7}{h6}$	间隙很小的滑动配合，用于不希望自由转动，但可自由移动和滑动并要求精密定位时，也可用于要求明确的定位配合。相当于旧国标 D/db
$\frac{H7}{h6}$ $\frac{H8}{h7}$ $\frac{H9}{h9}$ $\frac{H11}{h11}$	$\frac{H7}{h6}$ $\frac{H8}{h7}$ $\frac{H9}{h9}$ $\frac{H11}{h11}$	均为间隙定位配合，零件可自由装拆，而工作时一般相对静止不动。在最大实体条件下的间隙为零，在最小实体条件下的间隙由公差等级决定。H7/h6 相当于旧国标 D/d；H8/h7 相当于旧国标 D3/d3；H9/h9 相当于旧国标 D4/d4；H11/h11 相当于旧国标 D6/d6
$\frac{H7}{h6}$	$\frac{K7}{h6}$	过渡配合，用于精密定位。相当于旧国标 D/gc
$\frac{H7}{n6}$	$\frac{N7}{h6}$	过渡配合，允许有较大过盈的更精密定位。相当于旧国标 D/ga

续表

基孔制	基轴制	优先配合特性及应用举例
$\frac{H7^{*}}{p6}$	$\frac{P7}{h6}$	过盈定位配合，即小过盈配合，用于定位精度特别重要时，能以最好的定位精度达到部件的刚性及对中性要求，而对内孔随压力无特殊要求，不依靠配合的紧固性传递摩擦负荷。相当于旧国标 D/ga～D/jf
$\frac{H7}{s6}$	$\frac{S7}{h6}$	中等压入配合，适用于一般钢件；或用于薄壁件的冷缩配合，用于铸铁件可得到最紧的配合，相当于旧国标 D/je
$\frac{H7}{u6}$	$\frac{U7}{h6}$	压入配合，适用于可以随大压入力的零件或不宜承受大压入力的冷缩配合

注：＊小于或等于 3mm 为过渡配合。

附表 40　轴的各种基本偏差的应用

配合种类	基本偏差	配 合 特 性 及 应 用
间隙配合	a、b	可得到特别大的间隙，很少应用
	c	可得到很大的间隙，一般适用于缓慢、松弛的动配合。用于工作条件较差（如农业机械），受力变形，或为了便于装配，而必须保证有较大的间隙时。推荐配合为 H11/c11，其较高级的配合，如 H8/c7 适用一轴在高温工作的紧密动配合，例如内燃机排气阀和导管
	d	配合一般用于 IT7～IT11 级，适用于松的转动配合，如密封盖、滑轮、空转带轮等与轴的配合。也适用于大直径滑动轴承配合，如透平机、球磨机、轧滚成型和重型弯曲机及其他重型机械中的一些滑动支承
	e	多用于 IT7～IT9 级，通常适用于要求有明显间隙，易于转动的支承配合，如大跨距、多支点支承等，高等级的 e 轴适用于大型、高速、重载支承配合，如蜗轮发电机、大型电动机、内燃机、凹轮轴及摇臂支承等
	f	多用于 IT6～IT8 级的一般转动配合。当温度影响不大时，被广泛用于普通润滑油（脂）润滑的支承，如齿轮箱、小电动机、泵等的转轴与滑动支承的配合
	g	配合间隙很小，制造成本高，除很轻负荷的精密装置外，不推荐用于转动配合。多用于 IT5～IT7 级，最适合不回转的精密滑动配合，也用于插销等定位配合，如精密连杆轴承、活塞、滑阀及连杆销等
	h	多用于 IT4～IT11 级。广泛用于无相对转动的零件，作为一般的定位配合，若没有温度变形影响，也用于精密滑动配合
过渡配合	js	为完全对称偏差（＋IT/2）。平均为稍有间隙的配合，多用于 IT4～IT7 级，要求间隙比 h 轴小，并允许略有过盈的定位配合（如联轴器），可用手或木锤装配
	k	平均为没有间隙的配合，适用于 IT4～IT7 级，推荐用于稍有过盈的定位配合，例如为了消除振动用的定位配合。一般用木锤装配
	m	平均为具有小过渡配合。适用 IT4～IT7 级，用锤或压力机装配，通常推荐用于紧密的组件配合。H6/n5 配合时为过盈配合
	n	平均过盈比 m 轴稍大，很少得到间隙，适用 IT4～IT7 级，用锤或压力机装配，通常推荐用于紧密的组件配合。H6/n5 配合时为过盈配合

续表

配合种类	基本偏差	配合特性及应用
过盈配合	p	与H6或H7配合时是过盈配合，与H8孔配合时则为过渡配合。对非铁类零件，为较轻的压入配合，当需要时易于拆卸。对钢、铸铁或铜、钢组件装配是标准压入配合
	r	对铁类零件为中等打入配合，对非铁类零件轻打入的配合，当需要时可以拆卸。与H8孔配合，直径在100mm以上时为过盈配合，直径小时为过渡配合
	s	用于钢和铁制零件的永久性和半永久性装配。可产生相当大的结合力。当用弹性材料，如轻合金时，配合性质与铁类零件的P轴相当。例如套环压装在轴上、阀座等配合。尺寸较大时，为了避免损伤配合表面，需有热胀或冷缩法装配
	t u v x y z	过盈量依次增大，一般不推荐

附表41　未注公差尺寸的极限偏差（摘自GB/T 1804—2000）　μm

基本尺寸		H12～h16　公　差　带　h17～js18											
大于	至	H12	H13	H14	H15	H16	H17	H18	h12	h13	h14	h15	h16
—	3	+0.10 0	+0.14 0	+0.25 0	+0.40 0	+0.60 0	+1.0 0	+1.4 0	0 −0.10	0 −0.14	0 −0.25	0 −0.40	0 −0.60
3	6	+0.12 0	+0.18 0	+0.30 0	+0.48 0	+0.75 0	+1.2 0	+1.8 0	0 −0.12	0 −0.18	0 −0.30	0 −0.48	0 −0.75
6	10	+0.15 0	+0.22 0	+0.36 0	+0.58 0	+0.90 0	+1.5 0	+2.2 0	0 −0.15	0 −0.22	0 −0.36	0 −0.58	0 −0.90
10	18	+0.18 0	+0.27 0	+0.43 0	+0.70 0	+1.10 0	+1.8 0	+2.7 0	0 −0.18	0 −0.27	0 −0.43	0 −0.70	0 −1.10
18	30	+0.21 0	+0.33 0	+0.52 0	+0.84 0	+1.30 0	+2.1 0	+3.3 0	0 −0.21	0 −0.33	0 −0.52	0 −0.84	0 −1.3
30	50	+0.25 0	+0.39 0	+0.62 0	+1.00 0	+1.60 0	+2.5 0	+3.9 0	0 −0.25	0 −0.39	0 −0.62	0 −1.00	0 −1.60
50	80	+0.30 0	+0.46 0	+0.74 0	+1.20 0	+1.90 0	+3.0 0	+4.6 0	0 −0.30	0 −0.46	0 −0.74	0 −1.20	0 −1.90
80	120	+0.35 0	+0.54 0	+0.87 0	+1.40 0	+2.20 0	+3.5 0	+5.4 0	0 −0.35	0 −0.54	0 −0.87	0 −1.40	0 −2.20
120	180	+0.40 0	+0.63 0	+1.00 0	+1.60 0	+2.50 0	+4.0 0	+6.3 0	0 −0.40	0 −0.63	0 −1.00	0 −1.60	0 −2.50
180	250	+0.46 0	+0.72 0	+1.15 0	+1.85 0	+2.90 0	+4.6 0	+7.2 0	0 −0.46	0 −0.72	0 −1.15	0 −1.85	0 −2.90
250	315	+0.52 0	+0.81 0	+1.30 0	+2.10 0	+3.20 0	+5.2 0	+8.1 0	0 −0.52	0 −0.81	0 −1.30	0 −2.10	0 −3.20
315	400	+0.57 0	+0.89 0	+1.40 0	+2.30 0	+3.60 0	+5.7 0	+8.9 0	0 −0.57	0 −0.89	0 −1.40	0 −2.30	0 −3.60
400	500	+0.63 0	+0.97 0	+1.55 0	+2.50 0	+4.00 0	+6.3 0	+9.7 0	0 −0.63	0 −0.97	0 −1.55	0 −2.50	0 −4.00
500	630	+0.70 0	+1.10 0	+1.75 0	+2.8 0	+4.4 0	+7.0 0	+11.0 0	0 −0.70	0 −1.10	0 −1.75	0 −2.80	0 −4.4

续表

基本尺寸		H12～h16 公 差 带 h17～js18											
大于	至	H12	H13	H14	H15	H16	H17	H18	h12	h13	h14	h15	h16
630	8000	+0.80 0	+1.25 0	+2.00 0	+3.2 0	+5.0 0	+8.0 0	+12.5 0	0 −0.80	0 −1.25	0 −2.00	0 −3.2	0 −5.0
8000	1000	+0.90 0	+1.40 0	+2.30 0	+3.6 0	+5.6 0	+9.0 0	+14.0 0	0 −0.90	0 −1.40	0 −2.30	0 −3.6	0 −5.6
1000	1250	+1.05 0	+1.65 0	+2.60 0	+4.2 0	+6.6 0	+10.5 0	+16.5 0	0 −1.05	0 −1.65	0 −2.60	0 −4.2	0 −6.6
1250	1600	+1.25 0	+1.95 0	+3.10 0	+5.0 0	+7.8 0	+12.5 0	+19.5 0	0 −1.25	0 −1.95	0 −3.10	0 −5.0	0 −7.8

注：1. 一般孔用 H；轴用 h；长度用 Js（或 js）。必要时可不分孔、轴或长度均采用 Js（或 js）。

2. 基本尺寸小于 1mm 时，H14 至 H18、h14 至 h18 和 Js14（js14）至 Js18（js18）均不采用。

附表 42　表面粗糙度代号及其注法（摘自 GB/T 131—2006）

表面粗糙度符号及意义

符 号	意 义	表面粗糙度参数和各项规定注写的位置
	基本符号，单独使用这符号是没有意义的	c a b e d *a*：注写表面结构的单一要求； *b*：注写第二表面结构要求； *c*：加工方法、镀涂或其他表面处理； *d*：加工纹理方向符号； *e*：加工余量（mm）
	基本符号上加一短划，表示表面粗糙度是用去除材料方法获得。例如，车、铣、钻、磨、剪切、抛光、腐蚀、电火花加工等	
	基本符号加一小圆，表示表面粗糙度用不去除材料的方法获得。例如，铸、锻、冲压变形、热轧、冷轧、粉末冶金等，或者是用于保持原供应状况的表面（包括保持上道工序的状况）	
	完整符号	
	以上三个符号的长边可加一横线，用于标注参数；在长边与横线间可加一小圆，表示所有表面具有相同的表面粗糙度要求	

表面粗糙度高度参数的标注

Ra 值		*Rz*、*Ry* 值	
代号	意义	代号	意义
*Ra*3.2	用任何方法获得的表面，*Ra* 的最大允许值为 3.2μm	*Ra*3.2	用任何方法获得的表面，*Rz* 的最大允许值为 3.2μm
*Ra*3.2	用去除材料获得的表面，*Ra* 的最大允许值为 3.2μm	*Ra*3.2	用不去除材料方法获得的表面，*Rz* 的最大允许值为 3.2μm

续表

Ra 值		*Rz*、*Ry* 值	
代号	意义	代号	意义
Ra3.2	用不去除材料获得的表面，*Ra* 的最大允许值为 3.2μm	Ra3.2 Ra1.6	用去除材料方法获得的表面，*Rz* 的最大允许值为 3.2μm，最小值为 1.6μm
Ra3.2 Ra1.6	用去除材料方法获得的表面，*Ra* 的最大允许值为 3.2μm，最小的允许值为 1.6μm		

附表 43　不同加工方法对应粗糙度　μm

加工方法		表面粗糙度 *Ra*													
		0.012	0.025	0.05	0.10	0.20	0.40	0.80	1.60	3.20	6.30	12.5	25	50	100
砂模铸造											—	—	—	—	—
壳型铸造											—	—	—	—	—
金属膜铸造									—	—	—	—	—	—	
离心铸造									—	—	—	—	—		
精密铸造								—	—	—	—	—			
蜡模铸造							—	—	—	—	—	—			
压力铸造							—	—	—	—	—				
热轧											—	—	—	—	—
模锻									—	—	—	—	—	—	—
冷轧						—	—	—	—	—	—	—			
挤压							—	—	—	—	—				
冷拉						—	—	—	—	—	—				
锉							—	—	—	—	—	—	—		
铲刮							—	—	—	—	—	—			
刨削	粗										—	—	—		
刨削	半精								—	—	—				
刨削	精						—	—	—						
插销									—	—	—	—	—		
钻孔								—	—	—	—	—	—		
扩孔	粗										—	—	—		
扩孔	精								—	—	—				
金刚镗孔				—	—	—	—								
镗孔	粗										—	—	—	—	
镗孔	半精							—	—	—	—				
镗孔	精						—	—	—						

续表

加工方法		表面粗糙度 Ra													
		0.012	0.025	0.05	0.10	0.20	0.40	0.80	1.60	3.20	6.30	12.5	25	50	100
铰孔	粗								—	—	—	—			
	半精						—	—	—	—					
	精				—	—	—	—	—						
端面铣	粗									—	—	—			
	半精						—	—	—	—	—				
	精					—	—	—	—						
车外圆	粗										—	—	—		
	半精								—	—	—	—			
	精					—	—	—	—						
金刚车			—	—	—	—									
车端面	粗										—	—	—		
	半精								—	—	—	—			
	精						—	—	—						
磨外圆	粗							—	—	—	—				
	半精					—	—	—	—	—					
	精		—	—	—	—	—								
磨平面	粗								—	—					
	半精						—	—	—						
	精		—	—	—	—	—								
研磨	粗					—	—	—	—						
	半精			—	—	—	—								
	精	—	—	—	—										
珩磨	平面		—	—	—	—	—	—	—						
	圆柱	—	—	—	—	—	—								
抛光	一般				—	—	—	—	—						
	精	—	—	—	—										
滚压抛光				—	—	—	—	—	—	—					
超精加工	平面	—	—	—	—	—	—								
	柱面	—	—	—	—	—	—								
化学蚀刻								—	—	—	—	—	—		
电火花加工								—	—	—	—	—	—		
切割	气割										—	—	—	—	—
	锯								—	—	—	—	—	—	—
	车									—	—	—	—		
	铣											—	—	—	
	磨								—	—	—				

续表

加工方法		表面粗糙度 Ra													
		0.012	0.025	0.05	0.10	0.20	0.40	0.80	1.60	3.20	6.30	12.5	25	50	100
锯加工								—	—	—	—	—	—	—	
成型加工							—	—	—	—	—	—	—		
拉削	半精						—	—	—	—					
	精				—	—	—								
滚铣	粗									—	—	—	—		
	半精							—	—	—	—				
	精						—	—	—						
螺纹加工	丝锥板牙							—	—	—	—				
	梳洗							—	—	—	—				
	滚					—	—	—							
	车							—	—	—	—	—			
	搓丝							—	—	—	—				
	滚压						—	—	—	—					
	磨					—	—	—	—						
	研磨			—	—	—	—	—	—						
齿轮及花键加工	刨							—	—	—	—				
	滚							—	—	—	—				
	插							—	—	—	—				
	磨				—	—	—	—							
	剃					—	—	—	—						
电光束加工						—	—	—	—	—	—				
激光加工						—	—	—	—	—	—				
电化学加工				—	—	—	—	—	—	—	—	—			

附表 44　形位公差代号（摘自 GB/T 1182—2018）

形位公差各项目的符号							其他有关符号	
分类	项目	符号	分类	项目		符号	符号	意义
形状公差	直线度	—	位置公差	定位	平行度	//	Ⓜ	最大实体状态
					垂直度	⊥		
	平面度	⏥			倾斜度	∠	Ⓟ	延伸公差带
	圆度	○		定位	同轴度	◎	Ⓔ	包容原则（单一要素）
	圆柱度	⌭			对称度	⌯		
					位置度	⌖	50（方框）	理论正确尺寸
	线轮廓度	⌒		跳动	圆跳动	↗	φ20/A1（圆内）	基准目标
	面轮廓度	⌓			全跳动	⌰		

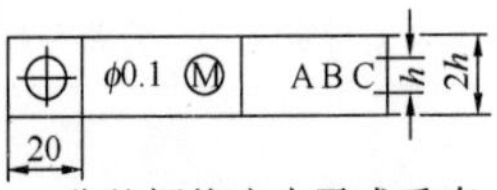

形位公差框格

公差框格应水平或垂直绘制，其线型为细实线。公差框格分为两格或多格，框格内从左到右填写的内容：

第一格为形位公差符号；第二格为形位公差值和有关符号；第三格及以后为基准代号字母和有关符号（h 为图样中采用字体的高度）

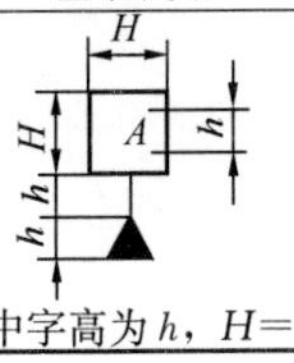

基准代号

其中字高为 h，$H=2h$

注：形位公差符号的线型宽度为 $b/2 \sim b$（b 为粗实线宽），但跳动符号的箭头外的线是细实线。

附表 45　形状、位置公差带的定义和图例说明（摘自 GB/T 1182—2018）

直线度　平面度　圆度和圆柱度　线、面轮廓度　平行度　垂直度　同轴度　对称度　位置度　跳动

1. 直线度

a. 在给定平面内的公差带定义——公差带是距离为公差值 t 的两平行直线之间的区域。

b. 在给定方向上的公差带定义——当给定一个方向时，公差带是距离为公差值 t 的两平行平面之间的区域；当给定互相垂直的两个方向时，公差带是正截面尺寸为公差值 $t_1 \times t_2$ 的四棱柱内的区域。

c. 在任意方向上的公差带定义——公差带是直径为公差值 t 的圆柱面内的区域。

<table>
<tr>
<td>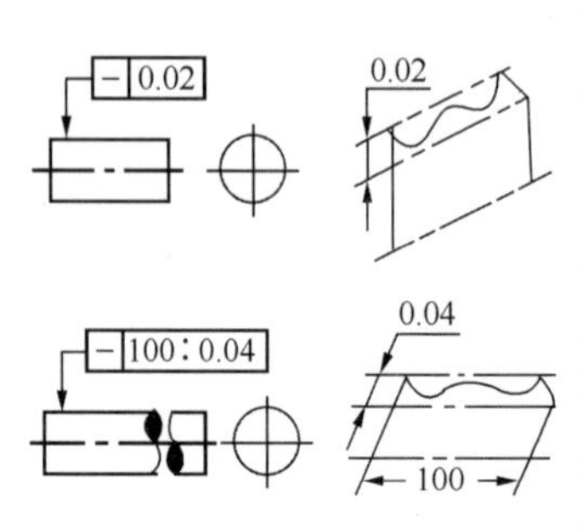
</td>
<td>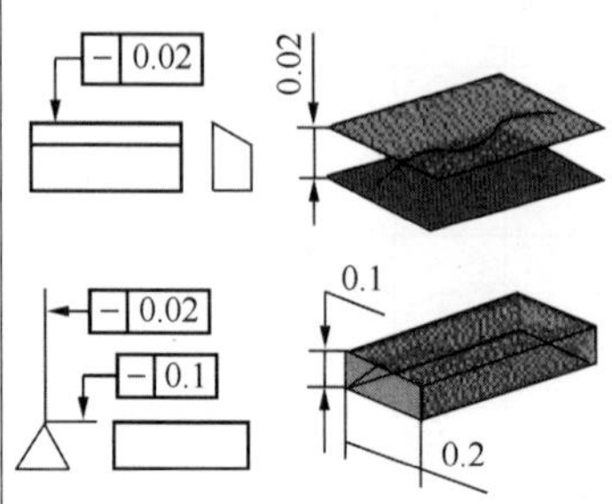
</td>
<td>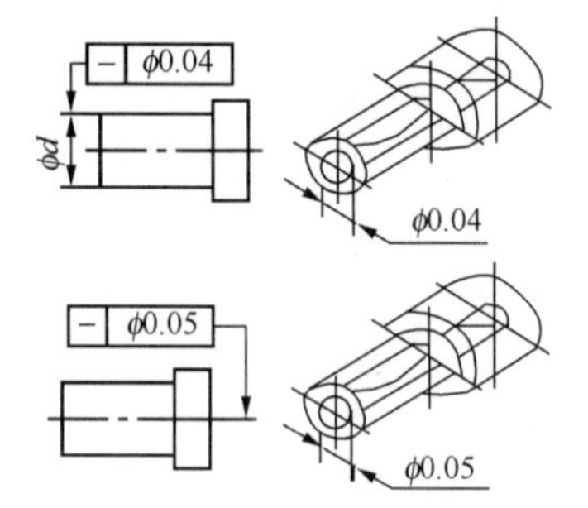
</td>
</tr>
<tr>
<td>图例：
1）圆柱表面上任一素线必须位于轴向平面内，距离为公差值 0.02 的两平等直线之间。
2）圆柱表面上任一素线在任意 100 长度内必须位于轴向平面内，距离为公差值 0.04 的两平等直线之间</td>
<td>图例：
1）棱线必须位于箭头所示方向，距离为公差值 0.02 的平行平面内。
2）棱线必须位于水平方向距离为公差值 0.2，垂直方向距离为公差值 0.1 的四棱柱内</td>
<td>图例：
1）ϕd 圆柱体的轴线必须位于直径为公差值 0.04 的圆柱面内。
2）整个零件的轴线必须位于直径为公差值 0.05 的圆柱面内</td>
</tr>
</table>

2. 平面度

公差带定义——公差带是距离为公差值 t 的两平行平面之间的区域。

<table>
<tr>
<td>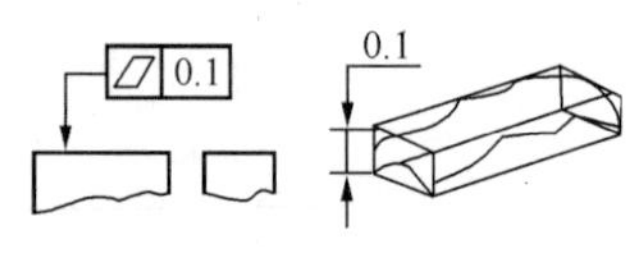
</td>
<td>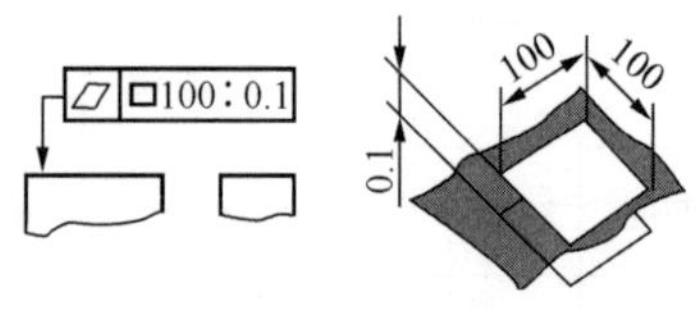
</td>
</tr>
<tr>
<td>图例：上表面必须修正于距离为公差值 0.1 的两平行平面内</td>
<td>图例：表面上任意 100×100 的范围，必须位于距离为公差值 0.1 的两平行平面内</td>
</tr>
</table>

3. 圆度

公差带定义——公差带是在同一正截面上半径差为公差值 t 的两同心圆之间的区域

<table>
<tr>
<td>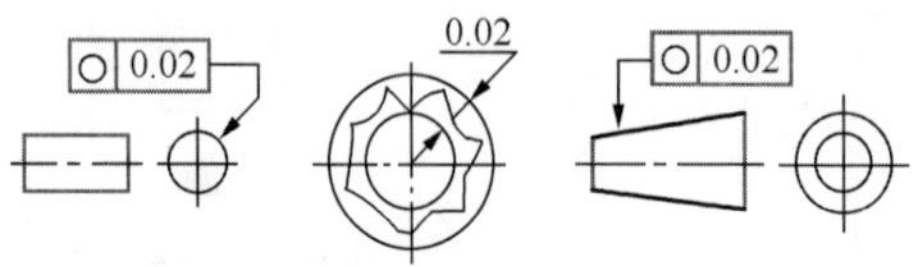
</td>
<td>图例：在垂直于轴线的任一正截面上，该圆必须位于半径差为公差值 0.02 的两同心圆之间</td>
</tr>
</table>

续表

4. 圆柱度

公差带定义——公差带是半径差值 t 的两同轴圆柱面之间的区域。

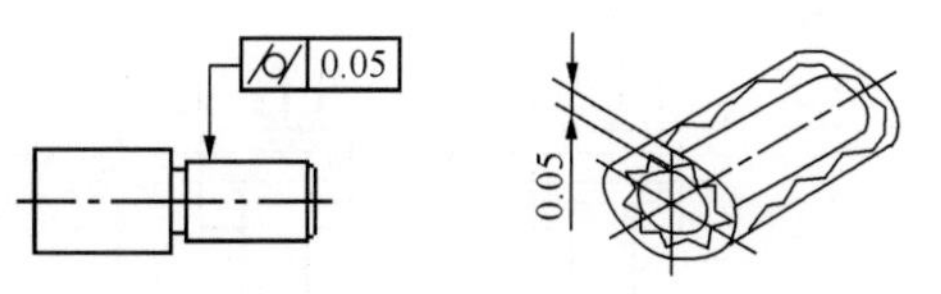

图例：圆柱面必须位于半径差值 0.05 的两同轴圆柱面之间

5. 线轮廓度

公差带定义——公差带是包络一系列直径为公差值 t 的圆的两包络线之间的区域，诸圆圆心应位于理想轮廓线相对基准有位置要求时，其理想轮廓线系指相对基准为理想位置的理想轮廓线。

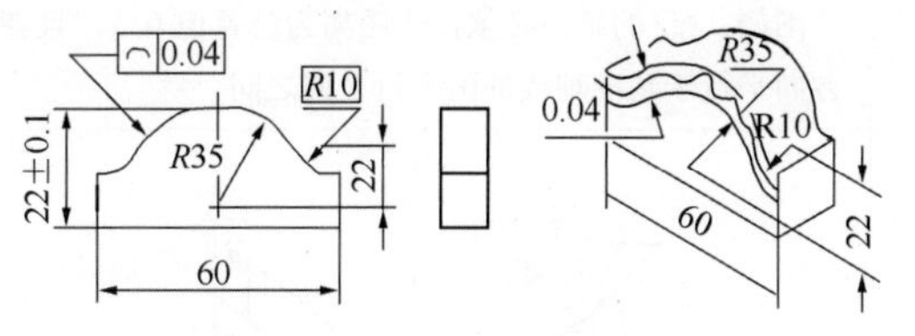

图例：在平行于正投影面的任一截面上，实际轮廓线必须位于包络一系列直径为公差值 0.04，且圆心在理想轮廓线上的圆的两包络线之间

6. 面轮廓度

公差带定义——公差带是包络一系列直径为公差值 t 的球的两包络面间的区域，诸球球心应位于理想轮廓面上。

注：当被测轮廓面相对基准有位置要求时，其理想轮廓面是指相对于基准为理想位置的理论轮廓面。

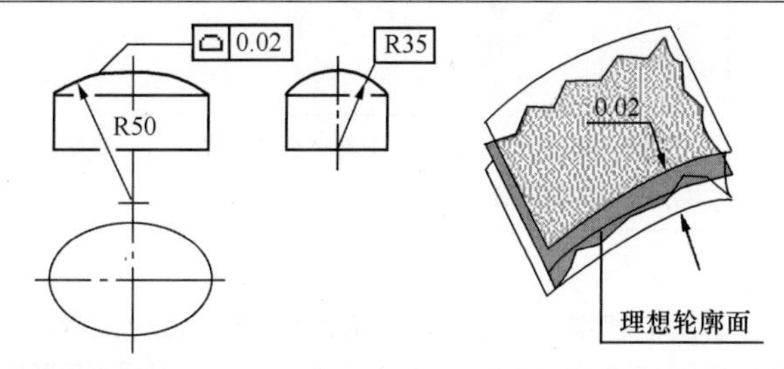

图例：实际轮廓面必须位于包络一系列球的两包络面之间，诸球的直径为公差值 0.02，且球心在理想轮廓面上

7. 平行度

a. 在给定的方向上的公差带定义——当给定一个方向时，公差带是距离为公差值 t，且平行于基准平面（或直线、轴线）的两平行面之间的区域；当给定相互垂直的两个方向时，是正截面尺寸为公差值 $t_1 \times t_2$，且平行于基准轴线的四棱柱内的区域。

b. 在任意方向的公差带定义——公差带是直径为公差值 t，且平行于基准轴线的圆柱面内的区域。

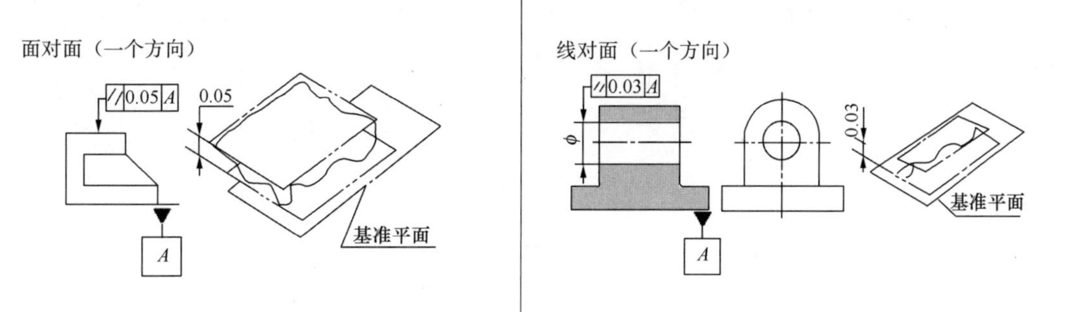

续表

图例：上表面必须位于距离为公差值 0.05，且平行于基准平面的两平行平面之间	图例：孔的轴线必须位于距离为公差值 0.03，且平行于基准平面的两平行平面之间
面对线（一个方向） 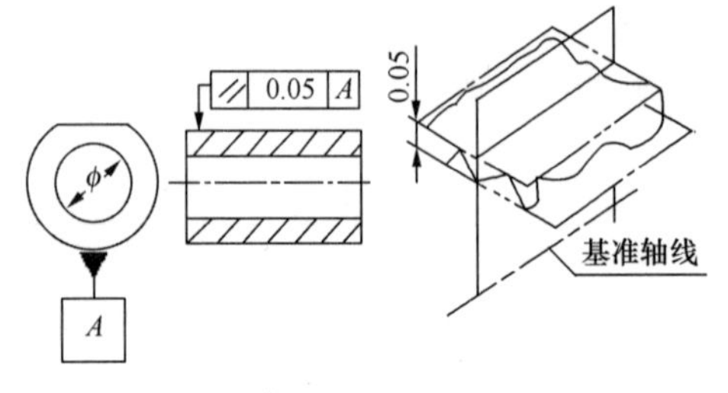	线对线（一个方向） 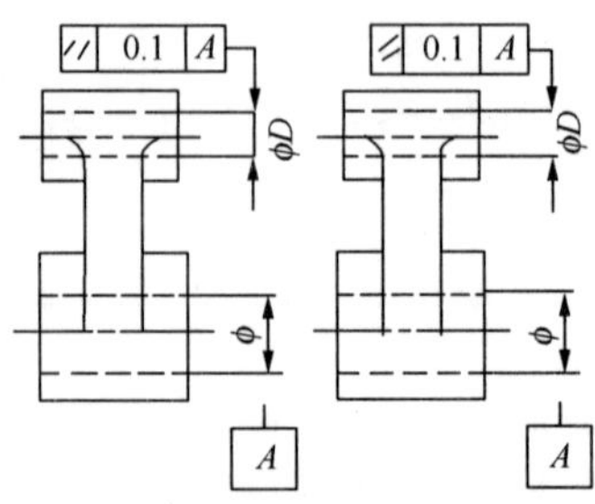
图例：上表面必须位于距离为公差值 0.05，且平行于基准轴线的两平行平面之间	图例：ϕD 的轴线必须位于距离为公差值 0.1，且在垂直方向平行于基准轴线的两平行平面之间
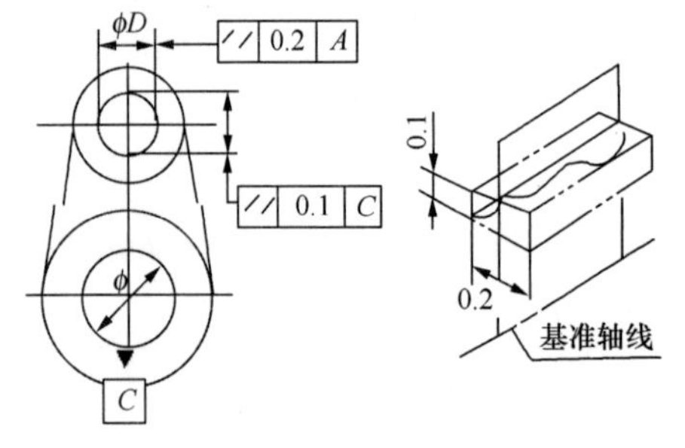	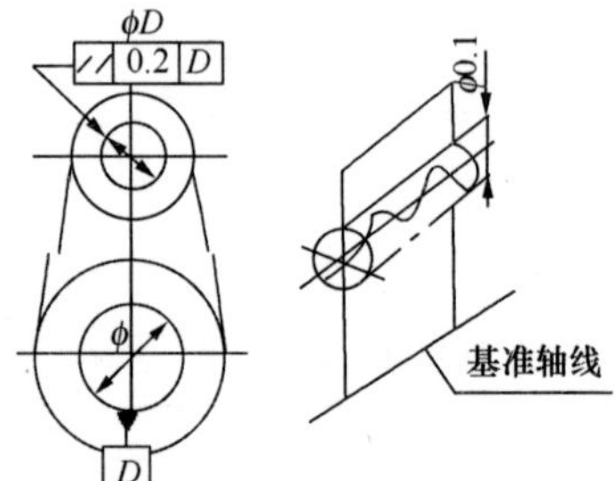
图例：ϕD 的轴线必须位于正截面为公差值 0.1×0.2，且平行于基准轴线的四棱柱内	图例：ϕD 的轴线必须位于直径为公差值 0.1，且平行于基准轴线的圆柱面内

8. 垂直度

a. 在给定方向上的公差带定义——当给定一个方向时，公差带是距离为公差值 t，且垂直于基准平面（或直线、轴线）的两平行平面（或直线）之间的区域；当给定两个互相垂直的方向时，是正截面为公差值 $t_1 \times t_2$，且垂直于基准平面的四棱柱内的区域。

b. 在任意方向上的公差带定义——公差带是直径为公差值 t，且垂直于基准平面的圆柱面内的区域。

面对面 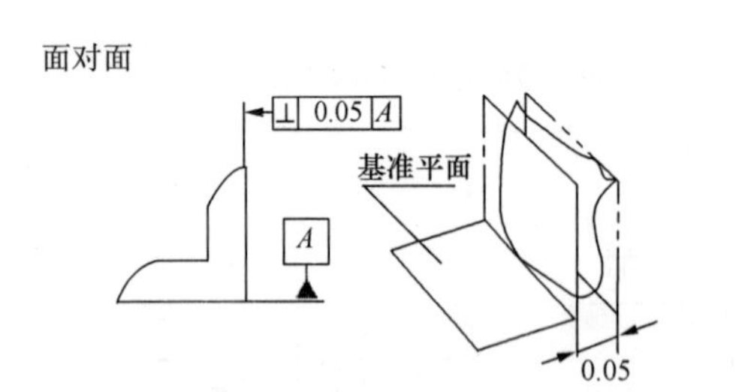	线对面 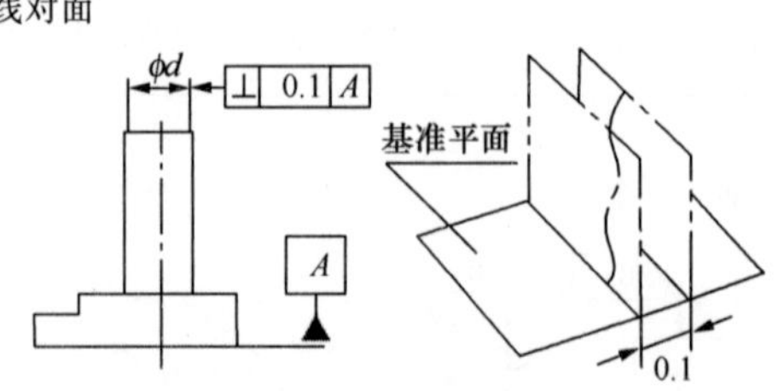
图例：右侧表面必须位于距离为公差值 0.05，且垂直于基准平面的两平行平面之间	图例：ϕd 的轴线必须在给定的投影方向上，位于距离为公差值 0.1，且垂直于基准平面的两平行平面之间

续表

面对线 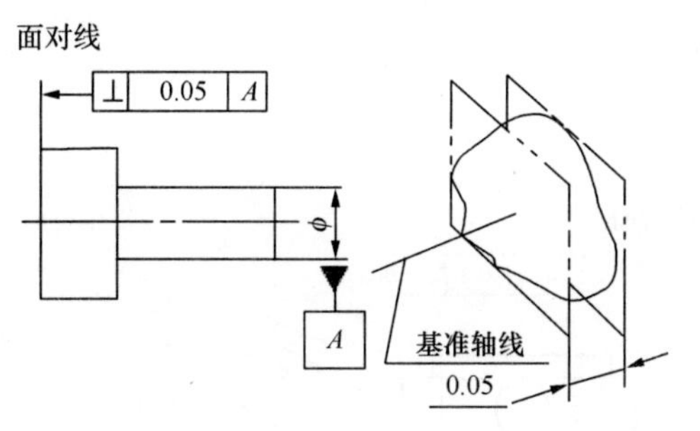	线对线 φD ⊥ 0.05 A A 2—φD1 基准轴线 0.05
图例：左侧端面必须位于距离为公差值 0.05，且垂直于基准轴线的两平行平面之间	图例：ϕD 的轴线必须位于距离为公差值 0.05，且垂直于两 ϕD_1 孔公共轴线的两平行平面之间
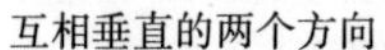互相垂直的两个方向 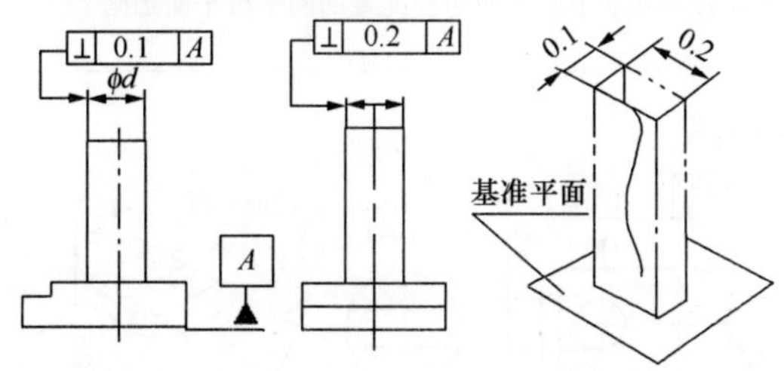	线对面 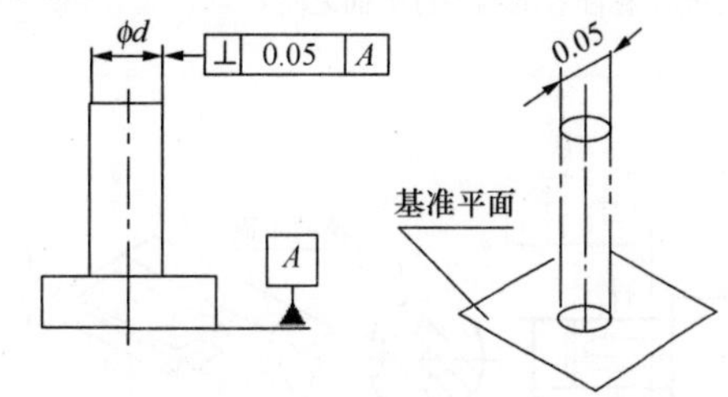
图例：ϕd 的轴线必须位于正截面为公差值 0.2×0.1，且垂直于基准平面的四棱柱内	图例：ϕd 的轴线必须位于直径为公差值 0.05，且垂直于基准平面的圆柱面内

9. 同轴度

公差带定义——公差带是直径为公差值 t，且与基准轴线同轴的圆柱面内的区域。

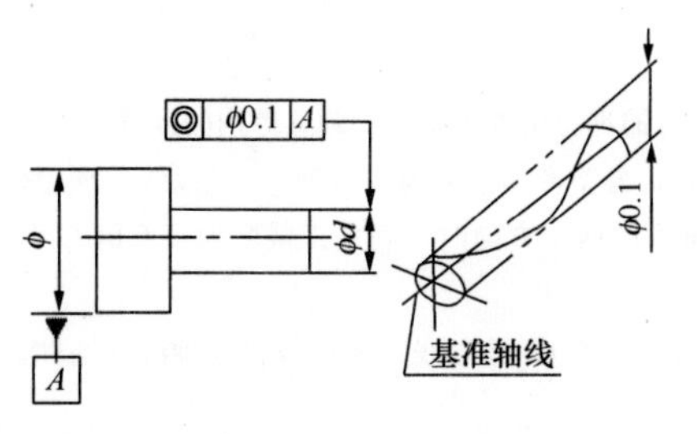	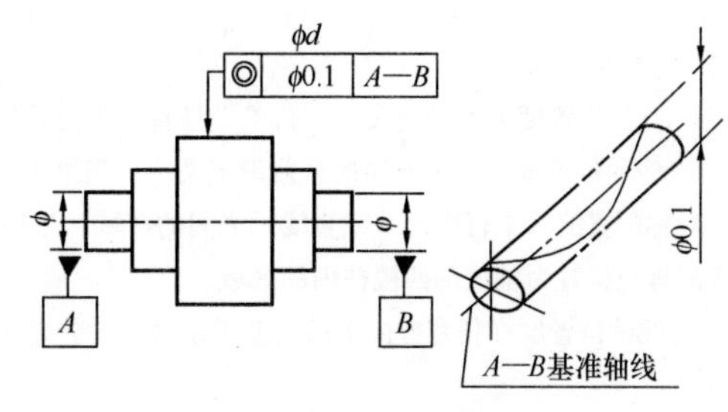
图例：ϕd 的轴线必须位于直径为公差值 0.1，且与基准轴线同轴的圆柱面内	图例：ϕd 的轴线必须位于直径为公差值 0.1，且与公共轴线 A—B 同轴的圆柱面内
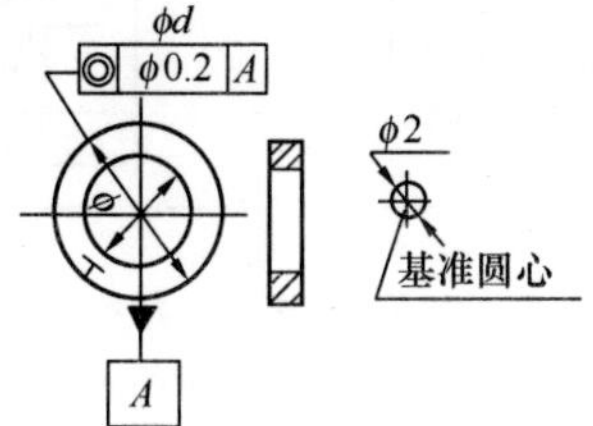	图例：ϕd 的圆心必须位于直径为公差值 0.2，且与基准圆心同心的圆内

续表

10. 对称度

公差带定义——公差带是距离为公差值 t，且相对基准中心平面（或中心线、轴线）对称配置的两平行平面（或直线）之间的区域，若给定互相垂直的两个方向，则是正截面为公差值 $t_1 \times t_2$ 的四棱柱内的区域。

面对面

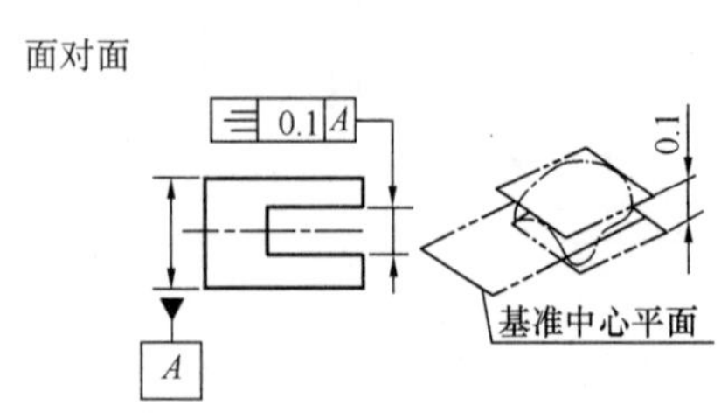

图例：槽的中心面必须位于距离为公差值 0.1，且相对基准平面对称配置的两平行平面之间

线对面

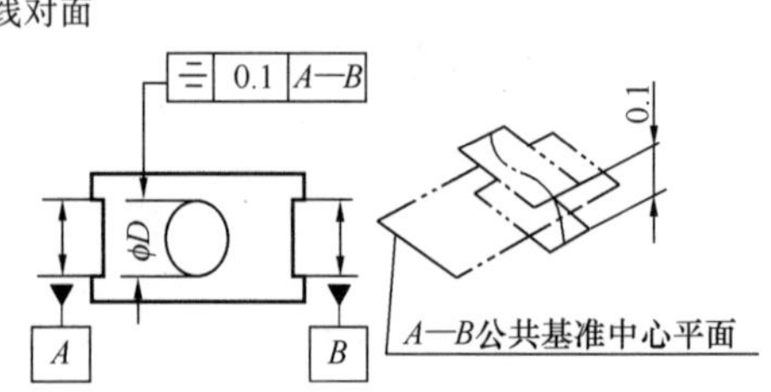

图例：ϕD 的轴线必须位于距离为公差值 0.1，且相对于 A—B 公共基准中心平面对称配置的两平行平面之间

面对线

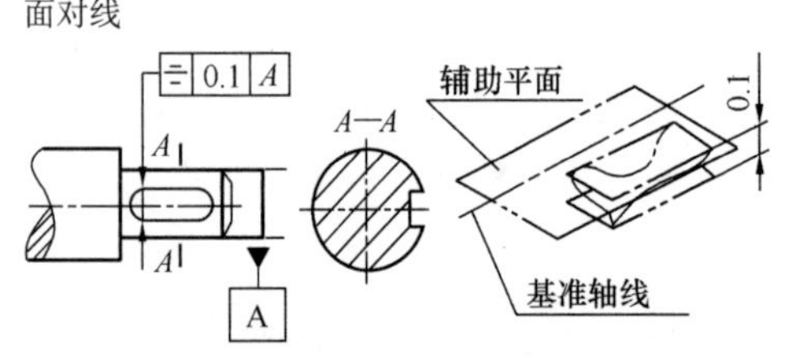

图例：键槽的中心面必须位于距离为公差值 0.1 的两平行平面之间，该平面对称配置在通过基准轴线的辅助平面两侧

线对线

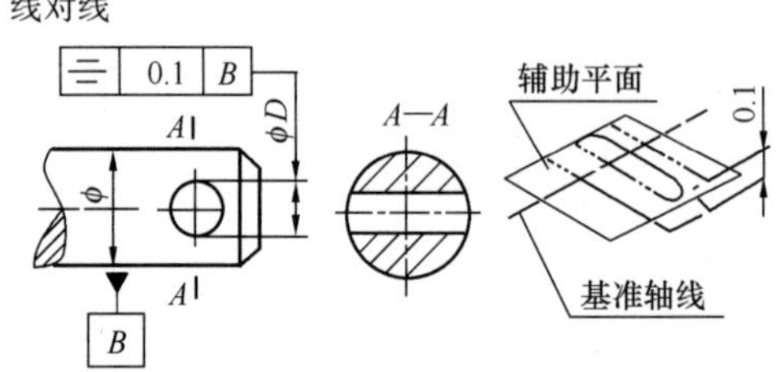

图例：ϕD 的轴线必须位于距离为公差值 0.1，且相对通过基准轴线的辅助平面对称配置的两平行平面之间

11. 位置度

a. 点的位置度公差带定义——公差带是直径为公差值 t，且以点的理想位置为中心的圆或球内的区域。

b. 线的位置度在给定方向的公差带定义——当给定一个方向时，公差带是距离为公差值 t，且以线的理想位置为中心对称配置的两平行平面（或直线）之间的区域；当给定互相垂直的两个方向时，则是正截面为公差值 $t_1 \times t_2$，且以线的理想位置为轴线的四棱柱内的区域。

c. 线的位置度在任意方向上的公差带定义——公差带是直径为公差值 t，且以线的理想位置为轴线的圆柱面内的区域。

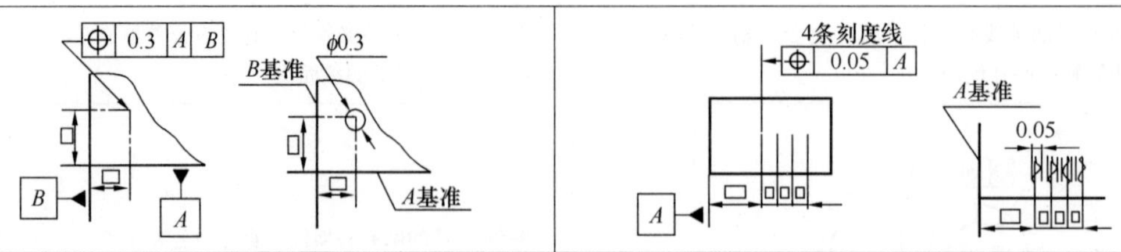

图例：该点必须位于直径为公差值 0.3 的圆内，该圆的圆心位于相对基准 A、B 所确定的点的理想位置上

图例：每条刻线必须分别位于距离为公差值 0.05，且相对基准 A 所确定的理想位置对称配置的诸两平行直线之间

续表

<table>
<tr><td>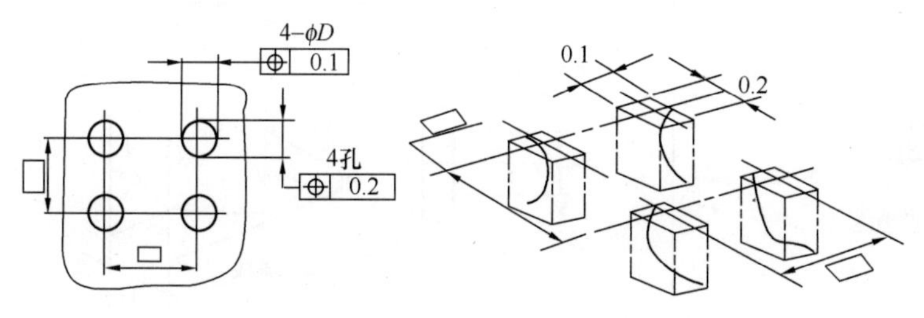
</td><td>图例：4 个孔的轴线必须分别位于正截面为公差值 0.2×0.1，且以理想位置为轴线的诸四棱柱内</td></tr>
<tr><td>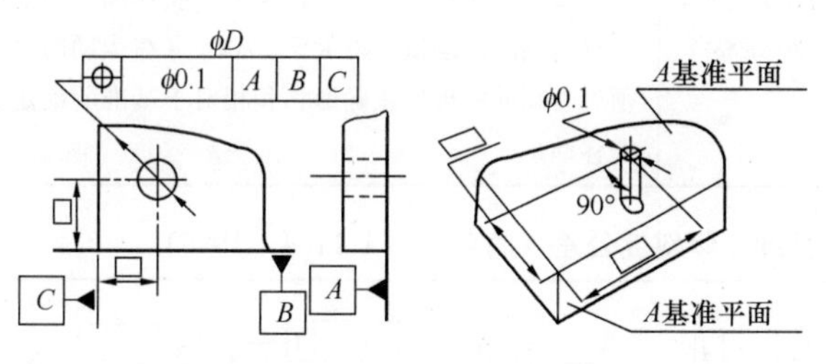
</td><td>图例：D 的轴线必须位于直径为公差值 0.1，且以相对基准 A、B、C 所确定的理想位置为轴线的圆柱面内</td></tr>
</table>

12. 圆跳动

a. 径向圆跳动的公差带定义——公差带是在垂直于基准轴线的任一测量平面内，半径差为公差值 t，且圆心在基准轴线上的两个同心圆之间的区域。

b. 端面圆跳动的公差带定义——公差带是在与基准轴线同轴的任一直径位置的测量圆柱面上沿母线方向宽度为 t 的圆柱面区域。

<table>
<tr><td>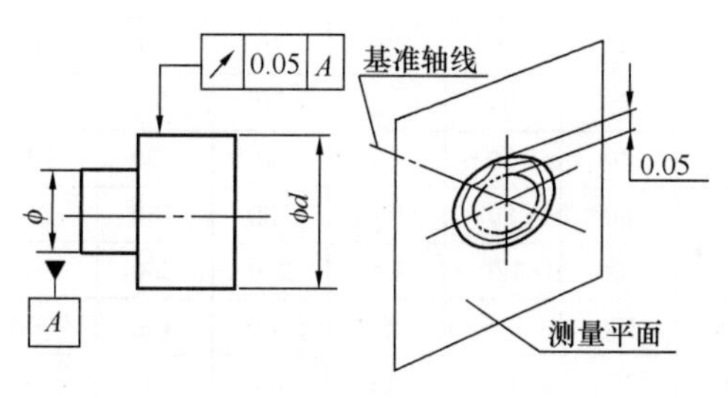
</td><td>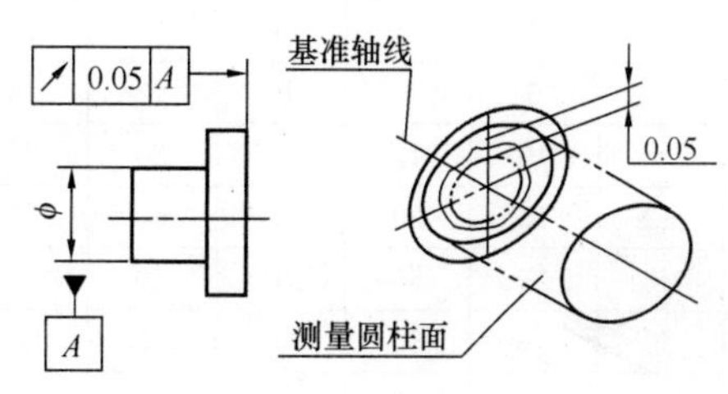
</td></tr>
<tr><td>图例：d 圆柱面绕基准轴线作无轴向移动回转时，在任一测量平面内的径向跳动量均不得大于公差值 0.05</td><td>图例：当零件绕基准轴线作无轴向移动回转时，在右端面上任一测量直径处的轴向跳动量均不得大于公差值 0.05</td></tr>
</table>

13. 全跳动

a. 径向全跳动的公差带定义——公差带是半径差为公差值 t，且与基准轴线同轴的两圆柱面之间的区域。

b. 端面全跳动的公差带定义——公差带是距离为公差值 t，且与基准轴线垂直的两平行平面之间的区域。

续表

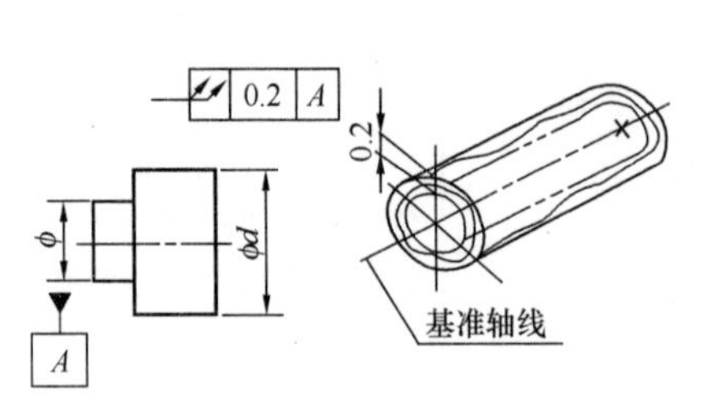	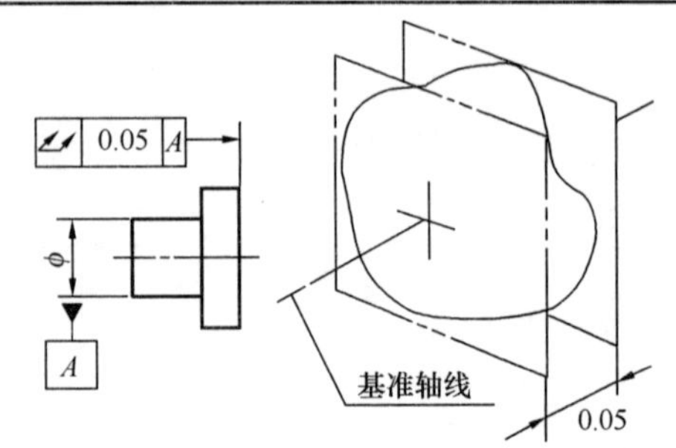
图例：*d* 表面绕基准轴线作无轴向移动的连续回转，同时，指示器作平行于基准轴线的直线移动。在 *d* 整个表面上的跳动量不得大于公差值 0.2	图例：端面绕基准轴线作无轴向移动的连续回转，同时，指示器作垂直于基准轴线的直线移动。在端面上任意一点的轴向跳动量不得大于 0.05。（在运动时，指示器必须沿着端面的理论正确形状和相对于基准所确定的正确位置移动）

附表 46　平行度、垂直度、倾斜度公差（摘自 GB/T 1184—1996）　　μm

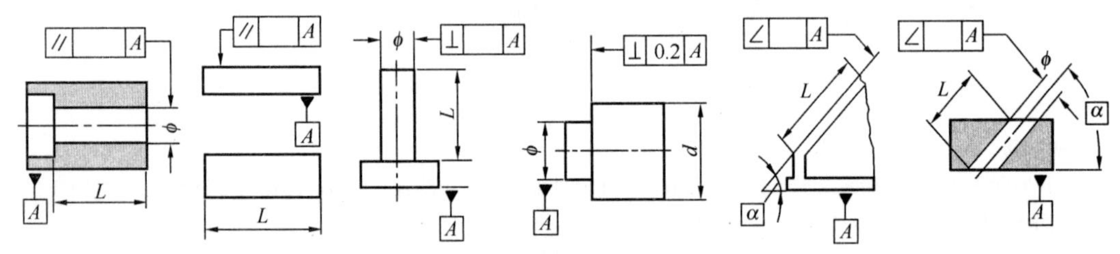

精度等级	主参数 *L*、*d*（*D*）/ mm												
	≤10	>10~16	>16~25	>25~40	>40~63	>63~100	>100~160	>160~250	>250~400	>400~630	>630~1000	>1000~1600	>1600~2500
4	3	4	5	6	8	10	12	15	20	25	30	40	50
5	5	6	8	10	12	15	20	25	30	40	50	60	80
6	8	10	12	15	20	25	30	40	50	60	80	100	120
7	12	15	20	25	30	40	50	60	80	100	120	150	200
8	20	25	30	40	50	60	80	100	120	150	200	250	300
9	30	40	50	60	80	100	120	150	200	250	300	400	500
10	50	60	80	100	120	150	200	250	300	400	500	600	800
11	80	100	120	150	200	250	300	400	500	600	800	1000	1200
12	120	150	200	250	300	400	500	600	800	1000	1200	1500	2000

注：4 级用于泵体和齿轮及螺杆的端面，普通精度机床的工作面；高精度机械的导槽和导板。

5 级用于发动机轴和离合器的凸缘，汽缸的支承端面，装 D、E 和 C 级轴承之箱体的凸肩。

6 级用于中等精度钻模的工作面，7～10 级精度齿轮传动箱体孔的中心线；连杆头孔之轴线。

7 级用于装 F、G 级轴承之壳体孔的轴线；按 h6 和 g6 连接的锥形轴减速器的箱体孔中心线；活塞中销轴。

8 级用于重型机械轴承盖的端面，卷扬机、手动传动装置中的传动轴。

9 级用于手动卷扬机及传动装置中轴承端面；按 f7 和 d8 连接的锥形轴减速机器箱孔中心线。

10 级 用于零件的非工作面卷扬机、运输机上的壳体平面。

11、12 级用于农业机械、齿轮端面等。

附表 47　同轴度、对称度、圆跳动和全跳动（摘自 GB/T 1184—1996）　μm

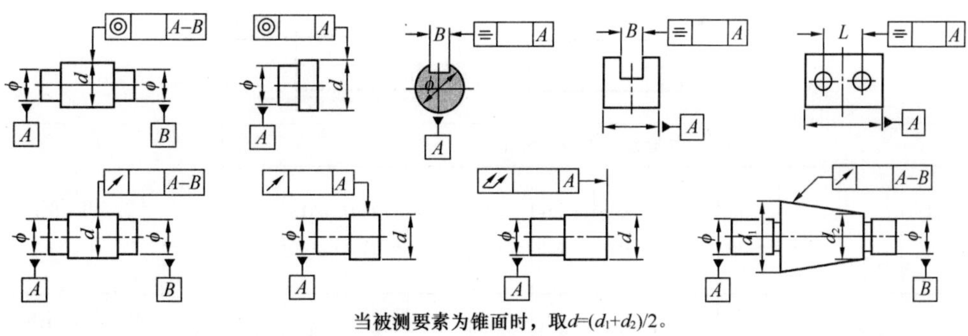

当被测要素为锥面时，取$d=(d_1+d_2)/2$。

精度等级	主要参数 d（D）、L、B/mm											应用举例
	>3~6	>6~10	>10~18	>18~30	>30~50	>50~120	>120~250	>250~500	>500~800	>800~1250	>1250~2000	
5 6	3 5	4 6	5 8	6 10	8 12	10 15	12 20	15 25	20 30	25 40	30 50	5、6、7 级齿轮轴配合面，较高精度高速轴，较高精度机床轴套
7 8	8 12	10 15	12 20	15 25	20 30	25 40	30 50	40 60	50 80	60 100	80 120	8、9 级齿轮轴配合面，普通精度高速轴
9 10	25 50	30 60	40 80	50 100	60 120	80 150	100 200	120 250	150 300	200 400	250 500	10、11 级齿轮轴配合面，水泵叶轮，离心泵泵件，摩托车活塞，自行车中轴
11 12	80 150	100 200	120 250	150 300	200 400	250 500	300 600	400 800	500 1000	600 1200	800 1500	一般按照尺寸公差 12 级制造的零件

注：1. 6 和 7 级精度齿轮轴的配合面，较高精度的高速轴，汽车发动机曲轴和分配轴的支承轴颈，较高精度机床的轴套。

2. 8 和 9 级精度齿轮轴的配合面，拖拉机发动机分配轴轴颈，普通精度高速轴（1000r/min 以下），长度在 1m 以下的主传动轴，起重运输机的鼓轮配合孔和导轮的滚动面。

3. 10 和 11 级精度齿轮轴的配合面，发动机汽缸套配合面，水泵叶轮、离心泵泵件，摩托车活塞，自行车中轴。

4. 用于无特殊要求，一般按尺寸公差等级 IT12 制造的零件。

附表 48　圆度、圆柱度公差（摘自 GB/T 1184—1996）　μm

主参数 d、(D) 及图例

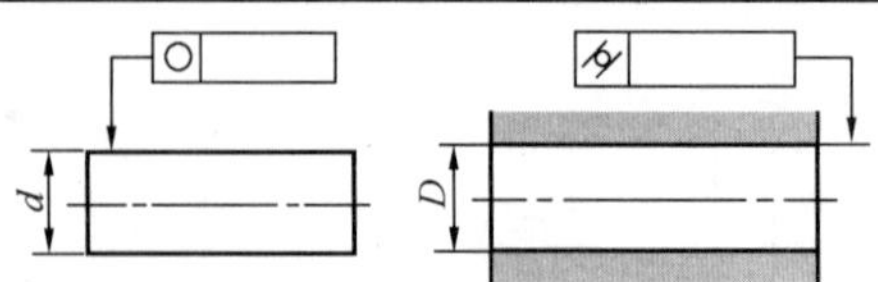

公差等级	主参数 d、(D) /mm												应用举例
	>3~6	>6~10	>10~18	>18~30	>30~50	>50~80	>80~120	>120~180	>180~250	>250~315	>315~400	>400~500	
5	1.5	1.5	2	2.5	2.5	3	4	5	7	8	9	10	一般测量仪，主轴、机床主轴等
6	2.5	2.5	3	4	4	5	6	8	10	12	13	15	仪表端盖外圈，一般机床主轴及箱孔
7	4	4	5	6	7	8	10	12	14	16	18	20	大功率低速柴油机曲轴、活塞销及连杆中装衬套的孔等
8	5	6	8	9	11	13	15	18	20	23	25	27	低速发动机、减速器、大功率曲柄轴颈等
9	8	9	11	13	16	19	22	25	29	32	36	40	空气压缩机缸体、拖拉机活塞环、套筒孔
10	12	15	18	21	25	30	35	40	46	52	57	63	起重机、卷扬机用的滑动轴承轴颈等
11	18	22	27	33	39	46	54	63	72	81	89	97	
12	30	36	43	52	62	74	87	100	115	130	140	155	

附表 49　直线度、平面度公差（摘自 GB/T 1182—2018）　μm

主参数 L 及图例

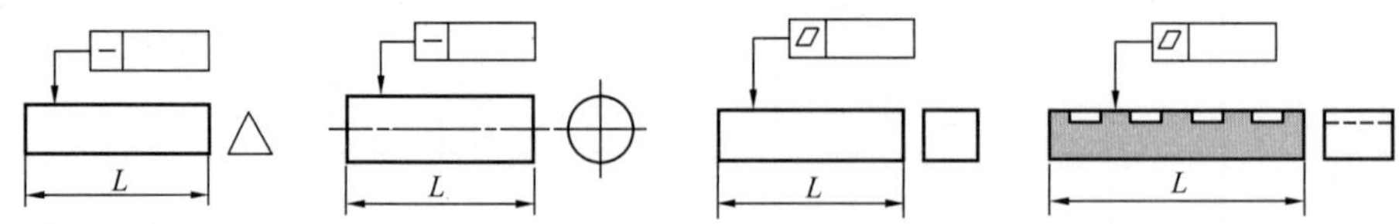

公差等级	主参数 L/mm													应用举例
	≤10	>10~16	>16~25	>25~40	>40~63	>63~100	>100~160	>160~250	>250~400	>400~630	>630~1000	>1000~1600	>1600~2500	
5	2	2.5	3	4	5	6	8	10	12	15	20	25	30	平面磨床纵向导轨，垂直导轨
	Ra 0.2			*Ra* 0.2				*Ra* 0.8				*Ra* 1.6		
6	3	4	5	6	8	10	12	15	20	25	30	40	50	普通车床床身导轨，龙门刨床导轨
	Ra 0.2			*Ra* 0.4				*Ra* 1.6				*Ra* 3.2		

续表

公差等级	主参数 L mm													应用举例
	≤10	>10~16	>16~25	>25~40	>40~63	>63~100	>100~160	>160~250	>250~400	>400~630	>630~1000	>1000~1600	>1600~2500	
7	5	6	8	10	12	15	20	25	30	40	50	60	80	0.02 游标卡尺直线度，机床床头箱
	Ra 0.4			*Ra* 0.8				*Ra* 1.6				*Ra* 6.3		
8	8	10	12	15	20	25	30	40	50	60	80	100	120	车床溜板箱体
	Ra 0.8			*Ra* 0.8				*Ra* 3.2				*Ra* 6.3		
9	12	15	20	25	30	40	50	60	80	100	120	150	200	机床溜板箱
	Ra 1.6			*Ra* 1.6				*Ra* 3.2				*Ra* 12.5		
10	20	25	30	40	50	60	80	100	120	150	200	250	300	自动车床床身底面
	Ra 1.6			*Ra* 3.2				*Ra* 6.3				*Ra* 12.5		
11	30	40	50	60	80	100	120	150	200	250	300	400	500	离合器摩擦片、汽车发动机缸盖结合面
	Ra 3.2			*Ra* 6.3				*Ra* 12.5				*Ra* 12.5		
12	60	80	100	120	150	200	250	300	400	500	600	800	1000	
	Ra 6.3			*Ra* 12.5				*Ra* 12.5				*Ra* 12.5		

注：表中的表面粗糙度 *Ra* 值和应用举例仅供参考。

5 级：1 级平板，2 级宽平尺，平面磨床的纵向导轨，垂直导轨。

6 级：1 级平板，普通车床床身导轨、龙门刨床导轨。

7 级：2 级平板，0.02 游标卡尺尺身的直线度，机床床头箱。

8 级：2 级平板，车床溜板箱体。

9 级：3 级平板，机床溜板箱。

10 级：3 级平板，自动车床床身底面。

11 级：易变形的薄片、薄壳零件，如离合器的摩擦片，汽车发动机缸盖结合面。

附表 50　常用防锈漆及性能

防锈漆名	性能及用途
红丹防锈漆	这是一种用红丹与干性油混合而成的油漆。它渗透性、润湿性好，漆膜柔软、附着力强，但干燥较慢。另外由于红丹密度大，容易沉淀，而且贮存过久会变厚，涂刷性也较差
铁红酚醛防锈漆	它是用防锈颜料和酚醛或脂类材料调制而成的，使用时应掺入 10%~30%的松香水，它的附着力好，也不会因面漆软化而产生咬底
铁红醇酸防锈漆	由铁丹、铅铬黄等颜料加入醇酸漆料、填充料、溶剂、催干剂调制而成。附着力好，防锈能力强，硬度大，有弹性，而冲击、耐硝基性强
锌黄防锈漆	用纯酚醛漆料加入锌铬黄颜料经研磨调制而成。它的附着力强，对海洋环境具有高抵抗能力
灰色防锈漆	以含铅氧化锌作为主要防锈颜料加入清漆调制而成。它具有防锈和耐大气侵蚀的优良性能，但干燥较慢。适用于涂刷室外钢铁构件
能与水汽发生反应的透明三防漆	这种透明漆的主要成膜物质是聚氨酯树脂，它涂于被涂物表面后，既能与空气中的水分反应而固化成膜，也能烧烤固化成膜。这种涂膜具有防潮、防盐雾、防霉变的三防性能，而且涂膜透明度、光亮度高，涂后表观较好

附表 51　底漆种类和性能

名称	标准号	性能	用途
乙烯磷化底漆	HG/T 3347—2013	主要作为黑色及有色金属底层的表面处理剂，能起磷化作用，可增加有机涂层和金属表面的附着力	该漆亦称洗涤底漆，适用于涂覆各种船舶、浮筒、桥梁、仪表及其他各种金属构件和器材表面
机床底漆	HG/T 2244—1991	漆膜具有良好的附着力和一定的防锈性能，与硝基、醇酸等面漆结合力好。在一般条件下耐久性好，但在湿热条件下耐久性差	用于黑色金属表面打底防锈
环氧树脂底漆	HG/T 4566—2013	漆膜坚韧耐久，附着力良好	与磷化底漆配套使用，可提高漆膜耐潮、耐盐雾和防锈性能，用于沿海地区和湿热气候之金属表面打底
富锌底漆	HG/T 3668—2009	对钢材具有良好的附着力，并能起到优异的防锈作用	常用的防锈底漆有环氧富锌底漆、无机富锌底漆。富锌底漆是以具有牺牲阳极作用的锌粉作为主要防锈颜料的一类防腐涂料产品

附表 52　其他涂料种类和性能

名称	标准号	性能 （干燥时间：25℃±1℃， 相对湿度 65%±5%）	用途
铝粉有机硅烘干耐热漆	HG/T 3362—2003	有防腐作用，耐高温 干燥时间：（150℃±2℃）≤2h	用于高温设备的钢铁零件，如发动机外壳、烟囱、排气管、烘箱、火炉、暖气管道外壳，作耐热防腐涂料（使用温度 500℃）
氨基烘干清漆	GB/T 2705—2003	漆膜坚硬、光亮、丰满度好，附着力强，有良好的物理性能 干燥时间（110℃±2℃）：1.5h	用于金属表面涂过各种氨基烘漆或环氧烘漆的罩光，是用途广泛的装饰性较好的烘干清漆
沥青烘干清漆	GB/T 2705—2003	漆膜坚硬，光亮而耐磨，耐候性、附着力及保光性能好 干燥时间（195℃±5℃）：1.5h	用于涂有沥青底漆的金属表面，如自行车、缝纫机、电器仪表、一般金属、文具用品及五金零件的表面涂装
环氧-聚酯粉末涂料	GB/T 2705—2003	有较好附着力，耐化学性、耐磨性和装饰性好、漆膜光滑、坚硬 干燥时间（175～185℃）：15～20min	用于容器，轻工、机电金属产品的表面涂饰

续表

名称	标准号	性能 （干燥时间：25℃±1℃， 相对湿度65%±5%）	用途
氨基 烘干锤纹漆	GB/T 2705—2003	漆膜表面似锤击铁板所留下的锤痕花纹，具有坚韧耐久、色彩调和、花纹美观等特点 干燥时间：烘干（100℃±2℃）≤3h	适宜喷涂于各种医疗器械及仪器、仪表等各种金属制品表面作装饰涂料
过氯乙烯腻子	HG/T 3357—2003	漆膜干燥快、坚硬，附着力强，易打磨，有良好的耐水性及耐油性，不宜多次涂刮 干燥时间：实干3h	用于已涂醇酸底漆或过氯乙烯底漆的各种车辆、机床等钢铁铸件或木质表面的填平
机床面漆	HG/T 2243—1991	漆膜具有良好的抗冲击性和遮盖力，耐油性和耐切削液侵蚀良好 干燥时间：Ⅰ型，表干15min，实干1h；Ⅱ型，表干90min，实干24h	用于各种机床表面保护和装饰

附表53　常用材料价格

序号	材料	价格（元/吨）	序号	材料	价格（元/吨）
1	变形铝合金	20000～30000	15	镀锌板	4500～6000
2	铸造铝合金锭	14000～16000	16	高速钢	70000～220000
3	黄铜	45000～52000	17	PVC	10000～140000
4	纯铜	60000～68000	18	PA6	20000～30000
5	青铜	60000～64000	19	ABS	11600～20000
6	锌合金	14000～16000	20	PP	8000～10000
7	低碳钢	3500～4500	21	HDPE	8000～10000
8	中碳钢	4000～5000	22	LDPE	10000～14000
9	不锈钢	20000～40000	23	PC	20000～30000
10	合金钢	6000～8000	24	PMMA	18000～40000
11	合金模具用钢	17000～24000	25	POM	11000～30000
12	锻造合金钢件	18000～24000	26	顺丁橡胶	12000～14000
13	弹簧钢	10000～12000	27	丁苯橡胶	12000～14000
14	铸铁	2000～2800	28	氯丁橡胶	12000～14000

注：由于具体钢种牌号不一，且价格市场波动很大，表中数据仅供参考。

附表 54　常用非切削加工价格（外协）

序号	加工方法	价格（元/吨）	序号	加工方法	价格（元/吨）
1	砂型铸造	6000～8000	5	冲压成型	4000～8000
2	压力铸造	6000～8000	6	冷镦成型	1000～2000
3	注塑成型	10000～20000	7	滚丝加工	1000～2000
4	挤压成型	4000～6000	8	锻造成型	10000～20000

注：各地用工情况不同，以上数据仅供参考。

附表 55　常用切削加工价格（外协/自加工）

序号	加工方法	价格（元/工时）	序号	加工方法	价格（元/工时）
1	钳工	40/16	6	数控车削	60/18
2	普通车削	40/16	7	数控铣削	80/18
3	普通铣削	60/18	8	磨削	80/16
4	镗削	80/20	9	滚齿	100/24
5	刨削	40/16	10	拉削	100/24

注：钳工 40 元/工时是外协价，16 元/工时为自加工价，各地用工情况不同，以上数据仅供参考。

附表 56　常用热处理及表面处理价格（外协）

序号	处理方法	价格（元/吨）	序号	处理方法	价格（元/吨）
1	调质	1200～2000	6	渗碳	4500～20000
2	高频（淬火）	2400～5000	7	渗氮	4500～20000

注：各地情况不同，以上数据仅供参考。

附表 57　常用电（吊）镀价格（外协）

序号	镀层材质	价格（元/平方分米）	序号	镀层材质	价格（元/平方分米）
1	黄铜	0.55	5	锡	0.3
2	青铜	0.6	6	镍	1
3	铬	1.6	7	油漆	0.5～1.5
4	锌	0.4	8	金	40

注：表中为均价，根据镀层厚度不同，价格有所变化，各地情况不同，以上数据仅供参考。

附表 58 WPA/WPS 蜗轮蜗杆减速器外形尺寸

mm

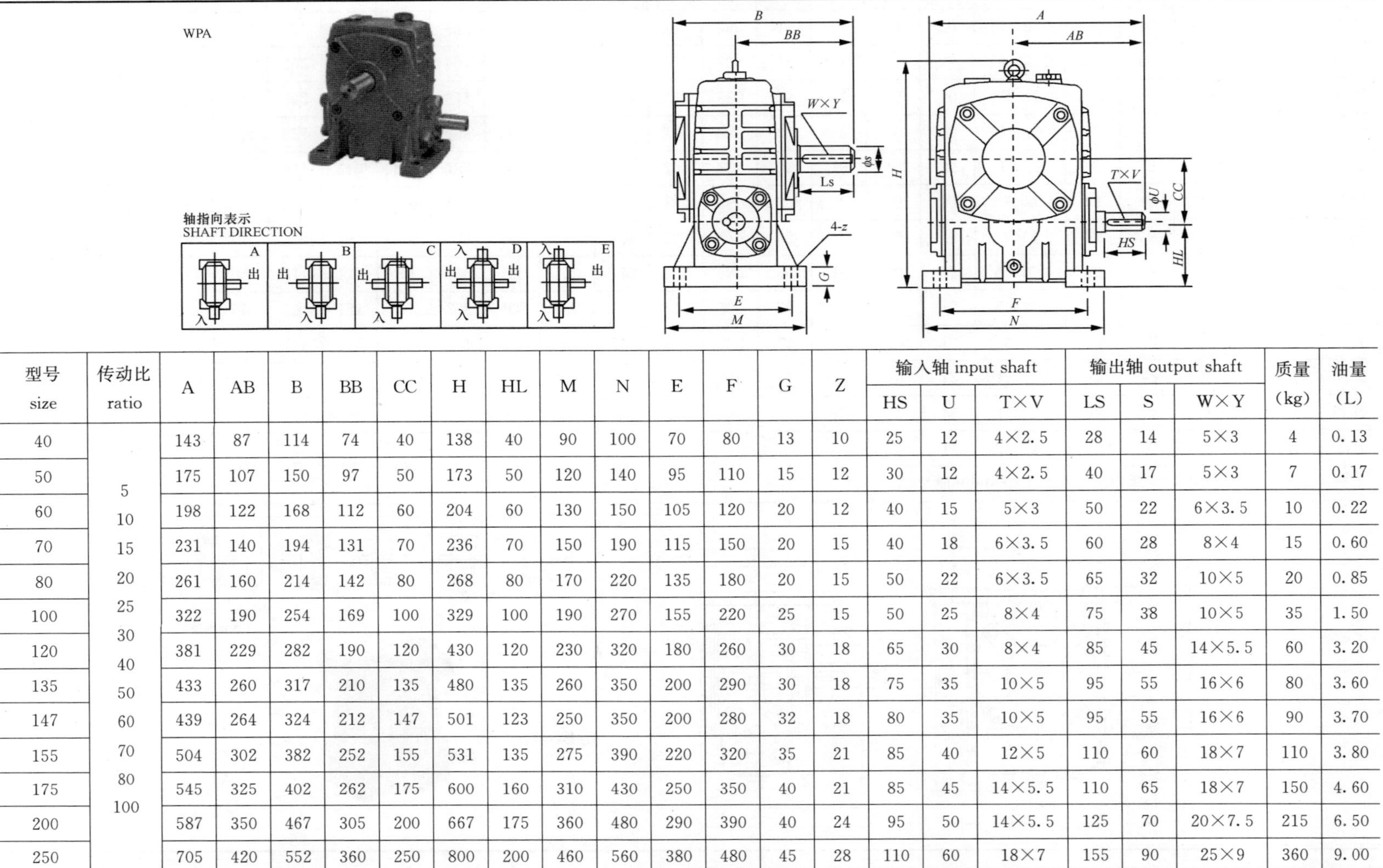

型号 size	传动比 ratio	A	AB	B	BB	CC	H	HL	M	N	E	F	G	Z	输入轴 input shaft			输出轴 output shaft			质量 (kg)	油量 (L)
															HS	U	T×V	LS	S	W×Y		
40	5, 10, 15, 20, 25, 30, 40, 50, 60, 70, 80, 100	143	87	114	74	40	138	40	90	100	70	80	13	10	25	12	4×2.5	28	14	5×3	4	0.13
50		175	107	150	97	50	173	50	120	140	95	110	15	12	30	12	4×2.5	40	17	5×3	7	0.17
60		198	122	168	112	60	204	60	130	150	105	120	20	12	40	15	5×3	50	22	6×3.5	10	0.22
70		231	140	194	131	70	236	70	150	190	115	150	20	15	40	18	6×3.5	60	28	8×4	15	0.60
80		261	160	214	142	80	268	80	170	220	135	180	20	15	50	22	6×3.5	65	32	10×5	20	0.85
100		322	190	254	169	100	329	100	190	270	155	220	25	15	50	25	8×4	75	38	10×5	35	1.50
120		381	229	282	190	120	430	120	230	320	180	260	30	18	65	30	8×4	85	45	14×5.5	60	3.20
135		433	260	317	210	135	480	135	260	350	200	290	30	18	75	35	10×5	95	55	16×6	80	3.60
147		439	264	324	212	147	501	123	250	350	200	280	32	18	80	35	10×5	95	55	16×6	90	3.70
155		504	302	382	252	155	531	135	275	390	220	320	35	21	85	40	12×5	110	60	18×7	110	3.80
175		545	325	402	262	175	600	160	310	430	250	350	40	21	85	45	14×5.5	110	65	18×7	150	4.60
200		587	350	467	305	200	667	175	360	480	290	390	40	24	95	50	14×5.5	125	70	20×7.5	215	6.50
250		705	420	552	360	250	800	200	460	560	380	480	45	28	110	60	18×7	155	90	25×9	360	9.00

续表

WPS

轴指向表示
SHAFT DIRECTION

型号 size	传动比 tatio	A	AB	B	BB	CC	H	LL	M	N	E	F	G	Z	输入轴 input shaft			输出轴 output shaft			质量 (kg)	油量 (L)
															HS	U	T×V	LS	S	W×Y		
40	5 10 15 20 25 30 40 50 60 70 80 100	143	87	114	74	40	141	60	90	100	70	80	13	10	25	12	4×2.5	28	14	5×3	4	0.30
50		175	107	150	97	50	180	80	120	140	95	110	15	12	30	12	4×2.5	40	17	5×3	7	0.45
60		198	122	168	112	60	207	90	130	150	105	120	20	12	40	15	5×3	50	22	6×3.5	10	0.55
70		231	140	194	131	70	238	105	150	190	115	150	20	15	40	18	6×3.5	60	28	8×4	15	0.80
80		261	160	214	142	80	270	120	170	220	135	180	20	15	50	22	6×3.5	65	32	10×5	20	1.10
100		322	190	254	169	100	331	150	190	270	155	220	25	15	50	25	8×4	75	38	10×5	35	2.90
120		381	229	282	190	120	423	180	230	320	180	260	30	18	65	30	8×4	85	45	14×5.5	60	4.40
135		433	260	317	210	135	482	215	250	350	200	290	30	18	75	35	10×5	95	55	16×6	80	6.20
147		439	264	324	212	147	495	203	250	350	200	280	32	18	80	35	10×5	95	55	16×6	90	6.35
155		504	302	382	252	155	541	235	275	390	220	320	35	21	85	40	12×5	110	60	18×7	110	6.50
175		545	325	402	262	175	594	260	310	430	250	350	40	21	85	45	14×5.5	110	65	18×7	150	8.00
200		687	350	467	305	200	677	290	360	480	290	390	40	24	95	50	14×5.5	125	70	20×7.5	215	9.30
250		705	420	552	360	250	824	350	460	560	380	480	45	28	110	60	18×7	155	90	25×9	360	18.0

附表 59　向心轴承和轴的配合—轴的公差带代号（摘自 GB/T 275—2015）

圆柱孔轴承						
运转状态		负载状态	深沟球轴承、调心球轴承和角接触球轴承	圆柱滚子轴承和圆锥滚子轴承	调心滚子轴承	公差带
说明	举例		轴承公称内径/mm			
旋转的内圈负载及摆动负载	一般通用机械、电动机、机床主轴、直齿轮传动装置、铁路机车车辆轴箱、破碎机等	轻负载	≤18	—	—	h5
			>18~100	≤40	≤40	j6①
			>100~200	>40~140	>40~100	k6①
			—	>140~200	>100~200	m6①
		正常负载	≤18	—	—	j5、js5
			>18~100	≤40	≤40	k5②
			>100~140	>40~100	>40~65	m5②
			>140~200	>100~140	>65~100	m6
			>200~280	>140~200	>100~140	n6
			—	>200~400	>140~280	p6
			—	—	>280~500	r6
		重负载	—	>50~140	>50~100	n6
			—	>140~200	>100~140	p6③
			—	>200	>140~200	r6
			—	—	>200	r7
固定的内圈负载	静止轴上的各种轮子，张紧轮绳轮、振动筛、惯性振动器	所有负载	所有尺寸			f6 g6① h6 j6
仅有轴向负载		所有尺寸				j6、js6
圆锥孔轴承						
所有负载	铁路机车车辆轴箱	装在退卸套上的所有尺寸				h8（IT5）④⑤
	一般机械传动	装在紧定套上的所有尺寸				H9（IT7）④⑤

注：① 凡对精度有较高要求的场合，应选用 j5、k5…分别代替 j6、k6…

② 圆锥滚子轴承、角接触轴承配合对游隙影响不大，可用 k6、m6 分别代替 k5、m5。

③ 重负荷下轴承径向游隙应选用大于 N 组。

④ 凡有较高的精度或转速要求的场合，应选用 h7（IT5）代替 h8（IT6）等。

⑤ IT6、IT7 表示圆柱度公差数值。

附表 60　向心轴承和外壳孔的配合—孔公差带代号（摘自 GB/T 275—2015）

运转状态		负载状态	其他状况	公差带①	
说明	举例			球轴承	滚子轴承
固定的外圈负载	一般机械、铁路机车车辆轴箱、电动机、泵、曲轴主轴承	轻、正常、重	轴向易移动，可采用剖分式外壳	H7，G7②	
摆动负载		冲击	轴向能移动，可采用整体或剖分式外壳	J7，JS7	
		轻、正常			
		正常、重	轴向不移动，采用整体式外壳	K7	
		冲击		M7	
旋转的外圈负载	张紧滑轮、轮毂轴承	轻		J7	K7
		正常		K7，M7	M7，N7
		重		—	N7，P7

注：① 并列公差带随尺寸的增大从左至右选择，对选择精度有较高的要求时，可相应提高一个公差等级。

② 不适用于剖分式外壳。

附表 61　普通内、外螺纹的推荐公差带（摘自 GB/T 197—2018）

公差等级	公差带位置 G			公差带位置 H		
	S	N	S	N	S	N
精密	—	—	—	4H	5H	6H
中等	(5G)	6G	(7G)	5H	6H	7H
粗糙	—	(7G)	(8G)	—	7H	8H

公差等级	公差带位置 e			公差带位置 f			公差带位置 g			公差带位置 h		
	S	N	L	S	N	L	S	N	L	S	N	L
精密	—	—	—	—	—	—	—	(4g)	(5g4g)	(3h4h)	4h	(5h4h)
中等	—	6e	(7e6e)		6f	—	(5g6g)	6g	(7g6g)	(5h6h)	6h	(7h6h)
粗糙	—	(8e)	(9e8e)	—	—	—	—	8g	(9g8g)	—	—	—

注：1. 表中 S、N、L 分别表示短旋合长度、中等旋合长度、长旋合长度。

2. 公差带优选顺序为：粗字体公差带、一般字体公差、括号内公差带。

3. 带框的粗字体公差带由于大量生产的紧固件螺纹。

4. 通常选用 H/g 或 G/h 配合，内外螺纹经电镀处理的公差带选择 H/e 配合。

附表 62　冲压件尺寸公差（摘自 GB/T 13914—2013）

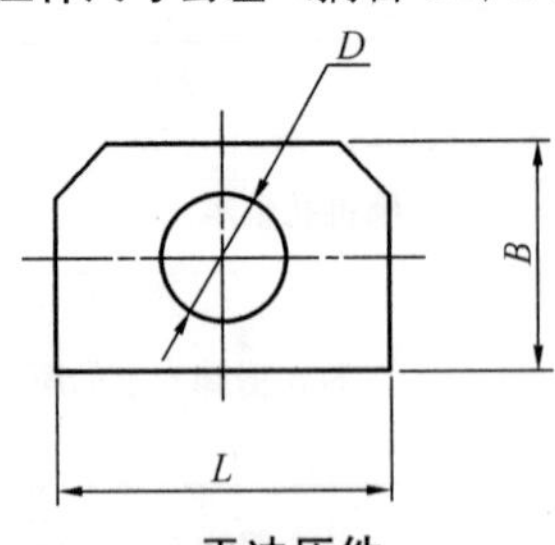

平冲压件

mm

基本尺寸 B、D、L		板材厚度		公差等级										
大于	至	大于	至	ST1	ST2	ST3	ST4	ST5	ST6	ST7	ST8	ST9	ST10	ST11
0.5	1	—	0.5	0.008	0.010	0.015	0.020	0.030	0.040	0.060	0.080	0.120	0.160	—
		0.5	1	0.010	0.015	0.020	0.030	0.040	0.060	0.080	0.120	0.160	0.240	—
		1	1.5	0.015	0.020	0.030	0.040	0.060	0.080	0.120	0.160	0.240	0.340	—

续表

基本尺寸 B、D、L		板材厚度		公差等级										
大于	至	大于	至	ST1	ST2	ST3	ST4	ST5	ST6	ST7	ST8	ST9	ST10	ST11
1	3	—	0.5	0.012	0.018	0.026	0.036	0.050	0.070	0.100	0.140	0.200	0.280	0.400
		0.5	1	0.018	0.026	0.036	0.050	0.070	0.100	0.140	0.200	0.280	0.400	0.560
		1	3	0.026	0.036	0.050	0.070	0.100	0.140	0.200	0.280	0.400	0.560	0.780
		3	4	0.034	0.050	0.070	0.090	0.130	0.180	0.260	0.360	0.500	0.700	0.980
3	10	—	0.5	0.018	0.026	0.036	0.050	0.070	0.100	0.140	0.200	0.280	0.400	0.560
		0.5	1	0.026	0.036	0.050	0.070	0.100	0.140	0.200	0.280	0.400	0.560	0.780
		1	3	0.036	0.050	0.070	0.100	0.140	0.200	0.280	0.400	0.560	0.780	1.100
		3	6	0.046	0.060	0.090	0.130	0.180	0.260	0.360	0.480	0.680	0.980	1.400
		6		0.060	0.080	0.110	0.160	0.220	0.300	0.420	0.600	0.840	1.200	1.600
10	25	—	0.5	0.026	0.036	0.050	0.070	0.100	0.140	0.200	0.280	0.400	0.560	0.780
		0.5	1	0.036	0.050	0.070	0.100	0.140	0.200	0.280	0.400	0.560	0.780	1.100
		1	3	0.050	0.070	0.100	0.140	0.200	0.280	0.400	0.560	0.780	1.100	1.500
		3	6	0.060	0.090	0.130	0.180	0.260	0.360	0.500	0.700	1.000	1.400	2.000
		6		0.800	0.120	0.160	0.220	0.320	0.440	0.600	0.880	1.200	1.600	2.400
25	63	—	0.5	0.036	0.050	0.070	0.100	0.140	0.200	0.280	0.400	0.560	0.780	1.100
		0.5	1	0.050	0.070	0.100	0.140	0.200	0.280	0.400	0.560	0.780	1.100	1.500
		1	3	0.070	0.100	0.140	0.200	0.280	0.400	0.560	0.780	1.100	1.500	2.100
		3	6	0.090	0.120	0.180	0.260	0.360	0.500	0.700	0.980	1.400	2.000	2.800
		6		0.110	0.160	0.220	0.300	0.440	0.600	0.860	1.200	1.600	2.200	3.000
63	160	—	0.5	0.040	0.060	0.090	0.120	0.180	0.260	0.360	0.500	0.700	0.980	1.400
		0.5	1	0.060	0.090	0.120	0.180	0.260	0.360	0.500	0.700	0.980	1.400	2.000
		1	3	0.090	0.120	0.180	0.260	0.360	0.500	0.700	0.980	1.400	2.000	2.800
		3	6	0.120	0.160	0.240	0.320	0.460	0.640	0.900	1.300	1.800	2.500	3.600
		6		0.140	0.200	0.280	0.400	0.560	0.780	1.100	1.500	2.100	2.900	4.200
160	400	—	0.5	0.060	0.090	0.120	0.180	0.260	0.360	0.500	0.700	0.980	1.400	2.000
		0.5	1	0.090	0.120	0.180	0.260	0.360	0.500	0.700	1.000	1.400	2.000	2.800
		1	3	0.120	0.180	0.260	0.360	0.500	0.700	1.000	1.400	2.000	2.800	4.000
		3	6	0.160	0.240	0.320	0.460	0.640	0.900	1.300	1.800	2.600	3.600	4.800
		6		0.200	0.280	0.400	0.560	0.780	1.100	1.500	2.100	2.900	4.200	5.800
400	1000	—	0.5	0.090	0.120	0.180	0.240	0.340	0.480	0.660	0.940	1.300	1.800	2.600
		0.5	1	—	0.180	0.240	0.340	0.480	0.660	0.940	1.300	1.800	2.600	3.600
		1	3	—	0.240	0.340	0.480	0.660	0.940	1.300	1.800	2.600	3.600	5.000
		3	6	—	0.320	0.450	0.620	0.880	1.200	1.600	2.400	3.400	4.600	6.600
		6		—	0.340	0.480	0.700	1.000	1.400	2.000	2.800	4.000	5.600	7.800

平冲压件公差等级

加工方法	尺寸类型	公差等级										
		ST1	ST2	ST3	ST4	ST5	ST6	ST7	ST8	ST9	ST10	ST11
精密冲裁	外形	—	—	—	—	—						
	内形	—	—	—	—							
	孔中心距	—	—	—	—							
	孔边距				—	—	—					
普通平面冲裁	外形		—	—	—	—	—	—	—	—	—	—
	内形		—	—	—	—	—	—	—	—	—	—
	孔中心距		—	—	—	—	—	—	—	—	—	—
	孔边距				—	—	—	—	—	—	—	—
成型冲压冲裁	外形					—	—	—	—	—	—	—
	内形				—	—	—	—	—	—	—	—
	孔中心距				—	—	—	—	—	—	—	—
	孔边距						—	—	—	—	—	—

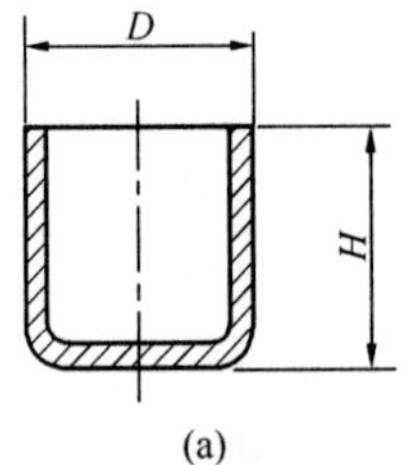

(a)

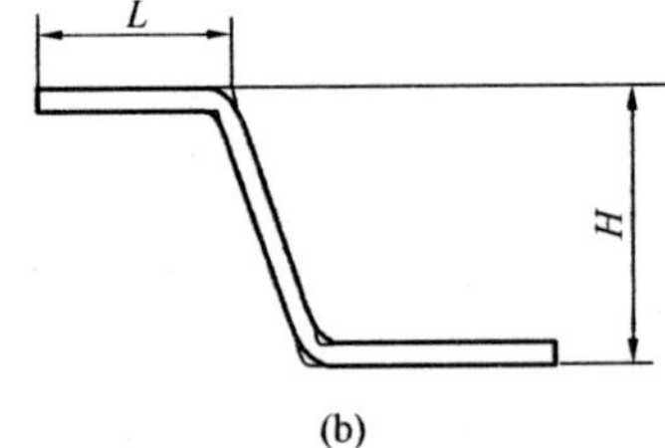

(b)

成形冲压件 mm

基本尺寸 D、H、L		板材厚度		公差等级									
大于	至	大于	至	FT1	FT2	FT3	FT4	FT5	FT6	FT7	FT8	FT9	FT10
0.5	1	—	0.5	0.010	0.016	0.026	0.040	0.060	0.100	0.160	0.260	0.400	0.600
		0.5	1	0.014	0.022	0.034	0.050	0.090	0.140	0.220	0.340	0.500	0.900
		1	1.5	0.020	0.030	0.050	0.080	0.120	0.200	0.320	0.500	0.900	1.400
1	3	—	0.5	0.016	0.026	0.040	0.070	0.110	0.180	0.280	0.440	0.700	1.000
		0.5	1	0.022	0.036	0.060	0.090	0.140	0.240	0.380	0.600	0.900	1.400
		1	3	0.032	0.050	0.080	0.120	0.200	0.340	0.540	0.860	1.200	2.000
		3	4	0.040	0.070	0.110	0.180	0.280	0.440	0.700	1.100	1.800	2.800
3	10	—	0.5	0.022	0.036	0.060	0.090	0.140	0.240	0.380	0.600	0.960	1.400
		0.5	1	0.032	0.050	0.080	0.120	0.200	0.340	0.540	0.860	1.400	2.200
		1	3	0.050	0.070	0.110	0.180	0.300	0.480	0.760	1.200	2.000	3.200
		3	6	0.060	0.090	0.140	0.240	0.380	0.600	1.000	1.600	2.600	4.000
		6	—	0.070	0.110	0.180	0.280	0.440	0.700	1.100	1.800	2.800	4.400

续表

基本尺寸 D、H、L		板材厚度		公差等级									
大于	至	大于	至	FT1	FT2	FT3	FT4	FT5	FT6	FT7	FT8	FT9	FT10
10	25	—	0.5	0.030	0.050	0.080	0.120	0.200	0.320	0.500	0.800	1.200	2.000
		0.5	1	0.040	0.070	0.110	0.180	0.280	0.460	0.720	1.100	1.800	2.800
		1	3	0.060	0.100	0.160	0.260	0.400	0.640	1.000	1.600	2.600	4.000
		3	6	0.080	0.120	0.200	0.320	0.500	0.800	1.200	2.000	3.200	5.000
		6		0.100	0.140	0.240	0.400	0.620	1.000	1.600	2.600	4.000	6.400
25	63	—	0.5	0.040	0.060	0.100	0.160	0.260	0.400	0.640	1.000	1.600	2.600
		0.5	1	0.060	0.090	0.140	0.220	0.360	0.580	0.900	1.400	2.200	3.600
		1	3	0.080	0.120	0.200	0.320	0.500	0.800	1.200	2.000	3.200	5.000
		3	6	0.100	0.160	0.260	0.400	0.660	1.000	1.600	2.600	4.000	6.400
		6		0.110	0.180	0.280	0.460	0.760	1.200	2.000	3.200	5.000	8.000
63	160	—	0.5	0.050	0.080	0.140	0.220	0.360	0.560	0.900	1.400	2.200	3.600
		0.5	1	0.070	0.120	0.190	0.300	0.480	0.780	1.200	2.000	3.200	5.000
		1	3	0.100	0.160	0.260	0.420	0.680	1.100	1.300	2.800	4.400	7.000
		3	6	0.140	0.220	0.340	0.540	0.880	1.400	2.200	3.400	5.600	9.000
		6		0.150	0.240	0.380	0.620	1.000	1.600	2.600	4.000	6.600	10.000
160	400	—	0.5	—	0.100	0.160	0.260	0.420	0.700	1.100	1.800	2.800	4.400
		0.5	1	—	0.140	0.240	0.380	0.620	1.000	1.600	2.600	4.000	6.400
		1	3	—	0.220	0.340	0.540	0.880	1.400	2.200	3.400	5.600	9.000
		3	6	—	0.280	0.440	0.700	1.100	1.800	2.800	4.400	7.000	11.000
		6		—	0.340	0.540	0.880	1.400	2.200	3.400	5.600	9.000	14.000
400	1000	—	0.5	—	—	0.240	0.380	0.620	1.000	1.600	2.600	4.000	6.600
		0.5	1	—	—	0.340	0.540	0.880	1.400	2.200	3.400	5.600	9.000
		1	3	—	—	0.440	0.700	1.100	1.800	2.800	4.400	7.000	11.000
		3	6	—	—	0.560	0.900	1.400	2.200	3.400	5.600	9.000	14.000
		6		—	—	0.620	1.000	1.600	2.600	4.000	6.400	10.000	16.000

成型冲压件公差等级

加工方法	尺寸类型	公差等级									
		FT1	FT2	FT3	FT4	FT5	FT6	FT7	FT8	FT9	FT10
拉深	直径										
	高度										
带凸缘拉深	直径										
	高度										
弯曲	长度										
其他成型方法	直径										
	高度										
	长度										

附表 63　梯形螺纹公差带选用（GB/T 5796.4—2005）

<table>
<tr><td rowspan="2">精度</td><td colspan="2">内 螺 纹</td><td colspan="2">外 螺 纹</td></tr>
<tr><td>N</td><td>L</td><td>N</td><td>L</td></tr>
<tr><td>中等</td><td>7H</td><td>8H</td><td>7h，7e</td><td>8e</td></tr>
<tr><td>粗糙</td><td>8H</td><td>9H</td><td>8e，8c</td><td>9c</td></tr>
</table>

附表 64-1　公差等级与表面粗糙度值（用于精密机械）

<table>
<tr><td rowspan="2">公差</td><td>基本尺寸</td><td colspan="12"></td></tr>
<tr><td>~3</td><td>>3</td><td>>6</td><td>>10</td><td>>18</td><td>>30</td><td>>50</td><td>>80</td><td>>120</td><td>>180</td><td>>250</td><td>>315</td><td>>400</td></tr>
<tr><td rowspan="2">等级</td><td></td><td>~6</td><td>~10</td><td>~18</td><td>~30</td><td>~50</td><td>~80</td><td>~120</td><td>~180</td><td>~250</td><td>~315</td><td>~400</td><td>~500</td></tr>
<tr><td>表面粗糙度数值
$Ra \leqslant \mu m$</td><td colspan="12"></td></tr>
<tr><td>IT6</td><td colspan="5">0.1</td><td colspan="4">0.2</td><td colspan="4">0.4</td></tr>
<tr><td>IT7</td><td>0.1</td><td colspan="5">0.2</td><td colspan="4">0.4</td><td colspan="3">0.8</td></tr>
<tr><td>IT8</td><td colspan="3">0.2</td><td colspan="4">0.4</td><td colspan="6">0.8</td></tr>
<tr><td>IT9</td><td>0.2</td><td colspan="3">0.4</td><td colspan="5">0.8</td><td colspan="4">1.6</td></tr>
<tr><td>IT10</td><td colspan="2">0.4</td><td colspan="4">0.8</td><td colspan="3">1.6</td><td colspan="4">3.2</td></tr>
<tr><td>IT11</td><td colspan="3">0.8</td><td colspan="3">1.6</td><td colspan="5">3.2</td><td colspan="2">6.3</td></tr>
<tr><td>IT12</td><td>0.8</td><td colspan="2">1.6</td><td colspan="4">3.2</td><td colspan="6">6.3</td></tr>
</table>

附表 64-2　公差等级与表面粗糙度值（用于普通精密机械）

<table>
<tr><td rowspan="2">公差</td><td>基本尺寸</td><td colspan="12"></td></tr>
<tr><td>~3</td><td>>3</td><td>>6</td><td>>10</td><td>>18</td><td>>30</td><td>>50</td><td>>80</td><td>>120</td><td>>180</td><td>>250</td><td>>315</td><td>>400</td></tr>
<tr><td rowspan="2">等级</td><td></td><td>~6</td><td>~10</td><td>~18</td><td>~30</td><td>~50</td><td>~80</td><td>~120</td><td>~180</td><td>~250</td><td>~315</td><td>~400</td><td>~500</td></tr>
<tr><td>表面粗糙度数值
$Ra \leqslant \mu m$</td><td colspan="12"></td></tr>
<tr><td>IT6</td><td colspan="4">0.2</td><td colspan="4">0.4</td><td colspan="5">0.8</td></tr>
<tr><td>IT7</td><td>0.2</td><td colspan="4">0.4</td><td colspan="4">0.8</td><td colspan="4">1.6</td></tr>
<tr><td>IT8</td><td colspan="3">0.4</td><td colspan="3">0.8</td><td colspan="4">1.6</td><td colspan="3">3.2</td></tr>
<tr><td>IT9</td><td colspan="4">0.8</td><td colspan="3">1.6</td><td colspan="5">3.2</td><td>6.3</td></tr>
<tr><td>IT10</td><td colspan="4">1.6</td><td colspan="4">3.2</td><td colspan="3">6.3</td><td colspan="2">12.5</td></tr>
<tr><td>IT11</td><td colspan="2">1.6</td><td colspan="3">3.2</td><td colspan="5">6.3</td><td colspan="3">12.5</td></tr>
<tr><td>IT12</td><td colspan="5">0.4</td><td colspan="2">6.3</td><td colspan="6">12.5</td></tr>
</table>

附表 64-3　差等级与表面粗糙度值（用于通用机械）

<table>
<tr><th rowspan="3">公差
等级</th><th colspan="13">基本尺寸</th></tr>
<tr><th>～3</th><th>>3
～6</th><th>>6
～10</th><th>>10
～18</th><th>>18
～30</th><th>>30
～50</th><th>>50
～80</th><th>>80
～120</th><th>>120
～180</th><th>>180
～250</th><th>>250
～315</th><th>>315
～400</th><th>>400
～500</th></tr>
<tr><th colspan="13">表面粗糙度数值 $Ra \leqslant \mu m$</th></tr>
<tr><td>IT7</td><td colspan="4">0.8</td><td colspan="4">1.6</td><td colspan="5">3.2</td></tr>
<tr><td>IT8</td><td colspan="2">0.8</td><td colspan="3">1.6</td><td colspan="5">3.2</td><td colspan="3">6.3</td></tr>
<tr><td>IT9</td><td colspan="3">1.6</td><td colspan="4">3.2</td><td colspan="5">6.3</td><td>12.5</td></tr>
<tr><td>IT10</td><td colspan="4">3.2</td><td colspan="4">6.3</td><td colspan="5">12.5</td></tr>
<tr><td>IT11</td><td colspan="5">6.3</td><td colspan="5">12.5</td><td colspan="3">25</td></tr>
<tr><td>IT12</td><td colspan="2">6.3</td><td colspan="4">12.5</td><td colspan="7">25</td></tr>
</table>

附表 65　镀铬层厚度与使用场合

镀铬层厚度（μm）	使用场合
0.5～1	防护-装饰性镀铬，不直接接触
2～4	防护-装饰性镀铬，需要一定耐磨性
5～80	镀硬铬，需要较好耐磨性
30～60	镀乳白铬
50～150	镀乳白铬，加镀光亮耐磨层
300～1000	特殊耐磨，修复工件